U0323514

安全生产史料选辑（一）

（1949.10—1978.12）

中国安全生产协会史志委员会办公室　编

应 急 管 理 出 版 社

·北　京·

图书在版编目（CIP）数据

安全生产史料选辑．一，1949．10—1978．12／中国安全生产协会史志委员会办公室编．--北京：应急管理出版社，2019

ISBN 978-7-5020-7666-5

Ⅰ．①安… Ⅱ．①中… Ⅲ．①安全生产—史料—中国—1949-1978 Ⅳ．①X93-092

中国版本图书馆 CIP 数据核字（2019）第 180483 号

安全生产史料选辑（一）（1949．10—1978．12）

编　　者　中国安全生产协会史志委员会办公室
责任编辑　尹忠昌
编　　辑　王　晨
责任校对　孔青青
封面设计　罗针盘

出版发行　应急管理出版社（北京市朝阳区芍药居 35 号　100029）
电　　话　010-84657898（总编室）　010-84657880（读者服务部）
网　　址　www．cciph．com．cn
印　　刷　北京建宏印刷有限公司
经　　销　全国新华书店

开　　本　710mm×1000mm 1/16　**印张**　19　**字数**　286 千字
版　　次　2019 年 9 月第 1 版　2019 年 9 月第 1 次印刷
社内编号　20181591　　**定价**　49．00 元

版权所有　违者必究

本书如有缺页、倒页、脱页等质量问题，本社负责调换，电话：010-84657880

编 辑 说 明

为保存安全生产历史资料，中国安全生产协会史志委员会、《中国安全生产志》编纂委员会决定编撰《安全生产史料选辑》，将中华人民共和国成立以来党和国家安全生产决策部署、中央领导人安全生产重要指示、部委主要文件、《人民日报》等权威媒体社论评论，以及一些老同志对安全生产历史阶段、重大事件（事故）的回顾等，加以收集整理、编撰成册。一方面可以作为开展安全生产历史研究的基础性资料；另一方面也为做好新时代的安全生产工作，提供参考和借鉴。

这一册《安全生产史料选辑》，收集了中华人民共和国成立之后，直到改革开放之前（即从1949年10月到1978年12月），中央人民政府发布的安全生产指示指令，劳动、公安、煤炭、交通等部门安全生产文件，以及这一时期内安全生产领域的其他重要史料。既是相关机构和人士研究我国安全生产历史发展过程、规律特点的专业性书籍；也是各级安全生产监管机构、监管人员必备而且常用的学习资料和工具书。

本书所收集的史料，主要源于国家图书馆、应急管理部（安全生产）档案馆、化工档案馆、消防档案馆等；查阅了《人民日报》《中国劳动》《劳动保护》《工业安全与环保》等报刊杂志网站从中华人民共和国成立到1978年底的电子版，尽可能地做到全面系统、无所遗漏。本书的编写和出版发行，得到了中国安全生产协会综合部、财务部和应急管理出版社的积极支持和大力协助，在此一并表示感谢。

编 者

2019年5月18日

目　录

第 一 部 分

中央人民政府安全生产重要文件

1. 中央人民政府政务院财政经济委员会发布关于全国公私营厂、矿职工伤亡报告办法的通令

财经总字第356号

1950年4月28日

为及时掌握各厂、矿职工安全情况，加强劳动保护工作起见，特规定全国公私营厂、矿职工伤亡报告办法如下：

（一）发生重伤死亡事故时，厂、矿行政须立即直接报告当地劳动局；重大事故（重伤五名以上或有死亡为重大事故），厂、矿行政负责人应于获悉后半小时内将事故概要先以电话或电报报告。

（二）厂、矿行政应于每月三日以前，将上月职工伤亡情况直接造表报告当地劳动局。

（三）上列两项报告，均需依照各该地劳动局规定之表格填报。

（转载1950年5月4日《人民日报》）

2. 中央人民政府政务院人民监察委员会处理宜洛煤矿沼气爆炸事件的通报

1950年6月1日

一、灾变损失及善后情形

河南公营新豫煤矿公司宜洛煤矿，于今年二月二十七日发生井下沼气爆炸灾变。被炸面积一万零六百平方公尺，占井下全部面积的三分之一以上。工人死亡一百七十四名，残废二人，轻伤二十四人。损失合计减产四千吨；加埋葬、抚恤、修复工程等费共折小麦一百八十余万斤。灾变发生后，该矿成立善后委员会，发动员工积极抢救；洛阳专署、宜阳县府及当地驻军亦均派医生赶往救治，就地治疗伤者，成殓埋葬死者，并抚恤难属、慰问伤员。河南省人民政府、河南省工会、中南军政委员会重工业部、中央人民政府燃料工业部、劳动部、全国总工会、全国煤矿工会等委会、政务院人民监察委员会等机关均会先后派员赴该矿慰问，并协助抢修工程与善后工作。

二、灾变原因

发生灾变的直接原因，根据检查大致已可确定为工人在井下划火吸烟而引起爆炸。该矿煤层内含大量沼气。因系土法开采，风流不畅，沼气存积，遇有明火，即起爆炸。而该矿工人平日井下吸烟习为常事。

再者，灾变之发生，还由于该矿管理工作中存在着许多错误。主要是没有执行全国煤矿会议所确定的“安全生产”的方针；该矿领导机关依靠工人阶级思想不明确，以及犯有严重的官僚主义作风。这些错误的具体表现是：

（1）领导思想具有单纯营业观点，盲目要求生产数字。结果工程破坏极重，劳动纪律根本废弛。而该矿领导干部对此不加警觉，仍然忙于“数字”“卖煤”“账目”“开支”等事。

（2）忽视安全，工作无重心。该矿各级领导干部，对该矿解放前历次灾变，未引以为戒，教育职工；对去年十二月全国煤矿会议明确规定的“安全生产”方针，亦未及早传达布置执行。如灾变前几天，因冒顶堵塞，二十余工人几乎窒息而死；但该矿领导干部对此仍不警觉。该矿工务课、管委会、代表会的三十余次会议上，从未讨论和布置生产工程问题。

（3）制度混乱，官僚主义作风严重。该矿对把头制度未能有计划有步骤地进行改革，又未执行团结改造旧职员的方针，加重了不团结、不负责任劳动纪律废弛和制度混乱的现象。例如，矿师、煤师、大组长（煤师、大组长均系把头的改名）经常不下井，井下工作无人督促；井下破坏工程，无人过问。特别严重的是上自工务课长、工会主任，下至大组长、管料员，都可随便扣押工人，多则二十天，少则二三天。据统计，去年共押六十多人，今年一月到三月共押三十三人。官僚主义作风达于极点。

（4）领导不团结，脱离群众。经理张镜如无条件信任旧人员和依赖封建把头；而另一部分干部，则把旧职员看为封建集团，不加区别予以打击。到去年十一月发展到采取“斗争会”方式，把总务课长、会计课长、工务课长等撤职或禁闭，造成了一般人员的恐惧情绪，助长了工作无人负责，各级脱节等现象。但对真正重要的问题和把头制度却没有过问。

此外，省级领导机关未能及时地检查与解决问题，以及公司和矿上的管理人员守旧与无知，亦与这次灾变的发生有一定关系。

三、责任分析与处分

（1）河南新豫煤矿公司（宜洛煤矿系该公司所辖七矿之一）经理王象乾存在着严重的官僚主义作风。自去年五月到任以来，他即直接领导宜洛煤矿工作，但未能按供求情况进行生产，尤其对矿工及机器之安全从不过问，没有建立必要的安全制度。参加全国煤矿会议后，对安全生产的决议不加重视，竟拖延四十天之久，不作传达布置（灾变前一日才作传达）。对该矿生产工程事项从未过问，对旧有的封建把头制度，原封未动。对该矿生产盲目要求提高产量，对屡次破坏工程的“生产竞赛”熟视无睹，未予注意与纠正。对宜洛煤矿的实际情况，如工务课长、工会主任、大小把头均可随意扣押工人等情况毫无了解。对团结改造旧人员的方针，未予执行。在领导宜洛煤矿民主运动中，有严重的错误。对宜洛煤矿经理张镜如等采取不信任与打击的态度，其结果造成了制度紊乱与新老干部不团结和工作上无人负责的现象。因此王象乾在领导上与实际工作上应负这次灾变的主要责任，应予撤职，送司法机关依法惩办。

（2）宜洛煤矿工务课长兼矿师石新林破坏工程明知不对，而不加制止，抱着极端不负责任的态度。平时不注意安全，未建立井口检查制度。二月中旬接到新豫煤矿公司工程师梁伯举关于注意保安的电话后，不予重视，更未执行。经常非法扣押工人。因此，石新林应负灾变工程上的主要责任。应予撤职，送司法机关依法惩办。

（3）宜洛煤矿煤师毛得才，为灾变工人死难班煤师，系过去大把头。平日放弃职责，不在井下领导工作。去年十二月“生产竞赛”时，为了邀功图利，领导工人在井下集体偷煤，造成冒顶、片帮、棚架倒塌的严重破坏恶果。他并曾欺上瞒下，企图窃取公家粮食三千余斤。因此，毛得才应负灾变工程上主要责任，应予开除，送司法机关依法严惩。

（4）宜洛煤矿经理张镜如，自一九四八年九月接收该矿后，在负责恢复生产工作中，尚有成绩。但由于浓厚的守旧思想，无条件的信赖旧人员和依靠封建把头进行生产，在管理上和制度上未进行任何改革。对破坏工程现象不加过问，亦未提出积极意见设法制止。并曾虚造生产计划，欺瞒上级，企图多领资金。张镜如这种缺乏主人翁思想的工作态度与放弃经理职责，应负灾变领导上重要责任，予以撤职。

（5）宜洛煤矿矿师安士恒，放弃矿师职责，不常下井布置生产工程工作。发现破坏工程情况，既不向上级报告，亦不加制止，采取自由主义态度。灾变前两小时下井检查，十分麻痹，竟未发现沼气爆炸征候（实际温度已经很高），事后还未能认真检讨，仍说井内风流正常，企图推卸责任。因此，安士恒应负灾变工程上的重要责任，着即撤职。

（6）宜洛煤矿工务课副课长张宝山，系过去把头，本不能胜任职务。任此职后，实际未负起副课长职责。对破坏工程现象，未积极制止，灾变前两小时与安士恒同时下井，亦未注意沼气爆炸征候。事后仍不能认真检讨。因此，张宝山应负灾变工程上的次要责任，予以撤职。

（7）新豫煤矿公司工程师梁伯举，平日忙于领导上层分配的日常事务工作，未认真过问工程事项，放弃自己职责。参加全国煤矿会议后，对会议中应予传达的“安全生产”的决议，重视不够，仅在电话上简单通知宜洛煤矿工务课长石新林，应注意保安工作，即为了事。梁伯举应负灾变工程上相当责任，予以降级处分。

（8）前宜洛煤矿副经理现任新豫煤矿公司经营课长霍天民，在任副经理职务时，盲目的批准不合理的生产定额，盲目奖励破坏工程的“生产竞赛”，错误的对待经理张镜如，无理收缴其自卫手枪。应负当时与经理间不团结的直接责任。这种不团结助长了该矿以后不团结、无人负责的恶果。应记大过一次。

（9）宜洛煤矿煤师刘小光、徐升，大组长冯五，均系过去大把头，平日放弃职责，不在井下领导工作，并有意助长工人偷煤破坏工程。均着予开除究办。

（10）河南省工业指导委员会副主任葛季武，对新豫煤矿公司与宜洛煤矿之主要干部，任用不当。执行团结改造就职员方针不明确，致使该矿干部间不团结的现象始终未得到解决。对于宜洛煤矿虽发现问题而未能及时检查，加以适当解决。对宜洛煤矿民主运动中的错误经验，未深入研究，即予普遍传达。灾变后自我检讨深刻沉痛，曾自请处分，应记大过一次。

（11）河南省人民政府主席吴芝圃、副主席牛佩琮，对工矿业务未能抓紧领导，任用干部不当，过去对宜洛煤矿存在的问题虽有所知，但未能深入追究，及时解决。灾变发生后，领导下级处理善后甚力，自我检讨亦极深刻沉痛，曾自请处分。吴牛二人均予以警告处分。

（12）中南军政委员会重工业部部长朱毅，自请处分。查该部成立未久，奉到接管该矿通知至灾变发生，为时仅半月，事实上不可能及时派人前往接管。对此次事件并无责任，应予免议。

（13）新豫煤矿工会筹备委员会主任李惠民，在领导宜洛煤矿民主运动中有严重错误，加重了新老干部不团结和工作上无人负责的现象。不了解宜洛煤矿的实际情况，盲目的发动生产竞赛，造成破坏工程的恶果。应函知全国总工会，予以撤职处分。

（14）宜洛煤矿工会主任孙即显，对工人未积极地进行政治教育、生产教育及劳动纪律教育。包办行政工作。非法扣押工人并盲目执行“生产竞赛”的指示，造成严重破坏工程的恶果。孙即显在这次检讨中甚为深刻，应从轻处理，函请全国总工会，予以撤职处分。

（15）河南省工会筹备会副主任王志浩，曾于去年十一月赴宜洛煤矿检查工作，但并未了解该矿基本情况，反将宜洛煤矿民主运动中的错误经验盲目推广，助长了该矿的错误，造成工作上的损失。王志浩此种严重的官僚主义作风，应函请全国总工会，予以记大过一次的处分。

四、对今后工矿保安工作的几点意见

（1）必须克服在领导干部思想上存在着的“下井三分灾”“要出煤就不免死亡”的错误观点，以及某些工程人员认为没有完善设备就不可能做好保安工作的消极态度。此外，一般工矿企业的领导干部，思想上及工作上还存在着以下的缺点：有的单纯追求生产数量，忽视工人生命与国家财产的安全；有的对旧制度长期不加改造，依靠封建把头而不依靠工人实行民主管理，对工人进行保安教育与工人福利更是漠不关心。在工程技术人员方面，对违反科学原则的工程设计不求改进，经常表现着敷衍塞责，因袭旧规，不负责任的态度。因此，我们要求：各级主管部门、企业管理人员、技术人员与全体职工，必须针对此种错误思想与态度，进行严肃的斗争。

（2）迅速建立保安组织与制度。第一，必须建立保安责任制。各级工矿领导干部与工程人员，均应为一切责任事故的当然责任者。在职责上，不仅应完成国家的生产任务，亦须完成保安任务，否则即应受到国家的谴责。工矿管理部门，今年必须迅速制定保安规程、技术操作规程及保安奖惩办法，使员工职责明确，注意安全生产。第二，建立技术保安监察组织，对工矿保安工作进行自上而下的监督与检查。同时在各工矿建立群众性的安全监督组织，发动群众自下而上的监督与协助保安工作。第三，目前各工矿应组织紧急的安全大检查，中央有关部门应迅速制定检查条例，建立定期检查制度。

（3）改善设备与采矿方法。各煤矿因袭旧的残柱法采煤，不仅片帮、冒顶，搬运事故不断发生，且通风不良，亦易引起沼气爆炸，应根据苏联经验加以改进。各工矿大部分事故之发生，均与保安设备不良有关，必须尽可能加以改善。根据本年第一季统计，全国煤矿共死亡工人三百二十六人，原因为沼气爆炸的占百分之五十九点一。各矿须特别加强通风能力，减少沼气为害。其次，军工、化学、钢铁等工业，也易发生事故，须特别注意安全卫生之设备。

（4）省营、合作社、机关、部队经营与私营之矿山，一般的设备更差，管理更为不善。特别是私营矿山，大多只知赢利，忽视工人生命安全。多数矿区，小窑林立，到处乱开，不仅浪费国家资源，而且易生事故，危害大矿安全。因此各大行政区或各省市人民政府，应对上述矿山的保安问题，严格检查、监督并防止胡乱开采与妨害安全的不良现象。最近察哈尔省对全省公私矿山进行普查的做法很好，希望各省最近亦能组织各级政府，对公私矿山之保安工作，进行一次普查。

3. 中央人民政府政务院财政经济委员会关于颁发工业交通及建筑企业职工伤亡事故报告办法、报告表式及编制说明的指示

（51）财经计（统）字第3491号

1951年12月31日

本委一九五〇年四月二十八日财经总字第356号通令及中央劳动部一九五〇年五月四日计劳护字第202号通令所颁布的《全国公私营厂、矿职工伤亡报告办法》暨报告表式，业已实施年余；根据各地执行情况和填报机关反映的意见，有加以修订的必要。经指定中央劳动部会同中央各企业主管部门修订完成，并将原办法改称《工业交通及建筑企业职工伤亡事故报告办法》。兹特颁布，自一九五二年一月一日起全国一律实施；并规定凡工业、交通及建筑企业发生职工伤亡事故，均应按照此项颁布的办法执行报告制度。除另函中华全国总工会通知工会系统密切配合外，希查照并转辖区内各厂矿企业、各行业、各机关遵照办理。

主任　陈　云

一九五一年十二月三十一日

附：

工业交通及建筑企业职工伤亡事故报告办法（草案）

第一章　总　　则

第一条　为及时了解全国工业交通及建筑企业（以下简称厂矿企业）职工

伤亡情况，加强劳动保护工作，促进安全生产，特制定本办法。

第二条 本办法适用于国营、地方公营、公私合营、私营、合作社经营的工厂、厂矿、交通运输、建筑及伐木等企业。其情况特殊不能执行本办法者，应由企业主管机关汇报中央人民政府劳动部转请政务院财政经济委员会批准。

第三条 本办法所称职工伤亡事故，限于厂矿企业工人与职员（包括临时工人、试用职员、勤杂人员及警卫人员等在内）在劳动地区以内及从事生产时间所发生的伤亡事故。

第二章 伤害程度及事故分类

第四条 职工伤亡情况，应按其伤害程度分为下列三种：

一、死亡。

二、重伤：指全部或部分丧失劳动能力，治愈后不能恢复原来工作者。

三、轻伤：指歇工治疗超过一个工作日，治愈后仍能恢复原来工作者，负伤职工的歇工治疗日期是否超过一个工作日及治愈后能否恢复原来工作，须经医师当时诊断证明。

第五条 职工伤亡事故应按伤亡严重程度分为重大伤亡事故及一般负伤事故两种：

一、合于下列条件之一者称为重大伤亡事故：①死亡一名以上者（所谓“一名以上”包括一名在内，以下同）；②重伤两名以上者；③重伤一名并轻伤四名以上者；④轻伤七名以上者。

二、凡轻伤一名以上而未达到重大伤亡事故之构成条件者，称为一般负伤事故。一般负伤事故在事故发生后二十四小时内，因伤情变化，达到重大伤亡事故的构成条件时，应照重大伤亡事故处理。

第三章 职工伤亡事故的调查和报告

第六条 厂矿企业负责人应于发生重大伤亡事故后（或一般负伤事故转变为重大伤亡事故后）办理下列事项：

一、获悉事故后立将发生事故的地点、时间、死亡人数、重伤人数、轻伤人数及原因（上列各项简称“事故概要”，项目不得遗漏，死亡、重伤、轻伤人数必须分别列报，不得混称伤亡人数）以电话、电报或其他快速办法报告当地劳动行政机关（未设劳动行政机关之地区为当地人民政府）及企业主管机关。

二、报告“事故概要”后二十四小时内邀同劳动行政机关（或人民政府），工会（包括当地工会和基层工会）及其他有关机关（指企业主管机关、督察机关等）组织调查小组，进行调查。当地劳动行政机关（或人民政府）应负责督促此项组织工作，必要时得直接进行组织。

第七条　当地劳动行政机关（或人民政府）及企业主管机关应于获悉职工重大伤亡事故的“事故概要”后，立即以电话、电报或其他快速办法直接分报上级机关，直至中央人民政府劳动部及中央级企业主办部门。各级劳动行政机关（或人民政府）于接获前项“事故概要”的报告后，应随时抄知当地工会。

第八条　重大伤亡事故的调查小组，必须有劳动行政机关（或人民政府）的人员参加工作；劳动行政机关（或人民政府）不及派员时，得委托工会或其他有关机关人员代表参加。调查小组的主持人由小组自行推选。小组的调查结果及处理意见应照附件一所定格式写成“工业交通及建筑企业职工重大伤亡事故调查报告书”（简称“重大伤亡事故调查报告”）分送当地劳动行政机关（或人民政府）、企业主管机关、工会及其他参加调查的机关。

第九条　一般负伤事故的调查，由厂矿企业自行组织进行，但必须有基层工会的人员参加；其调查记录应妥为保存，以备劳动行政机关（或人民政府）及企业主管机关的检查调阅。中央级别企业主管部门得命令所属企业单位按期报送一般负伤事故的调查记录，并得参照本办法附件一的内容规定调查记录的格式。

第十条　厂矿企业应于每月月终后十日内将全月职工伤亡情况（包括重大伤亡事故及一般负伤事故）按照附件二所定格式，或经中央级企业主管部门补充并经政务院财政经济委员会审查同意的格式，填写“工厂矿厂及其他企业职工伤亡月报表”（简称“职工伤亡月报”）呈送当地劳动行政机关（或人民政府）、企业主管机关及工会。此项月报表由省（直辖市）人民政府劳动局、大行政区人民政府（军政委员会）劳动部及中央人民政府劳动部负责逐级汇总；其统计结果除上报外，应分送同级财政经济委员会、企业主管机关及工会。

中央级企业主管部门得命令所属企业单位按期报送“职工伤亡月报”。

第十一条　负伤职工在“重大伤亡事故调查报告”及一般负伤事故调查记录填送以后死亡者称为事后死亡，厂矿企业应将其名单在死亡月份的“职工伤亡月报”内补行列报。

第十二条　凡业务范围不受行政区域限制的铁路、公路、航运、邮政、电信、建筑、伐木等企业及其分支机构发生职工伤亡事故时，应向临近事故发生地点的劳动行政机关（或人民政府）及地方工会报告，并按照所属企业系统报告上级主管机关及产业工会。

第十三条　厂矿企业内的工会负责人有权督促行政方面或资方执行伤亡报告制度，并在各项报表上盖章。

第十四条　各级劳动行政机关如发觉辖区内厂矿企业对于职工伤亡事故有隐瞒不报或故意延迟报告事情，除责成其补行报告外得按其情节轻重（指事故严重程度、不报或匿报时间、初犯再犯及企业规模的不同情况）予以批评、警告，或移送司法机关处以五万元至五百万元的罚金，并得建议其上级主管机关予以行政处分。

第四章　附　　则

第十五条　中央劳动部及中央级企业主管部门为执行本办法，得在其业务系统内制定关于职工伤亡事故的调查、登记、统计、报告的补充规定，呈经政务院财政经济委员会核定实行。各大行政区与省（直辖市）人民政府为执行本办法及中央各部门的补充规定，得制定各该地区的具体实施办法，呈经上级财政经济委员会核定实行。

第十六条　本办法自一九五二年一月一日起实行。政务院财政经济委员会一九五〇年四月二十八日财经总字第356号通令及中央人民政府劳动部一九五〇年五月四日特劳护字第202号通令所颁布的《全国公私营厂矿职工伤亡报告办法》暨所附报表格式以及各企业系统、各地区原有职工伤亡报告办法同时一律废止。唯中央级企业主管部门原有职工伤亡报告办法中与本办法不抵触的部分，在前条所称补充规定未核定实行前，在一九五二年第一季度期间仍暂时有效。

报告表式及编制说明（略）。

4. 中央人民政府政务院人民监察委员会关于处理某些国营、地方国营厂矿企业忽视安全生产致发生重大伤亡事故的通报

1952 年 9 月 17 日

自全国各地厂矿企业在伟大的“三反”“五反”运动胜利的基础上热烈地展开爱国增产节约运动以来，已获得巨大的成绩。但由于广大职工之忘我劳动，生产竞赛中有关部门工作发展不平衡，特别是由于某些厂矿企业的领导人员片面强调生产任务，忽视安全，致使伤亡事故最近又不断发生，影响了增产节约运动的正常开展，这是必须严肃纠正的。

根据本委和各地监委最近处理的一部分事故案件分析：某些厂矿企业的领导人员存在着严重的单纯任务观点，是造成伤亡事故的重要原因。他们可以在“为了完成生产任务”“为了贯彻经济核算制”等口号之下，无限制地提高工人劳动强度，延长工作时间，甚至鼓励工人去“赴汤蹈火”。如开滦马家沟砖厂，事前对工作不抓紧，生产不能按计划完成，为了不误合同期限，避免罚款，厂长赵明、副厂长胡懋庠等明知窑内温度在一百三十摄氏度以上，却动员工人从热窑中取砖。赵明和胡懋庠并联名给工人写信、送茶叶，鼓励工人今后“继续发挥这种伟大爱国热情”。工会干部不但熟视无睹，反编写快板：“出热窑、上火线，各个英雄使劲干”加以鼓动。结果四十三名工人中被烤伤四十一名，有的几被烧死。又如河南荣丰煤矿，依靠封建把头经营，领导思想只问出煤多少，生意赔赚，封建把头则只知道压迫工人。订了安全计划，毫不执行，甚至副经理兼保安股长丁殿钦自己还不知道他有这么一个职务。该矿自五月三日起三天内连续发生了四次中毒等事故，没有人注意，可是他们却注意到煤质很好，叫工人继续开

采，至第四天即五月七日就爆发了透水中毒的重大事故。此外，在某些工厂中，为了完成任务，加班加点，不仅严重地影响了工人健康，且造成伤亡事故。再如太原机械厂无限制地延长工作时间，平时每日工作十二小时，还要连班工作，该厂工人杨忠魁于七月二十五日因连班工作至十六小时，由于疲劳过度，未能注意与开电闸工人呼应，致触电身死。

其次，也有某些厂矿企业，过去在保安工作上会有一定成绩，有的还受过表扬，但由于他们骄傲自满，致不能继续保持荣誉。如东北西安煤矿富国矿副矿长兼三坑坑长秦书元，过去工作有成绩，也曾被选为模范党员，但逐渐滋长起骄傲自满情绪。他认为“坑内没事，如铜墙铁壁”，可是去年坑内就发生了一次重大冒顶事故。坑长秦书元没有接受这个教训，今年四月十四日，发现坑内有汽油味(自然发火象征)，瓦斯已达百分之五以上，按照规定应该停工，技术员也提出了停工意见，但是秦书元要“再考虑”，拖延了两天，虽然部分停工了，但是第三天就发生了瓦斯爆炸的重大事故。

领导上的官僚主义也是贯彻安全生产的重大障碍。例如：峰峰煤矿第二矿东斜井，只有一个坑道，既没有根据保安规程把运输巷与人行道分开，也不做罐挡、道岔、保险绳及保安洞等必要的安全设备。工人多次提出改装安全防护设备的建议，一直未引起领导上的注意和采纳，终于在五月二十九日，由于挂钩及把钩工人的错误，发生跑车事故，将在巷道中的工人撞死、撞伤八名。又如西北铁路干线工程局，由于领导人员，特别是有些现场领导人员的官僚主义作风，不执行劳动纪律、忽视对工人的安全教育，致职工漠视规章，在五、六月中不断发生列车冲突及颠覆事故，死伤二十六人，国家财产损失达十余亿元。

还有一些厂矿企业人员，不执行劳动保护法令，或根本漠视劳动保护法令，也造成了严重的伤亡事故。据中央劳动部不完全的统计，自一九五一年一月至一九五二年七月，十九个月中间，在天津、青岛、武汉等三十一个城市，连续发生搬运沥青等危险品中毒事故一百零七次。主要原因一方面是包装不好，另一方面则是这些领导或管理人员，不按中央劳动部所颁布的《关于搬运危险性物品的几项办法》办事，甚至有意欺骗，致使工人中毒。重庆市搬运公司于今年六月搬运柏油、净重油时，该公司技术保安人员明知有毒，既不按规定报告领导，也未做好防护设备，听任工人冒险搬运，以致工人中毒。

本委和各地监委为了维护国家法纪，反对忽视安全生产的恶劣倾向，对于这些事故案件中犯错误的人员都已做了严肃的处理，如荣丰煤矿代经理刘钊、副经理丁殿钦、总窑头郑金相等，均已撤职移送法院严惩；开滦马家沟砖厂厂长赵明、副厂长胡懋庠，西安富国矿副矿长秦书元等均已撤职；其他有关人员，亦均给予适当处分。

这些事故的不断发生，说明了某些国营、地方国营厂矿企业在增产节约运动中忽视安全生产的倾向是很严重的。为了顺利开展爱国增产节约竞赛运动，各地厂矿企业应该吸取这些教训，并采取下列措施：

（一）应在各级领导与技术管理人员中，严格批判忽视安全生产、不关心职工生命与健康的单纯任务观点和片面的经济核算观点，明确树立安全生产思想。各级领导干部应深刻认识：单纯任务观点和片面的经济核算思想、忽视安全生产、不关心职工生命健康，是资本主义的经营思想与管理方法，其结果则是造成重大伤亡事故，使生产遭受严重损失，特别使职工健康和生命遭受严重危害，是与人民企业的性质及我们的国家制度根本不能相容的。各级厂矿企业领导人员必须了解增产节约竞赛运动与安全生产不是对立的，而是一个问题的两个方面，没有安全生产就不可能使增产节约运动获得健全地发展。

（二）各地厂矿企业应在“三反”胜利的基础上继续开展反官僚主义的斗争。对执行安全生产方针有功的人员应及时表扬奖励，对那些对生产与职工生命健康采取不负责任态度、既不主动改善安全设备加强防护、又不采纳职工正确建议因而造成重大伤亡事故之责任者，应给予严肃的处理乃至法律的制裁。各级厂矿企业领导人员应结合检查与布置生产任务组织生产竞赛，经常地检查与布置生产安全工作，关心职工的生命和健康。

（三）各地厂矿企业应严格贯彻中央与各级政府规定的劳动法令。各级劳动行政及工商管理部门应特别注意对设备简陋的私营厂矿执行安全生产与劳动保护情况，经常进行监督与检查。各业务管理部门应制定或修订充实安全生产的办法条例，使安全生产从制度上得到巩固。

（四）建立与健全安全生产的主管机构，改善安全生产的设备，加强防护，严格贯彻安全生产责任制并总结推广安全生产的经验，纠正安全设备简陋与无人负责的现象。

（五）为了在职工中进行一次广泛的安全生产教育，从思想上、组织上、制度上、设备上纠正忽视安全生产的现象，我们建议各地今年举行一次普遍而又深入的安全大检查，以迎接明年大规模的建设任务。

5. 中央人民政府政务院
关于防止沥青中毒事故的指示

1952 年 12 月 17 日

根据各地报告，沥青中毒事故经常发生，其中尤以搬运沥青中毒最为严重。在生产和使用沥青的部门内，工人的慢性中毒现象，亦颇不少。一九五一年十月九日中央人民政府劳动部公布的《关于搬运危险性物品的几项办法》，对于防止一般搬运中毒事故，是起了一定的作用的；但因某些地区和有关部门对这一问题重视不足，没有很好地贯彻执行，同时该办法中对于防止沥青中毒的方法亦缺少具体规定，以致搬运沥青中毒事故依然不断发生。

造成工人沥青中毒的原因，主要是由于沥青的包装不良，供工人使用的防护用品和卫生设备不够，以及忽视对工人进行经常的安全教育。这种情况，既有害于工人的安全健康，又为害于生产工作，必须迅速予以纠正和改进。

为了更有效地防止沥青中毒，保障生产、装卸、搬运和使用沥青的工人的安全健康，除责成中央重工业部通令所属生产沥青的厂矿于一九五二年底以前切实改善沥青包装外，特批准中央劳动部拟定的《关于防止沥青中毒的办法》，公布实施，所有有关单位务须认真执行。各级劳动行政部门应随时督促检查，对于违反此项办法及有关法令造成中毒事故的企业单位和人员，必须追究责任，情节严重者应转送各级监察机关或人民法院依法予以处分。

总理　周恩来

一九五二年十二月十七日

6. 中央人民政府政务院人民监察委员会关于加强公粮运输、入仓工作的组织领导避免死伤事故的通报

1953年2月8日

近据中南、西南两大行政区监察委员会及吉林省人民政府反映，各地在一九五二年公粮运输入仓工作中屡次发生死伤人命的惨重事故，牲畜损失亦多。吉林省在送粮入仓中死伤一百二十三人，死伤牲畜六十九头，损毁大车五十一辆。该省除烨春县最好，两年未发生事故外，其余各县均有发生，最严重的农安县，竟至平均入仓四千二百五十吨即死亡一人。中南仅据河南、湖南、湖北、江西等四省的不完全统计，送粮入仓中死十三人、伤六十九人，死伤牲畜三十六头。贵州省仅从零星材料统计，送粮入仓中死伤五十七人。分析事故发生的原因：第一，由于区乡干部存在单纯任务观点，急于求成，只强调早交、快交，不分老、弱、病、孕一律让其送粮，造成死伤。第二，公粮运输工作缺乏具体组织领导。有的不配备得力干部掌握领导，只令群众自送不加组织。有的虽有组织但运输队长由群众轮流担任，实际不起作用，致送粮中发生抢车争先，拥挤混乱，交粮后放任单车零归、发生飞跑撞车造成死伤。第三，送粮入仓均缺乏严密计划。有的不管仓库容量大小，收粮人力多少，盲目动员群众送粮；有的虽订有送接计划，但不按计划出车，盲目突击任务，致发生交粮拥挤、抢秤打架受伤或使送粮群众误工挨饿现象。第四，对送粮群众缺乏安全运输的思想教育工作。有的从干部到群众都以为“有几年运粮经验”而产生自满的麻痹大意情绪；有的只顾形式的编队编组，不对群众“该在井里死，河里死不了”的迷信“命运”思想进行教育，致使群众的逞能侥幸造成死伤。如吉林省一百一十六件死伤事故中因思想麻痹及

毛车（即因马惊而出事故）发生的就有九十四件，占百分之八十一。第五，对仓库安全设备及道路桥梁缺乏认真检查，以致灌仓时群众失足坠楼或仓房倒塌或路上崖壁、桥梁坍垮造成死伤。第六，特别重要的是县级领导干部对保护人民生命财产的重要性认识不足。有的单纯交代任务数字，对运粮纪律、运输入仓安全及组织领导的做法忽视交代；有的只有布置，缺乏及时深入检查和具体指导，致下面死伤事故层出不穷。吉林省人民政府在征收前对安全运粮做了讨论布置，发现永吉县运粮事故后，及时停止送粮，进行检查，又开财粮科长紧急会议，研究改进办法，发出整顿运输组织，加强领导的通报，并派十个检查组再次深入检查，然后开始重新送粮，使死伤事故大量减少，由每日平均七点七人降至每日平均二人。这就说明只要领导上重视并加强组织领导，死伤事故是可以减少和消除的。他们做得虽然还不够，却是一个取得效法的方向。

目前大部地区公粮入仓虽已接近结束，但有些地区尚在继续入仓，有些地区正在准备入仓，为避免各地今后在公粮运输入仓中再度发生死伤人命事故，除要求吉林省人民政府将烨春县两年送粮无事故的经验及农安县重伤亡事故的教训，迅速认真整理报经本委介绍各地作为学习材料外，特根据上述分析，提出如下办法责成各省、县加强送粮入仓工作的组织领导：（一）要求各省、县认真检查所属区乡的送粮入仓工作，吸取经验，好的表扬推广，不好的批评教育，引起干部警惕，事故严重的追究责任适当处理，并对人命死伤妥慎安葬抚恤，对牲畜损失予以适当赔偿。（二）凡有继续送粮入仓的各省，须指派检查组到各县巡视检查，县长、财粮科人员更要亲自深入区乡、运输队、仓库进行检查，交代做法，规定纪律，发现问题认真处理；并责成区乡、仓库干部层层分工，明确划分责任范围，以专责成。送粮以前预先检查整修险要道路、桥梁和仓库，制定入仓计划，订好各区乡送接日期，做到随到随收，督促认真执行；送粮时指定乡村干部带队，检查整顿运输组织，不许老、弱、病、孕群众送粮，订立运送公粮公约。（三）在送粮入仓期间，要对群众广泛宣传送粮死伤事故的经验教训，针对群众的麻痹大意和侥幸、迷信“命运”等思想，利用各种形式进行教育批判，以免事故发生。

必须着重指出：保护人民生命财产是与完成工作任务相一致的，各级政府干部都必须在保护人民生命财产的原则下求得完成工作任务。如果违反这个原则造成死伤人命事故，肇致人民财产的不应有损失，纵然完成任务数字，仍是严重错误，务望各级干部提起严重警惕。特此通报。

7. 中央人民政府政务院关于加强灾害性天气的预报、警报和预防工作的指示

（54）政财字第二十号

1954 年 3 月 6 日

我国地区辽阔，各地时常遭受台风、寒潮和随之而来的暴风雨（雪）和霜冻等大范围的灾害性天气的袭击，不仅在工业、农业、林业、水利、航运、铁道、渔业、牧业、盐业等方面，造成了国家资财的重大损失，直接或间接地影响了我们国家的建设和人民的生活，而且给人民带来了疾病和死亡。

气象科学为一年轻的科学，目前我国的技术条件和设备，亦尚不能满足各方面日益增长的要求，还需在测报台站建设、干部培养训练和气象科学研究等方面，继续努力创造条件，提高天气预报质量，但是对于大范围灾害性的天气如台风、寒潮等，大体上已经可以在二十四小时甚至四十八小时以前事先做出预报、警报。过去中央气象台、各区气象台以及各地气象预报台、站对于台风、寒潮等大范围灾害性天气的预报、警报，都已经取得了一定的经验。中央和地方的党、政、军机关和群众团体，对于各级气象预报台、站大范围灾害性天气预报、警报，一般地尚能予以重视，并经常进行研究，采取有效措施，及时地组织各项预防工作，因而防止了或至少减轻了人民生命财产和国家资财的损失。今后为了加强气象工作对于国家建设和各种生产任务的保证，更好地领导和组织人民与自然灾害作斗争，中央和地方各有关部门必须更进一步地重视对大范围灾害性天气的预报、警报，并抓紧做好各项预防工作。

为此，特规定下列办法，望中央和地方各有关单位切实执行：

一、现有中央气象台、各区气象台以及各地气象预报台、站，对于台风、寒

潮和随之而来的大范围的暴风雨（雪）和霜冻等灾害性天气的预报、警报，必须力求迅速、准确，对于灾害可能发生的地区和时间，应注意具体、明确，如预报、警报发出后，天气形势有了新的变化，并应及时发出修正或补充。遇有个别报错的情况，各级气象预报台、站务即应深入检讨原因，以消灭责任性事故的发生，同时借以逐步更好地掌握天气演变规律，提高天气分析预报技术水平。

二、各级工业、农业、林业、水利、航运、铁道、渔业、牧业、盐业等部门，应与中央气象局、各区气象处和各省气象科商订大范围灾害性天气预报、警报的内容和发布标准及具体办法，以便各级气象预报台、站按照执行。上述业务部门对于大范围灾害性天气所造成的影响和损失，应负责作详密的调查研究，使所规定的预报、警报的内容和发布标准及具体办法能切合有关方面的实际需要。为了掌握更多的气象资料，中央气象局除了组织本系统的气象测报网外，还应与有关业务部门密切合作，使水文、农场等方面的台、站和沿海的船舶、渔轮，也能按时拍发气象情报，解决目前某些地区气象资料不足的困难问题。

三、对于各级气象预报台、站的大范围灾害性天气的预报、警报，各地人民广播电台和海岸电台等应定时予以广播，必要时应临时增加广播次数。各地广播收音站应认真组织收听，并尽可能向邻近地区进行传达；海上船舶更应经常注意与各地海岸电台密切联系，收听海洋天气预报、警报，以保证航行的安全。各级气象机构应协助航运、渔业等有关部门在沿海大湖、内河港口和渔业中心，继续设置暴风警报站及信号站。

四、各级政府有关部门特别是各有关业务机关，应建立传递大范围灾害性天气的预报、警报的制度和办法，并在接到是项预报、警报后，立即运用电信局等部门有线、无线电通信设备及其他各种通讯工具广泛传达，不得拖延积压。在预计可能发生灾害的地区，各级政府有关部门于得到是项预报、警报时，应在统一的领导下，及时派遣干部，深入群众，动员组织人力、物力，进行各种有效的预防措施和抢救工作，以防止或至少减轻人民生命财产和国家资财的损失。有关领导干部对于是项预报、警报，还应注意正确掌握，以免因盲目夸大或麻痹大意而引起不必要的混乱和损失。

五、各地报纸对于本区或当地灾害性天气的预报、警报应及时地以显著地位予以刊登，各地报纸、人民广播电台和各级气象预报台、站，并应经常注意对大范围灾害性天气的预报警报、预防方法及有关的气象知识，进行广泛宣传，以教育干部，并深入群众，破除迷信，加强人民对战胜天灾的信心。

总理　周恩来

一九五四年三月六日

8. 中央人民政府政务院财政经济委员会批准劳动部关于进一步加强安全技术教育的决定的指示

1954年8月11日

中央劳动部关于厂矿、工地安全技术教育的基本情况报告及“关于进一步加强安全技术教育的决定”是正确的，望各产业主管部门督促所属厂矿、公司认真执行；各地地方国营、公私合营、私营企业也应参照执行。

政务院财政经济委员会
一九五四年八月十一日

中央人民政府劳动部关于进一步加强安全技术教育的决定

在国家进入有计划的经济建设时期，生产技术将不断改进，新建、扩建的厂矿将陆续投入生产，新工人也将继续大量增加。为了保证生产和建设任务的完成，避免或减少伤亡事故，贯彻安全生产方针，各厂矿企业加强对干部和工人，特别对新入厂工人的安全技术教育是十分重要的。因此，特作下列规定：

一、各厂矿、工地必须在主要领导干部中指定一人认真负责领导；并须建立经常的安全教育制度，制订切实的安全教育计划，明确厂矿、工地中各有关方面对安全技术教育的职责与工作范围，以保证这一工作能有计划地进行。

二、厂矿、工地应根据生产性质及技术设备，结合群众经验，分别工种、工序制订切合实际的安全操作规程，作为安全教育的主要内容之一。

三、对新工人必须进行安全教育（入厂教育、车间教育、班组教育等，班组教育应采取包教包学的方法进行），在考试合格后方准独立操作。

四、采用新的生产方法、添设新的技术设备、制造新产品或调换工人工作时，必须对工人进行新工作岗位和新操作法的安全教育。

五、对原有工人应着重进行本岗位安全操作规程和其他有关的安全规程制度的教育。

六、对从事危险性工作者（如爆破、电器等工人），除上述教育外，还必须进行有关的特殊安全操作训练后，始准操作。

七、对行政、技术管理干部，主要应进行劳动保护政策法令、安全技术知识和安全生产工作经验教训等教育，一般可采用领导负责组织学习的方式进行。

八、为使安全教育切实贯彻，各企业应斟酌情况，规定举行定期考试或测验。

中央各产业主管部门，应根据本决定，制订适合各该产业具体情况的安全教育制度和办法。

以上各点，地方国营、公私合营、私营企业都应参照执行。

9. 中国共产党中央委员会　国务院关于加强护林防火工作的紧急指示

1956 年 4 月 18 日

目前，林内积雪溶化，森林火灾最危险的季节已经到来。自四月十三日以来，内蒙古自治区的布特哈旗、巴林右旗、扎鲁特旗、东部联合旗以及黑龙江省东宁等地相继发生山火，由于平时对群众防火教育不够，扑火时组织领导不周，加以当时风大草干，火势猛烈，蔓延迅速，不仅烧毁了部分疏林地，而且造成惨痛的人身事故。扎鲁特旗的三个自然村被火包围，烧死烧伤四十余人，情况十分严重。据此，为了保护人民生命财产和森林资源的安全，中共中央和国务院特做以下紧急指示：

一、从即日起至五月底止，为东北、内蒙古及西北地区护林防火最紧张的季节。林区各级党委和人民委员会，必须从思想上认识到森林源对国家经济建设的重要作用，把护林防火工作列为目前中心工作之一，具体周密地进行布置，及时深入地督促检查，必须确实保证现有森林基地不致被火灾烧毁。对于那些因护林防火工作不力，而造成国家和人民严重损失的机关和干部，必须给予应得的处分，不容迁就姑息。

二、林区各级党委和人民委员会，要立即整顿和巩固各级护林防火组织，严格控制火源。对基层群众性的护林防火组织，必须加强领导，经常进行宣传教育和督促检查，准备足够的扑火工具；要广泛组织群众站岗放哨，盘查行人，加强入山管理，推行各种有效的护林防火责任制，建立群众性互相督促检查制度。对烧荒、烧牧场、烧地格子、在外吸烟及土坟烧纸等一切野外用火行为，在护林防火紧急期间，必须坚决加以禁止。

为了防止火灾延及村庄，保护林区人民生命财产的安全，各地必须发动群众，在靠近林区及草原地区的村屯周围，于四月底以前，打出五十公尺宽以上的防火线，并在中间开出一至二公尺宽的生土带。

三、火灾发生后，应及时组织和领导群众积极扑救。首先应该判明火场位置，根据风向、风势和燃烧物，分析火势发展情况，有领导有准备有目标地组织人力扑打。在扑火当中，除在有利情况下直接扑打火头外，要尽量利用河流、道路等自然隔火物，或在火头前方一定距离的地方打设隔离线，阻隔火头蔓延，以有效扑灭火灾，严防伤亡事故。

四、各地在国有林区必须积极建立森林经营所，特别是黑龙江、吉林、内蒙古、四川、云南、陕西、甘肃、青海、新疆等重点国有林区省（区），更须抓紧在今明两年内争取设齐，在重要森林基地尤应火速建立。这是国有林区特别是无人的大森林区护林防火的最根本保证。各个森林经营所应该根据需要与可能，配备适当数量的干部，并设防火队和必要的防火设备，先把现有森林保护管理起来，逐步加强森林经营管理工作，改变目前国有林区无人管理状态。

10. 国务院关于发布《工厂安全卫生规程》《建筑安装工程安全技术规程》和《工人职员伤亡事故报告规程》的决议

（56）国议周字第40号

1956年5月25日国务院全体会议第29次会议通过

改善劳动条件，保护劳动者在生产中的安全和健康，是我们国家的一项重要政策，也是社会主义企业管理的基本原则之一。几年来，国民经济各部门、各企业根据上述政策和原则，在劳动保护方面做了许多工作，旧中国遗留在企业中的不安全、不卫生的情况已经有了很大改变，伤亡事故、职业疾病的比率也都有了下降。但是，目前某些企业和企业主管部门对贯彻安全生产的方针仍然重视不够，同时国家还缺乏统一的劳动保护法规和完整的监察制度，因此劳动保护工作还远不能赶上生产建设发展的需要，并且存在着一些亟待解决的问题，例如，有的企业还没有认真地建立安全生产的责任制度，在检查和布置生产工作的时候，常常忽视检查和布置安全工作；有的企业非但不去积极解决安全卫生的设备问题，甚至错误地将安全技术措施经费移作他用；有的企业只片面强调完成生产任务，不注意工人的安全和健康，滥行加班加点；有的企业把“打破常规”错误地理解为可以不要操作规程，个别基层领导人员甚至带头违反规程，冒险作业；有的企业在发生伤亡事故以后，缺乏认真分析、严肃处理和采取必要的改进措施。这是对于工人群众利益漠不关心的官僚主义态度，是根本违反社会主义企业的管理原则的。

为了进一步贯彻安全生产的方针，加强劳动保护工作，以适应社会主义建设的需要，国务院现在制定《工厂安全卫生规程》《建筑安装工程安全技术规程》

和《工人职员伤亡事故报告规程》，并即发布施行。

各企业单位和它们的主管部门都应该切实执行这些规程的各项规定。在实施《工厂安全卫生规程》和《建筑安装工程安全技术规程》的过程中，各企业或者它们的主管部门可以根据规程，结合具体情况，制定单行的细则。在《工人职员伤亡事故报告规程》发布施行以后，原政务院财政经济委员会一九五一年十二月三十一日发布的《工业交通及建筑企业职工伤亡事故报告办法》应该废止。

各企业主管部门和企业单位必须组织各级行政管理人员、工程技术人员学习和研究这些规程，根据文件的精神，检查目前存在的问题，订出具体贯彻执行的办法；并且由上而下地经常进行检查督促，保证实行。某些企业对于《工厂安全卫生规程》和《建筑安装工程安全技术规程》的某项条款，如果目前执行确实有困难的时候，在取得基层工会同意，并且经当地劳动部门审查认可后，可以推迟执行的时间；但须积极创造条件，逐步求得实现。

各级劳动部门必须加强经常的监督和检查工作，及时地总结和交流经验，为这些规程的贯彻实施而努力。

各级工会组织应该广泛地向职工群众进行宣传教育，使职工群众关心和监督这些规程的实施，向一切漠视和违反规程的行为进行斗争。

工厂安全卫生规程

1956 年 5 月 25 日国务院全体会议第 29 次会议通过

第一章　总　　则

第一条　为改善工厂的劳动条件，保护工人职员的安全和健康，保证劳动生产率的提高，制定本规程。

第二条　本规程适用于国营、地方国营、合作社营和公私合营的大型工厂。

第二章 厂 院

第三条 人行道和车行道应该平坦、畅通；夜间要有足够的照明设备。道路和轨道交叉处必须有显明的警告标志、信号装置或者落杆。

第四条 为生产需要所设的坑、壕和池，应该有围栏或者盖板。

第五条 原材料、成品、半成品和废料的堆放，应该不妨碍通行和装卸时候的便利和安全。

第六条 厂院应该保持清洁。沟渠和排水道要定期疏浚。垃圾应该收集于有盖的垃圾箱内，并且定期清除。

第七条 建筑物必须坚固安全，如果有损坏或者危险的象征，应该立即修理。

第八条 电网内外都应该有护网和显明的警告标志（离地二点五公尺以上的电网可不装护网）。

第三章 工 作 场 所

第九条 工作场所应该保持整齐清洁。

第十条 机器和工作台等设备的布置，应该便于工人安全操作；通道的宽度不能小于一公尺。

第十一条 升降口和走台应该加围栏。走台的围栏高度不能低于一公尺。

第十二条 原材料、成品和半成品的堆放要不妨碍操作和通行。废料应该及时清除。

第十三条 地面、墙壁和天花板都应该保持完好。

第十四条 经常有水或者其他液体的地面，应该注意排水和防止液体的渗透。

第十五条 在易使脚部潮湿、受寒的工作地点，要设木头站板。

第十六条 排水沟渠应该加盖，并且要定期疏浚。

第十七条 工作场所的光线应该充足，采光部分不要遮蔽。

第十八条 工作地点的局部照明的照度应该符合操作要求，也不要光线刺目。

第十九条　通道应该有足够的照明。

第二十条　窗户要经常擦拭，启闭装置应该灵活；人工照明设备应该保持清洁完好。

第二十一条　室内工作地点的温度经常高于三十五摄氏度的时候，应该采取降温措施；低于五摄氏度的时候，应该设置取暖设备。（注解：一九五七年十月十四日国务院发出总念字第 79 号通知，将第二十一条原文作了修改，修改前原条文为“室内工作地点的温度经常高于三十二摄氏度的时候，应该采取降温措施；低于十摄氏度的时候，应该设置取暖设备。）

第二十二条　对于和取暖无关的蒸汽管或者其他发散大量热量的设备，应该采用保温或者隔热的措施。

第二十三条　经常开启的门户，在气候寒冷的时候，应该有防寒装置。

第二十四条　通风装置和取暖设备，必须有专职或兼职人员管理，并且应该定期检修和清扫，遇有损坏应该立即修理。

第二十五条　对于经常在寒冷气候中进行露天操作的工人，工厂应该设有取暖设备的休息处所。

第二十六条　工厂要供给工人足够的清洁开水。盛水器应该有龙头和盖子，并且要加锁；盛水器和饮水用具应该每日清洗消毒。

第二十七条　在高温条件下操作的工人，应该由工厂供给盐汽水等清凉饮料。

第二十八条　禁止在有粉尘或者散放有毒气体的工作场所用膳和饮水。

第二十九条　工作场所应该根据需要设置洗手设备，并且供给肥皂。

第三十条　工作场所要设置有盖痰盂，每天至少清洗一次。

第三十一条　工作场所应该备有急救箱。

第四章　机　械　设　备

第三十二条　传动带、明齿轮、砂轮、电锯、接近于地面的联轴节、转轴、皮带轮和飞轮等危险部分，都要安设防护装置。

第三十三条　压延机、冲压机、碾压机、压印机等压力机械的施压部分都要有安全装置。

第三十四条　机器的转动摩擦部分，可设置自动加油装置或者蓄油器；如果用人工加油，要使用长嘴注油器，难于加油的，应该停车注油。

第三十五条　起重机应该标明起重吨位，并且要有信号装置。桥式起重机应该有卷扬限制器、起重量控制器、行程限制器、缓冲器和自动联锁装置。

第三十六条　起重机应该由经过专门训练并考试合格的专职人员驾驶。

第三十七条　起重机的挂钩和钢绳都要符合规格，并且应该经常检查。

第三十八条　起重机在使用的时候，不能超负荷、超速度和斜吊；并且禁止任何人站在吊运物品上或者在下面停留和行走。

第三十九条　起重机应该规定统一的指挥信号。

第四十条　机器设备和工具要定期检修，如果损坏，应该立即修理。

第五章　电　气　设　备

第四十一条　电气设备和线路的绝缘必须良好。裸露的带电导体应该安装于碰不着的处所；否则必须设置安全遮栏和显明的警告标志。

第四十二条　电气设备必须设有可熔保险器或者自动开关。

第四十三条　电气设备的金属外壳，可能由于绝缘损坏而带电的，必须根据技术条件采取保护性接地或者接零的措施。

第四十四条　行灯的电压不能超过三十六伏特，在金属容器内或者潮湿处所不能超过十二伏特。

第四十五条　电钻、电镐等手持电动工具，在使用前必须采取保护性接地或者接零的措施。

第四十六条　发生大量蒸汽、气体、粉尘的工作场所，要使用密闭式电气设备；有爆炸危险的气体或者粉尘的工作场所，要使用防爆型电气设备。

第四十七条　电气设备和线路都要符合规格，并且应该定期检修。

第四十八条　电气设备的开关应该指定专人管理。

第六章　锅 炉 和 气 瓶

第四十九条　每座工业锅炉应该有安全阀、压力表和水位表，并且要保持准确、有效。

第五十条　工业锅炉应该有保养、检修和水压试验制度。

第五十一条　工业锅炉的运行工作，应该由经过专门训练并考试合格的专职人员担任。

第五十二条　各种气瓶在存放和使用的时候，必须距离明火十公尺以上，并且避免在阳光下曝晒；搬运时不能碰撞。

第五十三条　氧气瓶要有瓶盖和安全阀，严防油脂沾染，并且不能和可燃气瓶同放一处。

第五十四条　乙炔发生器要有防止回火的安全装置，并且应该距离明火十公尺以上。

第七章　气体、粉尘和危险物品

第五十五条　散放易燃、易爆物质的工作场所，应该严禁烟火。

第五十六条　发生强烈噪声的生产，应该尽可能在设有消音设备的单独工作房中进行。

第五十七条　发生大量蒸汽的生产，要在设有排气设备的单独工作房中进行。

第五十八条　散放有害健康的蒸汽、气体和粉尘的设备要严加密闭，必要的时候应该安装通风、吸尘和净化装置。

第五十九条　散放粉尘的生产，在生产技术条件许可下，应该采用湿式作业。

第六十条　有毒物品和危险物品应该分别储藏在专设处所，并且应该严格管理。

第六十一条　在接触酸碱等腐蚀性物质并且有烧伤危险的工作地点，应该设有冲洗设备。

第六十二条　对于有传染疾病危险的原料进行加工的时候，必须采取严格的防护措施。

第六十三条　对于有毒或者有传染性危险的废料，应该在当地卫生机关的指导下进行处理。

第六十四条　废料和废水应该妥善处理，不要使它危害工人和附近居民。

第八章　供　　水

第六十五条　工厂应该保证生活用水和工业用水的充分供给。饮水非经当地卫生部门的检验许可，不许使用。

第六十六条　水源、水泵、贮水池和水管等都应该妥善管理，保证饮水不受污染。

第九章　生产辅助设施

第六十七条　工厂应该为自带饭食的工人，设置饭食的加热设备。

第六十八条　工厂应该根据需要，设置浴室、厕所、更衣室、休息室、妇女卫生室等生产辅助设施。上列用室须经常保持完好和清洁。

第六十九条　浴室内应该设置淋浴。浴池要每班换水，禁止患有传染性皮肤病、性病的人入浴。

第七十条　厕所应该设在工作场所附近、男女厕所应该分开。

第七十一条　厕所要有防蝇设备。没有下水道的厕所、便坑必须加盖。

第七十二条　妇女卫生室应该设在工作场所附近，室内要备有温水箱、喷水冲洗器、洗涤池、污物桶等。

第七十三条　更衣室、休息室内要设置衣箱或者衣挂。沾有毒物或者特别肮脏的工作服必须和便服隔开存放。

第十章　个人防护用品

第七十四条　有下列情况的一种，工厂应该供给工人工作服或者围裙，并且根据需要分别供给工作帽、口罩、手套、护腿和鞋盖等防护用品：

（一）有灼伤、烫伤或者容易发生机械外伤等危险的操作。

（二）在强烈辐射热或者低温条件下的操作。

（三）散放毒性、刺激性、感染性物质或者大量粉尘的操作。

（四）经常使衣服腐蚀、潮湿或者特别肮脏的操作。

第七十五条　在有危害健康的气体、蒸汽或者粉尘的场所操作的工人，应该由工厂分别供给适用的口罩、防护眼镜和防毒面具等。

第七十六条　工作中发生有毒的粉尘和烟气，可能伤害口腔、鼻腔、眼睛、皮肤的，应该由工厂分别供给工人漱洗药水或者防护药膏。

第七十七条　在有噪声、强光、辐射热和飞溅火花、碎片、刨屑的场所操作的工人，应该由工厂分别供给护耳器、防护眼镜、面具和帽盔等。

第七十八条　经常站在有水或者其他液体的地面上操作的工人，应该由工厂供给防水靴或者防水鞋等。

第七十九条　高空作业工人，应该由工厂供给安全带。

第八十条　电气操作工人，应该由工厂按照需要分别供给绝缘靴、绝缘手套等。

第八十一条　经常在露天工作的工人，应该由工厂供给防晒、防雨的用具。

第八十二条　在寒冷气候中必须露天进行工作的工人，应该由工厂根据需要供给御寒用品。

第八十三条　在有传染疾病危险的生产部门中，应该由工厂供给工人洗手用的消毒剂，所有工具、工作服和防护用品，必须由工厂负责定期消毒。

第八十四条　产生大量一氧化碳等有毒气体的工厂，应该备有防毒救护用具，必要的时候应该设立防毒救护站。

第八十五条　工厂应该经常检查防毒面具、绝缘用具等特制防护用品，并且保证它良好有效。

第八十六条　工厂对于工作服和其他防护用品，应该负责清洗和修补，并且规定保管和发放制度。

第八十七条　工厂应该教育工人正确使用防护用品。对于从事有危险性工作的工人（如电气工、瓦斯工等），应该教会紧急救护法。

第十一章　附　　则

第八十八条　各企业主管部门可以根据本规程结合各该产业的具体情况，制定单行的细则，并且送劳动部备案。

第八十九条　本规程由国务院发布施行。

建筑安装工程安全技术规程

1956年5月25日国务院全体会议第29次会议通过

第一章　总　　则

第一条　为适应国家基本建设需要，保护建筑安装工人职员的安全和健康，保证劳动生产率的提高，制定本规程。

第二条　本规程适用于工业建设（矿井建设除外）和民用建设的施工单位（以下简称施工单位）。

第二章　施工的一般安全要求

第三条　施工单位的技术领导人必须熟悉本规程的各项规定，在所编制的施工组织设计中应提出安全技术措施，并且应该对工人讲解安全操作方法。凡是不了解本规程的工程技术人员和未受过安全技术教育的工人，都不许参加施工工作。

第四条　工地宿舍、办公室、工作棚、食堂等临时建筑，必须先经设计，并且经工程技术负责人审核和上级领导批准后，才能施工；竣工后要由工程技术负责人会同安全技术人员、工会劳动保护干部检查验收后，才能使用。

第五条　对于从事高空作业的职工，必须进行身体检查。不能使患有高血压、心脏病、癫痫病的人和其他不适于高空作业的人，从事高空作业。

第六条　施工单位对于高空作业工人，应该供给工具袋。

第七条　在建筑安装过程中，如果上下两层同时进行工作，上下两层间必须设有专用的防护棚或者其他隔离设施；否则不许使工人在同一垂直线的下方工作。

第八条　遇有六级以上强风的时候，禁止露天进行起重工作和高空作业。

第九条　施工现场中的脚手板、斜道板、跳板和交通运输道，都应该随时清扫，如果有雨水冰雪，要采取防滑措施。

第十条　在天然光线不足的工作地点或者在夜间进行工作，都应该设置足够的照明设备；在坑井、隧道和沉箱中工作，除应该有常用电灯外，并且要备有独立电源的照明灯。

第十一条　寒冷地区的施工单位，冬季施工的时候，应该在施工地区附近设置有取暖设备的休息处所；施工现场和职工休息处所的一切取暖、保暖措施，都应该合乎防火和安全卫生的要求。

第十二条　进行汽热法施工的时候，应该采取防止工人被蒸汽或者配汽设备烫伤的安全措施。

第十三条　进行电热法施工的时候，应该在作业地区设置围栏或悬挂警告标志。用 60 伏特以上电压加热的时候，除测温工作外，应该在作业地区内禁止进行其他工作。

第三章　施　工　现　场

第十四条　施工现场应该合乎安全卫生的要求。在现场上的附属企业、机械装置、仓库、运输道路和临时上下水道、电力网、蒸汽管道、压缩空气管道、乙炔管道、乙炔发生站和其他临时工程的位置、规格，都应该在施工组织设计中详细规定。

第十五条　在施工现场周围和悬崖、陡坎处所，应该用篱笆、木板或者铁丝网等围设栅栏。

第十六条　工地内的沟、坑应该填平，或者设围栏、盖板。

第十七条　施工现场要有交通指示标志，危险地区应该悬挂“危险”或者

“禁止通行”的明显标志，夜间应该设红灯示警。场地狭小、行人来往和运输频繁的地点，应该设临时交通指挥。

第十八条　工地内架设的电线，它的悬吊高度和工作地点的水平距离，应该按照当地电业局的规定办理。

第十九条　施工现场内一般不许架设高压电线；必要的时候，应该按照当地电业局的规定，使高压电线和它所经过的建筑物或者工作地点保持安全的距离，并且适当加大电线的安全系数，或者在它的下方增设电线保护网；在电线入口处，还应该设有带避雷器的油开关装置。

第二十条　工地内交通运输道路，应该经常保持通畅，并且应该尽量采用单行线和减少不必要的交叉点。载重汽车的弯道半径，一般应该不少于十五公尺，特殊情况应该不少于十公尺。

第二十一条　工地内行驶斗车、小平车的轨道应该平坦，坡度不能大于百分之三。上述车辆都应该备有制动闸。铁轨终点应该向上弯曲，或者设车挡。

第二十二条　轨道和人行道、运输道的交叉处所，应该满铺和轨顶取平的木板；在火车道口两侧应该设落杆、标志和信号。

第二十三条　工地内应该有适当的排水沟。排水沟应该不妨碍工程地区内的交通。通过运输道路的沟渠，应该搭设能确保安全的桥板。

第二十四条　一切材料的存放都要整齐和稳固。存放脚手杆要设支架。现场中拆除的模型板和废料等应该及时清理，并且将钉子拔掉或者打弯。

第二十五条　在山沟、河流两岸，铺设交通线路或者设置一切临时建筑，都应该事先了解地形、历年的山洪和最高水位的情况，以防灾害。

第二十六条　存放爆炸物的仓库，必须和厂矿、房屋、人口稠密处所、交通要道和高压线等保持安全距离。仓库要用耐火的材料（砖、石等）建筑，库顶应该采用轻型结构和安设避雷针，库内要有完善的通风设备和温度表，门窗应该向外开，不要使用透明玻璃，地板的铁钉不能外露。仓库周围应该设防爆掩护物，五十公尺内严禁烟火，并且应该设有消防设备。

第二十七条　工地临时存放少量的炸药、雷管、引线等，必须以有盖的木箱分别存放于安全处所，并且应该派有专职或者兼职人员负责保管和设置禁止烟火的标志。

第二十八条　雷管、引线和炸药应该分库存放，不能混淆；各库之间应该保持安全距离。在存有爆炸物的仓库内，严格禁止火药加工和装插雷管引线等工作。存放爆炸物的仓库内，应该采用防爆型照明设备。

第二十九条　危害工人健康的颜料和其他有害物质，应该存放在通风良好的专用房舍内。沥青应该存放在不受阳光直接照射或者不易熔化的场所。

第四章　脚　手　架

第三十条　木杆应该以剥皮杉木和其他各种坚韧的硬木为标准，杨木、柳木、桦木、椴木、油松和其他腐朽、折裂、枯节等易折木杆，一律禁止使用。竹竿应该以四年以上的毛竹为标准，青嫩、枯黄或者有裂纹、虫蛀的都不许使用。

第三十一条　使用木杆做脚手架的，立杆有效部分的小头直径不能小于七公分，大横杆、小横杆（排木）有效部分的小头直径不能小于八公分。使用竹竿做脚手的，立杆大横杆有效部分的小头直径不能小于七点五公分，小横杆有效部分的小头直径不能小于九公分（对于小头直径在六公分以上不足九公分的竹竿，可以采取双竿合并使用的办法）。

第三十二条　架子的铺设宽度不能小于一点二公尺，大横杆间隔不能大于一点二公尺。木脚手的立杆间隔不能大于一点五公尺，小横杆的间隔不能大于一公尺。竹脚手必须搭设双排架子，立杆的间隔不能大于一点三公尺，小横杆的间隔不能大于零点七五公尺。

第三十三条　架子必须设斜拉杆和支杆，高在七公尺以上的工程无法顶支杆的时候，架子要同建筑物连接牢固，立杆和支杆的底端要埋入地下，深度应该视土壤性质决定；在埋入杆子的时候，要先将土坑夯实，如果是竹竿，必须在基坑内垫以砖石，以防下沉；遇松土或者无法挖坑的时候，必须绑扫地杆子。

第三十四条　凡是搭设高达十公尺以上的竹脚手架，要在立竿旁加设顶撑或者使用双行立竿。竹脚手的小横竿，它的两头伸出大横竿部分不能短于三十公分。斜拉竿和立竿的交叉处都要绑牢。

第三十五条　搭架子可以根据各地经验采用坚韧的麻绳、棕绳、草绳、铁丝或者篾条切实扎绑，并且要经常检查。

第三十六条　斜道的铺设宽度不能小于一点五公尺；斜道的坡度不能大于一比三，斜道防滑木条的间距不能大于三十公分，拐弯平台不能小于六平方公尺。

第三十七条　脚手板必须使用五公分厚的坚固木板，凡是腐朽、扭纹、破裂和大横透节的木板都不能使用。如果使用竹片编制的竹脚手板，板的厚度不能小于五公分，螺栓孔不能大于一公分，螺丝必须拧紧。

第三十八条　脚手板和斜道板要满铺于架子的横杆上，在斜道两边，斜道拐弯处和高在三公尺以上的脚手架的工作面外侧，应该设十八公分高的挡脚板，并且要加设一尺高的防护栏杆。

第三十九条　脚手架的负荷量，每平方公尺不能超过二百七十公斤，如果负荷量必须加大，架子应该适当地加固。

第四十条　悬吊式脚手架应该以坚固的材料构成，脚手板间不能有空隙，并且应该设防护栏杆。吊架挑梁应该插在墙壁的牢固部分，严禁插在房檐上，挑梁的下方应该垫入五公分厚的垫木。

第四十一条　吊架所用的钢丝绳，它的粗细应该按照负荷量决定。升降用的卷扬机或者滑车，应该合于吊架的计算荷量，并且要设双重制动闸。

第四十二条　安装管式金属脚手架，禁止使用弯曲、压扁或者有裂缝的管子，各个管子的联接部分要完整无损，以防倾倒或者移动。

第四十三条　金属脚手架的立杆，必须垂直地稳放在垫木上，在安置垫木前要将地面夯实、整平。

第四十四条　安装金属脚手架的地点，如果有电气配线的设备，在安装和使用金属脚手架期间，应该将它断电或者拆除。

第四十五条　里脚手架的铺设宽度不能小于一点二公尺，高度要保持低于外墙的二十公分。砌墙高达四公尺的时候，要在墙外安设能承受一百六十公斤荷重的防护挡板或者安全网，墙身每砌高四公尺，防护挡板或者安全网应该随墙身提高。

第四十六条　里脚手使用的伸出式挑架，要用坚固的材料做成，伸出墙外部分不能小于一点二公尺，所铺脚手板不能有空隙，并且要设有防护栏杆和十八公分的挡脚板。

第四十七条　跳板要用五公分厚的坚固木板，单行跳板宽度不能小于零点六公尺，双行跳板宽度不能小于一点二公尺；跳板的坡度不能大于一比三，板面并且应该设防滑木条；凡是超过三公尺长的跳板，必须设支撑。

第四十八条　梯子必须坚实，不得缺层，梯阶的间距不能大于四十公分。

第四十九条　两梯连接使用的时候，在连接处要用金属卡子卡牢，或者用铁丝绑牢，必要的时候可设支撑加固。

第五十条　梯子要搭在坚固的支持物上，如果底端放在平滑的地面，应该采取防滑措施；立梯的坡度以六十度为适宜。

第五十一条　凡是承载机械的或者超过十五公尺高的脚手架，必须先经设计，并且经工程技术负责人批准后才可以搭设。

第五十二条　脚手架要经施工负责人员检查验收后，才能使用，使用期间应该经常检查。

第五章　土 石 方 工 程

第五十三条　进行土方工程前，应该做好必要的地质、水文和地下设备（如瓦斯管道、电缆、自来水管等）的调查和勘察工作。

第五十四条　挖掘基坑、井坑的时候，如果发现有不能辨认的物品，应该立即报告上级处理，严禁随意敲击或者玩弄。

第五十五条　在深坑、深井内操作的时候，应该保持坑、井内通风良好，并且注意对于有毒气体的检查工作，遇有可疑现象，应该立即停止工作，并且报告上级处理。

第五十六条　在靠近建筑物旁挖掘基坑的时候，应该视挖掘深度，做好必要的安全措施。

第五十七条　挖掘土方应该从上而下施工，禁止采用挖空底脚的操作方法，并且应该做好排水措施。

第五十八条　挖掘基坑、井坑的时候，应该视土壤性质、湿度和挖掘深度，设置安全边坡或者固壁支架；对于土质疏松或者较宽、较深的沟坑，如果不能使用一般的支撑方法，必须按照特定的设计进行支撑。挖出泥土的堆放处所和在坑边堆放的材料，至少要距离坑边零点八公尺，高度不能超过一点五公尺。对基坑、井坑的边坡或者固壁支架应该随时检查（特别是雨后和解冻时期），如果发现边坡有裂缝、疏松或者支撑有折断、走动等危险征兆，应该立即采取措施。

第五十九条　拆除固壁支架的时候，应该按照回填顺序，从下而上逐步拆除。更换支撑时，应该先装上新的，再拆下旧的，拆除固壁支架和支撑的时候，必须由工程技术人员在场指导。

第六十条　使用机械挖土前，要先发出信号。挖土的时候，在挖土机挺杆旋动范围内，不许进行其他工作。装土的时候，任何人都不能停留在装土车上。

第六十一条　在有支撑的沟坑中，使用机械挖土，必须注意不使机械碰坏支撑。在沟坑边使用机械工作的时候，应该详细检查计算坑内支撑强度，必要的时候另行加强支撑。

第六十二条　一切爆炸物的运输，要指定专人负责。雷管和炸药不许放在同一舟车或者同一容器内运输。运送的时候，应该妥为包装捆扎，不能散装、改装，也不能震动、冲击、转倒、坠落和摩擦等。运输时严禁抽烟，或者携带烟火等易燃物品。运输途中，不许在人多的地方休息。

第六十三条　爆炸石方工作应该按照下列规定执行：

（一）打眼、装药、放炮要由经过训练和考试合格的人员负责进行，并且应该有严密的组织和检查制度。

（二）在闪电打雷的时候，禁止装置炸药、雷管和联接电线。捣填炮药，严禁使用铁器。所用引线，要加以检验。

（三）使用电雷管的时候，应该指定专人掌握电爆机，并且必须等待电线完全接妥，员工全部避入安全地带后，才可以通电点炮。电爆机距炮眼电线的长度应该视现场情况决定。联接雷管和引线要用特制的钳铗挟紧，严禁用牙齿咬紧和用力敲压。

(四) 使用炸胶爆炸石方的时候，应该以挤压办法使炸胶结实，严禁捣击。禁止使用冻结、半冻结或者半溶化的炸胶。已冻炸胶的解冻处理工作，必须指定有经验的人谨慎进行。取用炸胶应该戴手套。炸胶溶化时避免和皮肤接触。

(五) 在城镇房屋较多的场所爆炸石方的时候，最好放闷炮（药量较少的炮），并且要在施放前在石上架设掩护物。

(六) 放炮后要经过二十分钟才可以前往检查。遇有瞎炮，严禁掏挖或者在原炮眼内重装炸药，应该在距离原炮眼六十公分以外的地方另行打眼放炮。

(七) 同一工地必须由专人统一掌握放炮时间，放炮前，必须使危险区内的全体人员退至安全地带，并且在危险区四周设立岗哨和危险标志，禁止通行。

第六章　机电设备和安装

第六十四条　电气设备和线路的绝缘必须良好，裸露的带电导体应该安装于碰不着的处所，或者设置安全遮栏和显明的警告标志。

第六十五条　电气设备和装置的金属部分，可能由于绝缘损坏而带电的，必须根据技术条件采取保护性接地或者接零的措施。

第六十六条　电线和电源相接的时候，应该设开关或者插销，不许随便搭挂；露天的开关应该装在特制的箱匣内。

第六十七条　行灯的电压不能超过三十六伏特；在金属容器内或者潮湿处所工作的时候，行灯电压不能超过十二伏特。

第六十八条　电焊工作物和金属工作台同大地相隔的时候，都要有保护性接地。

第六十九条　电动机械和电气照明设备拆除后，不能留有可能带电的电线。如果电线必须保留，应该将电源切断，并且将线头绝缘。

第七十条　电气设备和线路都必须符合规格，并且应该进行定期试验和检修。修理的时候，要先切断电源；如果必须带电工作，应该有确保安全的措施。

第七十一条　每座工业锅炉都应该有安全阀、压力表和水位表，并且要保持准确有效。

第七十二条　工业锅炉应该有维护保养、检查修理和水压试验制度，并且应该由经过专门训练和考试合格的专职人员担任司炉工作。

第七十三条　各种气瓶在存放和使用时，要距离明火十公尺以上，并且避免在阳光下曝晒，搬动的时候不能碰撞。

第七十四条　氧气瓶要有瓶盖，氧气瓶的减压器上应该有安全阀，严防沾染油脂，并且不能和可燃气瓶同放一处。

第七十五条　乙炔发生器必须有防止回火的安全装置，并且要距离明火十公尺。

第七十六条　焊接场所应该保持通风良好。进行电焊、电割和气焊、气割工作前，应该清除工作物和焊接处所的易燃物，或者在焊接处所采用防护设施。

第七十七条　风动工具的气阀，必须不漏气和易于开闭。风动工具在使用中不能进行调整和更换零件。

第七十八条　一切机械和动力机的机座必须稳固；放置移动式机器的时候，应该防止它由于自重和外部荷重作用引起移动和倾倒。

第七十九条　传动带、明齿轮、砂轮、电锯、接近于地面的联轴节、转轴、皮带轮和飞轮等危险部分，都要安设防护装置。

第八十条　机器的转动摩擦部分，可设置自动加油装置；如果用人工加油，要使用长嘴注油器，难于加油的，应该停车注油。

第八十一条　起重机械、牵引机械和辅助起重工具，都要标明最大负荷量；起重和牵引机械并且要标明安全速度。

第八十二条　各式起重机应该根据需要安设过卷扬限制器、起重量控制器、联锁开关等安全装置。悬臂起重机应该有起重量指示器。轨道臂式起重机必须安有夹轨钳。

第八十三条　起重机在使用前要经过试车，试车前应该注意检查挂钩、钢丝绳、齿轮和电气部分等；使用的时候应该设专人指挥，禁止斜吊，并且禁止任何人站在吊运物品上或者在下面停留和行走。物件悬空的时候，驾驶人员不能离场。

第八十四条　传送带的起卸处应该装设专用平台，禁止用手在带上直接卸取材料。传送机运转时，禁止用手清理卷轮、滑车和传送带上的附着物。

第八十五条　机器设备和工具要定期检修，如果损坏，应该立即修理。

第八十六条　安装机械的时候，不许将机械的拉线绑在脚手架上，没有经过技术负责人的批准，不许利用脚手架作起重机和滑车的支架。

第八十七条　擦洗和修理机械的时候，应该采取措施以防止机械转动部分因受电流或者自重作用而自行转动。擦洗机器不能使用含铅的汽油。

第八十八条　安装、拆洗、试运和修理机器的时候，应该对各种转动部分采取临时性的防护措施。一切和工作无关的人员都不许接近。

第八十九条　各种机电设备都应该由经过训练和考试合格的专职人员操纵、装拆或者检修。

第七章　拆　除　工　程

第九十条　拆除工程在施工前，应该对建筑物的现状进行详细调查，并且编制施工组织设计，经总工程师批准后，才可以动工。较简单的拆除工程，也要制订切合实际的安全措施。

第九十一条　拆除工程在施工前，要组织技术人员和工人学习施工组织设计和安全操作规程。

第九十二条　拆除工程的施工，必须在工程负责人员的统一领导和经常监督下进行。

第九十三条　拆除工程在施工前，应该将电线、瓦斯管道、水道、供热设备等干线同该建筑物的支线切断或者迁移。

第九十四条　工人从事拆除工作的时候，应该在脚手架或者其他稳固的结构部分上操作。

第九十五条　拆除建筑物，应该自上而下顺序进行，禁止数层同时拆除。当拆除某一部分的时候，应该防止其他部分发生坍塌。

第九十六条　拆除建筑物的栏杆、楼梯和楼板等，应该和整体拆除程度相配合，不能先行拆掉。建筑物的承重支柱和横梁，要等待它所承担的全部结构拆掉后才可以拆除。

第九十七条　拆除建筑物一般不采用推倒方法，遇有特殊情况必须采用推倒方法的时候，必须遵守下列规定：

（一）砍切墙根的深度不能超过墙厚的三分之一，墙的厚度小于两块半砖的时候，不许进行掏掘。

（二）为防止墙壁向掏掘方向倾倒，在掏掘前，要用支撑撑牢。

（三）建筑物推倒前，应该发出信号，待全体工作人员避至安全地带后，才能进行。

第九十八条　用爆破方法拆毁建筑物的时候，应该按照本规程有关爆破的规定执行。用爆破方法拆毁建筑物部分结构的时候，应该保证其他结构部分的良好状态。爆破后，如果发现保留的结构部分有危险征兆，要采取安全措施后，才能进行工作。

第九十九条　拆除建筑物的时候，楼板上不许有多人聚集和堆放材料，以免发生危险。

第一百条　在高处进行拆除工程，要设置流放槽，以便散碎废料顺槽流下。拆下较大的或者沉重的材料，要用吊绳或者起重机械及时吊下或者运走，禁止向下抛掷。拆卸下来的各种材料要及时清理，分别堆放于一定处所。

第八章　防　护　用　品

第一百零一条　施工单位应该供给职工适用的、有效的防护用品，并且要规定发放、保管、检查和使用的办法。

第一百零二条　对下列工人，应该根据工作需要，分别供给防护用品：

（一）架子工：供给套袖、裹腿、垫肩、风镜。

（二）砌砖工：供给帆布指套或者手指涂胶的线手套。

（三）不使用卡砖器的搬砖工：供给手垫。

（四）抹灰工：供给套袖、手套、风镜。

（五）喷灰工：供给工作服、风镜、口罩、手套、鞋盖。

（六）淋筛、合白灰工：分别供给胶鞋和带护腿的鞋盖、风镜、口罩、手套、披肩头巾。

（七）混凝土搅拌、捣固、平灰、养护工：分别供给围裙、手套、胶靴（或者胶鞋和带护腿的鞋盖）。

（八）石工：分别供给防护眼镜、口罩、帆布手套。

（九）打桩工：供给手套、裹腿。

（十）水磨理石工和电磨理石工：分别供给胶鞋或者胶靴，电磨理石工加发绝缘手套。

（十一）水暖工：供给手套，在水道中工作的时候供给工作服、胶靴、口罩。

（十二）钢筋工：供给帆布手套、垫肩、帆布围裙、口罩。

（十三）白铁工：供给手套、围裙。

（十四）油漆工和喷漆工：油漆工供给带袖围裙、手套；喷漆工供给工作服、手套、风镜、口罩。

（十五）扛挑工：供给垫肩或者有领垫肩，搬运水泥、石灰的时候，加发披肩头巾、口罩、风镜、鞋盖、长袖手套。

（十六）木工：分别供给套袖、围裙。

（十七）电锯工：供给口罩、风镜、帆布围裙、套袖。

（十八）挖土机、平土机、推土机、起重机的司机和助手：分别供给工作服、手套、风镜、口罩。

（十九）电气操作工：分别供给绝缘靴、绝缘手套、线手套、风镜、套袖、裹腿等。

（二十）钳工、铆工、焊工、锻工、起重工：根据工作情况不同，按照工厂安全卫生规程的规定，分别供给防护用品。

第一百零三条　对于从事沥青工作的工人，分别供给坚实的棉布或者麻布的工作服、防护眼镜、防护口罩或者过滤式呼吸器、帆布手套、帆布鞋盖和防护油膏。工作完毕后必须洗澡。

第一百零四条　对于从事下列工作的工人，都要加发柳条帽或者藤帽：

（一）在高空作业的下方进行工作的工人。

（二）在深坑、深槽或者井下工作的工人。

（三）拆模板和架子的工人。

第一百零五条　对于在水中工作的工人，应该供给胶靴，在深水工作的时候，应该供给胶皮工作服。

第一百零六条　对于在高空工作的工人，如果没有防护装置，应该供给安全带。

第一百零七条　对于在雨中工作的工人，应该根据需要分别供给胶鞋、胶靴、蓑衣、雨衣、斗笠等防雨用具。

第一百零八条　对于在严寒气候中从事露天工作的工人，应该根据需要供给防寒用品。

第一百零九条　对于在施工现场工作的技术人员和管理人员，应该根据需要供给防护用品。

第一百一十条　对于从事其他有害健康工作的工人（指本规程内未提出的工种），都应该根据需要分别供给防护用品。

第九章 附则

第一百一十一条　各企业主管部门、各省（自治区、直辖市）人民委员会可以根据本规程制订单行的细则，并且送劳动部备案。

第一百一十二条　本规程由国务院发布施行。

工人职员伤亡事故报告规程

1956年5月25日国务院全体会议第29次会议通过

第一条　为了及时了解和研究工人职员的伤亡事故，以便采取消除伤亡事故的措施，保证安全生产，制定本规程。

第二条　本规程适用于国营、地方国营、合作社营和公私合营的工业、交通运输业、建筑业、伐木业的企业，地质和水利系统的工程单位，机械农场和农业机器站。

第三条　企业（指第二条所列各单位，以下同）对于工人职员在生产区域中所发生的和生产有关的伤亡事故（包括急性中毒事故，以下同）必须按照本规程进行调查、登记、统计和报告。

甲企业的工人职员在参加乙企业生产时发生伤亡事故，应该由乙企业负责调查、登记、统计和报告，并且通知甲企业。

第四条　企业的厂长（或者总工程师，以下同）、车间主任和工段长（或者相当于上述职务的人员，以下同）应该对伤亡事故调查、登记、统计和报告的正确性和及时性负责。

第五条　工人职员发生负伤事故使本人工作中断的时候，负伤人员或者最先发现的人应该立即报告工段长，工段长应该立即报告车间主任，车间主任必须在下班前报告厂长。

第六条　工人职员丧失劳动能力满一个工作日和超过一个工作日的一切事故，车间主任必须会同安全技术人员和车间工会劳动保护人员调查事故原因，拟定改进措施，并且将调查结果按照本规程附件一编制“工人职员伤亡事故登记书”，填写其中第一项至第九项，分送厂长和工会基层委员会，分送的时间不能迟于事故发生后四十八小时。

第七条　发生多人事故（指同时伤及三人和三人以上的事故）、重伤事故（指经医师诊断负伤人员成为残废的事故）或者死亡事故的时候，负伤人员或者最先发现人应该立即报告工段长，工段长应该立即报告车间主任，车间主任应该立即报告厂长和工会基层委员会；厂长应该立即将事故概况（包括事故发生时间，伤亡者姓名、年龄、工种和职称、伤害程度——死亡、残废、负伤，事故经过和发生原因）用电报、电话或者其他快速办法报告企业主管部门、当地劳动部门（未设劳动部门的地方为人民委员会，以下同）和工会组织；企业主管部门、当地劳动部门和工会组织应该立即用电报、电话或者其他快速办法转报上级。

第八条　多人事故、重伤事故和死亡事故，应该由企业行政或者企业主管部门会同工会基层委员会组织调查小组（必要的时候组织调查委员会）尽速进行调查，当地劳动部门、工会组织和其他有关部门可以派员参加，调查后必须确定事故原因，拟定改进措施，提出对事故负责人的处分意见，并且按照本规程附件二编制“工人职员伤亡事故调查报告书”，分送厂长、工会基层委员会、企业主管部门、当地劳动部门、工会组织和其他参加调查的单位。企业主管部门、当地劳动部门和工会组织收到“工人职员死亡事故调查报告书”后，应该将调查报告书副本及时转报上级。

企业中发生多人事故、重伤事故和死亡事故后，除按照本条规定办理外，还要按照本规程第六条规定编制“工人职员伤亡事故登记书”。

第九条　在伤亡事故的情况查清以后，如果各有关方面对于事故的分析和事故负责人的处分不能取得最后一致的意见的时候，劳动部门应该提出结论性的意见交厂矿领导机关或者企业主管部门办理。如果仍有不同意见，可分别报告上级有关部门研究处理。

第十条　在伤亡事故已经报告后，如果有负伤人员死亡，厂长应该立即向当地劳动部门、工会组织和企业主管部门补报。

第十一条　厂长应该保证实现“工人职员伤亡事故登记书”第十项和“工人职员伤亡事故调查报告书”第十四项所提出的改进措施。

在改进措施完成期限届满后，厂长和工会基层委员会主席应该检查完成情况，填写“工人职员伤亡事故登记书”第十项和“工人职员伤亡事故调查报告书”第十五项并且盖章。

第十二条　在负伤的人伤愈恢复工作、确定为残废或者因伤死亡的时候，厂长应该填写“工人职员伤亡事故登记书”第十一项并且盖章。

第十三条　企业行政应该在每季终了后十日内，将工人职员连续丧失劳动能力超过三个工作日的负伤事故，按照本规程附件三编制“工人职员负伤事故季报表”，连同季度伤亡情况的文字说明，报告企业主管部门和当地劳动部门，并且送工会基层委员会。如果在报告季度内没有连续丧失劳动能力超过三个工作日的负伤事故发生，以前季度发生的负伤事故在本季度内也没有结束，就应该填写季报表的表头和职工人数栏，分别报送。

第十四条　企业主管部门和劳动部门应该根据“工人职员负伤事故季报表”编制综合季报，连同季度伤亡情况的文字说明，按照系统逐级上报，并且分送同级统计部门。各级企业主管部门的综合季报和文字说明，应该同时分送同级劳动部门和工会组织。

第十五条　负伤事故季报表和综合季报应该按照生产企业和基本建设单位分别编制。

第十六条　企业主管部门和劳动部门应该将死亡事故按照本规程附件四编制“工人职员死亡事故月报表”，逐级上报，并且分送同级统计部门。

第十七条　劳动部门对企业进行伤亡事故的调查、登记、统计、报告和处理，实行监督查检。

企业行政或者企业主管部门对于多人事故、重伤事故和死亡事故的负责人的处分，要取得当地劳动部门或者上级劳动部门同意后执行。

第十八条　工会组织有权监督企业对本规程的执行。

第十九条　企业对于职工伤亡事故，如果有隐瞒不报、虚报或者故意延迟报告的情况，除责成补报外，责任人应该受纪律处分；情节严重的，应该受刑事处分。

第二十条　中央各企业主管部门可以根据本规程制定实施细则，并且送劳动部备案。

第二十一条　本规程由国务院发布施行。

11. 国务院关于防止厂、矿企业中矽尘危害的决定

(56) 国议习字39号

1956年5月31日

为消除厂、矿企业中矽尘的危害，保护工人、职员的安全和健康，现作如下决定：

一、使用石英粉原料的工厂应该尽量采用天然石英砂。制造石英粉和其他含矽矿石粉的工厂应该尽可能采用湿磨。如限于技术条件，只能采用干磨的，生产设备必须机械化、密闭化，并且增加吸尘、滤尘装置。

矿山应该采用湿式凿岩和机械通风，彻底改进湿式凿岩方法和整顿通风系统，并且加强管理；必要的时候可采用吸尘、洒水等防尘措施。

二、厂、矿企业的车间或者工作地点每立方公尺所含游离二氧化矽百分之十以上的粉尘，在一九五六年内基本上应该降低到二毫克，在一九五七年内必须降低到二毫克以下。

三、厂、矿企业应该根据需要发给接触矽尘的工人有效的防尘口罩、防尘工作服和保健食品。食堂、宿舍同车间或者工作地点应该有适当的距离。

四、厂、矿企业应该对接触矽尘工人进行定期健康检查，每三个月或六个月一次；对患矽肺病的，应该按病情轻重，分别予以治疗、调动工作或者疗养。新工人入厂、矿前应该经过健康检查，不适合这项工作的，不要录用。

五、工厂的干石英粉产品必须用纸袋包装，禁止使用草袋，以防止粉尘的逸散。

各主管部门应该按照上述决定，并且根据厂、矿企业的产销情况和设备条

件，进行全面规划和必要措施；对设备落后的厂、矿应该尽可能地进行适当改组；对设备较好的厂、矿应该在原有的基础上积极进行改进。各级劳动部门和卫生部门对本决定的执行情况，应该及时地进行监督和检查。

12. 国务院关于非金属矿管理问题的指示

1956 年 10 月 19 日

我国蕴藏有丰富而多样的非金属矿，并且为国民经济各方面所需要。但是目前管理分散，经营混乱，技术落后，造成资源很大的浪费和损失；而且生产和需要也不能密切结合。今后随着国民经济的发展，各种非金属矿的生产逐渐显得重要。为了加强非金属矿的管理，除了指定水晶由第二机械工业部统一管理、金刚石由冶金工业部统一管理以外，对于一般非金属矿物的管理，暂时采取如下的办法：(注解：水晶现由地质矿产部统一归口管理。)

一、中央各工业部或者各省、自治区、直辖市工业部门已开采的各种非金属矿，仍继续由现在主管部门分别管理。

二、在建筑材料工业部内设立非金属矿管理处，负责管理非金属矿的全面规划和重要的非金属矿物的平衡和开采等问题。目前各部和各省、自治区、直辖市管理的非金属矿仍继续由原管理单位管理，中央主管部门应该加以指导。

三、中央各工业部或各省、自治区、直辖市人民委员会需要非金属矿资源的时候，可报经国务院批准后，提交地质部进行勘探，由中央各部和各省、自治区、直辖市自行开采。今后地质部应该注意较重要的非金属矿的资源勘探工作，并且列入国家矿产后备储量，以便供应需要部门开采。

四、今后重要的非金属矿物的生产，均应该逐步纳入国家计划（主管单位提出项目，由国家计划委员会、国家经济委员会确定并加以平衡)。

五、关于民用的各种非金属矿物，统一由各省、自治区、直辖市人民委员会的工业部门管理。各地可根据当地非金属矿物资源和分配具体情况，确定开采和管理办法。

13. 国务院关于加强企业中的防暑降温工作的通知

1957 年 7 月 13 日

企业的防暑降温工作是关系职工群众身体健康和保证完成生产任务的一项重要措施。几年来由于企业领导方面的重视防暑降温工作，不少企业已有三年多未发生中暑事故；但是尚有一部分企业，或者由于对防暑降温工作重视不够，放松了对防暑降温工作进行及时布置和具体领导，因而影响了职工健康；或者由于缺乏防暑降温的技术知识和缺乏经验，以致不少降温设备花钱多收效少，甚至还有的发生了技术上错误。

现在热天已到，为了使企业中普遍重视和加强防暑降温工作，防止发生中暑事故，保证完成生产任务，特通知如下：

一、各省、自治区、直辖市人民委员会应该统一组织力量，协同工业、交通管理部门和劳动卫生部门，并吸收工会组织参加，将当地企业的防暑降温工作进行一次检查，对防暑降温措施中值得推广的经验，应该组织同一行业或同一类型的企业进行经验交流；对于忽视防暑降温工作严重影响职工健康的单位，应当督促他们迅速采取有效措施，加以改善。

二、国务院各工业、交通部门应该密切注视所属企业的防暑降温情况并积极协助各地检查所属企业的防暑降温工作；组织一定力量，有重点的或在防暑降温工作比较薄弱的单位，进行检查，督促他们加强防暑降温工作；对于所属企业改善防暑降温所必需而又可能办到的资材、经费和技术力量，应该积极予以解决。

三、劳动部、卫生部也应该协同全国总工会积极帮助各地、各部门做好这次防暑降温工作，尽可能邀请若干专家协助各地加强企业中防暑降温工作的技术指导。在暑期过后，应协同各有关部门总结今年防暑降温工作，提出改进措施，及早为明年防暑降温工作做好准备。

四、防暑降温工作，必须贯彻节约精神。目前天气已热，对添置新的降温设备应该采取花钱少、收效大、收效快的办法；并应把工作的重点放在检查原有的防暑降温设备上，使原有的防暑降温设备管好、用好，有合理的管理和运用制度。

14. 国务院关于防止工房、工棚失火和煤气中毒事故的指示

财劳周字第101号

1958年12月30日

据报，十一月一日黑龙江龙凤山水库工地，由于取暖不慎，工棚失火，烧死民工八名，受轻重伤者二十二名；十二月九日合肥市花良亭工程局发生工棚失火事故，烧毁工棚二十一栋，合计一百五十四间，共烧死劳改犯五十名，重伤七名，轻伤三十七名；陕西安康县吉公人民公社安兰公路修路民工工棚于十二月十三日失火，并引起火药爆炸，死亡三十一人，伤四人。另据北京日报消息，入冬以来到十一月十四日止，发生煤气中毒事故一百二十一人次，其中被煤气熏死者二十四人。由此可见，工棚失火和煤气中毒是造成冬季特别重大伤亡事故的重要原因之一，各地和各有关部门应予严重注意。为了避免类似事故继续发生，现作如下指示：

一、工棚除应做到坚实牢固，门窗向阳，保证不漏风雨外，彼此之间还应有一定的间隔，以免发生火灾时互相影响。

二、凡有取暖设备的地方，必须指派专人管理，工棚里不允许储存炸药、引线和雷管等危险物品。一切易燃物品应与火炉、火炕和烟囱保持一定的安全距离。烟头、火柴头等物不可随地乱丢。此外，还要经常检修取暖设备，保证炉火好用，防止煤气中毒事故的发生；夜间还需有人值班看火，遇有风雪天气，更应注意巡查，以防意外。

三、民工和建筑工人集中居住的处所，应有简易的消防设备，在深入开展消防教育的基础上，建立起群众性的消防组织，做到人人注意防火，大家提高警

惕，确保生命和财产的安全。

四、各地基建工程和企业单位应该首长负责，并且发动群众，对职工集体居住的工棚进行一次检查，积极采取措施，消除各种不良情况，确保职工群众安全温暖过冬。

15. 国务院批转劳动部《关于加强锅炉安全工作的报告》的通知

国劳薄字第 156 号

1959 年 5 月 29 日

国务院同意劳动部《关于加强锅炉安全工作的报告》，现转发给你们，请参照办理。

附：

劳动部关于加强锅炉安全工作的报告

今年四月六日至四月十三日，我部在沈阳市召开了全国锅炉安全工作经验交流会议。参加这次会议的有各地劳动部门、中央有关产业部门以及部分厂矿企业单位的劳动保护工作人员和锅炉技术人员共三百多人。这次会议总结并交流了几年来的锅炉安全工作的经验，进一步地明确了今后的工作方针和具体做法，与会同志都感到极有收获。现将锅炉安全工作的基本情况和这次会议关于改进这一工作的意见，报告于后：

蒸汽锅炉目前是我国的主要动力设备。根据水利电力部统计，一九五八年全国发电量二百七十七点四亿度中，使用蒸汽锅炉发电的就有二百三十五点八亿度，占百分之八十五。同时，为工业（例如，造纸、纺织、橡胶、食品加工业等）直接提供蒸汽的锅炉，以及为数很大的水暖锅炉，在工业生产和人民生活中也起着重要的作用。但是，由于锅炉是一种有压力的容器，如果对它的制造、安装、运行、保养等方面处理的不当，就会发生故障而影响生产，甚至发生爆炸事故，造成对设备、物资的严重破坏和人身的重大死伤……

我国自一九五六年起，由劳动部根据国务院的决定，开始进行关于锅炉安全工作的专业管理。几年来，在党和政府的领导下，由于产业部门、劳动部门和厂矿企业以及广大职工群众的共同努力，这一工作已经取得了一定的成绩，主要是：①建立了机构，培训了相当数量的干部。现在，大中城市和工业比较集中的地区的劳动部门，比较普遍地设置了锅炉安全工作机构或专职干部。培养了劳动部门和企业的锅炉检验人员约一千七百人，训练了司炉工人约一万八千人。这些机构和人员，对于推动锅炉安全工作的开展，起了很大的作用。②锅炉安全设备和劳动条件已经有了较大的改善。目前，锅炉一般都装置了安全附件；锅炉房内采取各种通风降温、照明等措施，程度不同地改变了过去那种阴暗、炎热等不良状况；有些加煤、出灰等笨重体力劳动正在被机械所代替。③拟订和建立了一些有关锅炉安全的规章制度。大型企业一般都有了比较健全的锅炉安全操作规程，中、小型企业也大都有了简单的锅炉安全操作注意事项。④不少地区逐步开展了锅炉的检验和登记工作。一九五八年仅辽宁、河北、上海等十六个省、市就检查登记了将近一万二千台锅炉，许多锅炉的原始资料正在逐渐掌握起来，这就为今后做好锅炉安全工作提供了必要的条件。⑤解决了不少有关锅炉安全的重大技术问题。例如，有些火管锅炉加装了外砌炉膛和水冷壁管，提高蒸发量一倍左右。有些锅炉采取了防止苛性脆化的措施，以及对不少锅炉的用水进行了处理，对于保证它的安全运行和延长它的寿命都有很大的好处。此外，确定工作压力在十三公斤/平方公分以下，其温度不超过二百二十摄氏度的锅炉的承压部件改用沸腾钢制造，在一定程度上解决了锅炉钢材不足的困难，经济意义也是很大的。由于采取了上述这些措施，已使重大的锅炉爆炸事故显著地减少了。无疑地，这对于保障职工的生命安全和适应生产建设的需要都起了一定的作用。

但是，从生产建设的要求来看，锅炉安全工作还远远不能满足客观形势的需要。目前，锅炉爆炸事故仍有发生。同时，锅炉设备的数量在生产建设“大跃进”以来有了迅速地增加，锅炉的结构型式也比过去更加复杂。一九五八年我国工作压力在零点七公斤/平方公分以上的锅炉比一九五七年增加三分之一以上，至于工作压力在零点七公斤/平方公分以下的锅炉则增加的更多。值得注意的是，去年以来，一方面增加了不少大型的、现代化的锅炉（每小时蒸发量二百三十吨，工作压力为一百一十公斤/平方公分），另一方面也增加了很多结构简单的“土”锅炉。在原有的锅炉中，有很大一部分是解放前遗留下来的。这些锅炉设备的情况几年来虽然已经有了不少改善，但由于原来的设备基础较差且已陈旧，存在的问题不少（例如，腐蚀、变形、渗漏等）。加之我国生产建设的飞跃发展，今后锅炉设备必然比过去将有更多的增加。所有这些，使得锅炉安全工作面临着新的越来越复杂的繁重任务。

为了做好锅炉安全工作，以适应和促进生产建设的飞跃发展，我们认为，必须进一步地明确锅炉安全工作的方针，并且采取适应当前形势的有效措施。

锅炉安全工作，必须从生产出发，为生产服务，贯彻执行“安全生产”的方针。对此，在去年第三次全国劳动保护工作会议以后，大部分锅炉安全工作同志在思想认识上一般的是比较明确了，但是也还有一些同志存在着片面的观点。他们认为，锅炉安全工作只是为了防止锅炉爆炸，因此，在工作中，往往自觉地或不自觉地单纯强调安全，宁可把锅炉的压力降低一些，安全系数加大一些，而对于发挥锅炉的工作效能则有所忽视。这种看法和做法，对生产建设是不利的。去年“大跃进”以来，有些单位由于采取了适当措施，锅炉的蒸发量提高了一倍至一倍半，同时做到了安全运行，足见有些锅炉的潜力是很大的。在目前锅炉不足的情况下，充分挖掘锅炉的潜力，发挥锅炉应有的效能，更有重大的意义。但是，与此同时，也有某些单位曾经发生过盲目提高压力和蒸发量而忽视安全运行的情况，以致引起锅炉爆炸事故，这对生产建设同样是不利的。正确的做法应该是在最大限度地发挥锅炉的工作效能的同时保证锅炉的安全运行，也就是说，应该把发挥锅炉的经济效果放在稳妥可靠的基础上，做到有计算、有试验、有科学依据和防止盲目性，避免造成不应有的损失。

锅炉安全工作必须依靠企业，依靠群众，劳动部门的监督检查与企业自行检验相结合，才能够做好。过去一个时期，我们在这方面的认识是不够全面的。我们曾经设想，只要制订一套完整的规章制度，劳动部门自上而下建立一套锅炉监察工作机构，和配备相当数量的具有一定技术水平的检验干部，采取一人分管锅炉若干台的办法，就可以把全国锅炉检验工作全部“包下来”。由于存在这种思想，在工作中对于如何依靠企业，依靠群众，发挥各有关方面的积极性，自然就注意不够，以致在一段时间内产生了被动应付而工作局面却打不开的现象。然而某些企业确实因为有劳动部门负责锅炉检验而滋长了依赖思想，甚至认为，“只要锅炉冒烟送气就行，有问题找劳动局解决”。

群众路线是一切工作取得胜利的可靠保证。为了进一步做好锅炉安全工作，必须打破劳动部门少数人搞检验工作的那种冷冷清清的局面，依靠企业，依靠群众，把这一工作放在广泛的群众基础之上。因此，今后应该着重推行企业自行检验锅炉的办法。这是由于企业行政和管理锅炉的职工，比较劳动部门更了解他们使用的锅炉和它的运行情况，更便于及时地发现问题和解决问题，做到安全生产。从企业来说，锅炉的安全运行是企业管理的重要内容，而锅炉检验工作又是保证锅炉安全运行的一个重要的措施，所以实行自行检验也是它应有的职责。同时，事实证明，企业也能够把锅炉的检验工作搞好。目前许多发电厂和上海的纺织厂已经做到了自行检验。大连金州纺织厂由于领导重视、加强管理，有百分之四十以上的司炉工人不但能够检验锅炉，而且还能够安装和修理锅炉，成为锅炉工作上的多面手。这也说明，把锅炉检验工作神秘化，认为这一工作技术性特别大、群众办不了的想法，是不正确的。

但是，也应该防止另外一种偏向，即认为，在推行企业自行检验以后，劳动部门就可以不管锅炉安全工作了。这种“推出去”“卸包袱”的想法和做法都是不正确的。因为锅炉检验工作只是锅炉安全工作的一部分，而劳动部门负有监督检查锅炉安全工作的职责。正确的做法是，把劳动部门的监督检查与企业的自行检验结合起来。这样，既可以充分发挥企业和职工群众的积极性，又可以使劳动部门更能集中力量研究和解决关于锅炉安全工作中的重大问题，从而更好更全面地推动锅炉安全工作的开展。

当然，希望一下子就做到所有的企业都能够对锅炉实行自行检验，也是不现实的。因为当前技术力量较强、有关锅炉安全运行制度比较健全的企业单位还是少数，而技术力量较弱、有关锅炉安全运行制度不健全的企业单位则居多。但是，我们希望企业及其主管部门首先把锅炉的检验工作作为自己应有的任务，真正重视起来，做到管生产的管安全，然后经过企业、企业主管部门和劳动部门共同努力，在三年左右的时间内，能够做到使大多数企业在加强锅炉安全运行的基础上做到自行检验锅炉。为了实现这一要求，需要进行的工作是：

第一，组织企业单位协作，把现有锅炉检验的技术力量组织起来，充分发挥他们的作用，实行大企业帮助中小企业，技术力量较强的企业帮助技术力量较弱的企业。这是当前推动锅炉安全工作和实现企业自行检验锅炉的关键。现在，有些地区组织教授、科学研究人员、工程师等成立了有关锅炉安全工作的“技术委员会”“顾问小组”，有的地区组织企业中有经验的锅炉管理人员成立“互检组”，对于解决锅炉设备的重大的技术问题和推动锅炉检验工作的开展，收到了良好的效果，这些互助协作的办法和组织形式应当普遍推广。

第二，大力培训锅炉管理人员和司炉工人，使他们掌握必要的技术知识，成为实现自行检验和保证锅炉安全运行的基本力量。目前，全国约有锅炉管理人员和司炉工人二十万人左右，其中受过锅炉安全训练的还不到十分之一。特别是新的司炉工人，他们往往没有起码的锅炉安全运行的知识。因此，劳动部门应该积极地协助企业及其主管部门开展培训工作，必要时，也可以会同有关部门直接举办一些训练。要求在一二年之内，做到对现有锅炉管理人员和司炉工人普遍地轮训一次。

第三，抓紧进行锅炉的登记工作。掌握锅炉的基本技术资料，对于研究提高锅炉的工作效能，保证锅炉的安全运行十分重要。新锅炉在出厂时就应该附有完备的技术资料。原有锅炉特别是解放前遗留下来的锅炉技术资料，目前大都残缺不全，应该由企业设法补起来。劳动部门应该帮助企业及其主管部门在一二年之内把这一工作进行完毕。各地可以根据这个要求做出具体规划，分期分批地予以实现。

第四，建立和健全有关锅炉安全的规章制度。要求在二三年之内，企业将按照炉型制订安全操作规程、运行管理和保养检验制度，地方将地方性的锅炉管理办法、检验规程和事故登记等制度建立起来，劳动部所起草的几个全国性的有关锅炉安全的规章制度草案，已经发给各地区、各部门征求意见，根据各方面意见修正后，即报国务院核批或以劳动部名义发布施行。

第五，消除锅炉设备的设计、制造、安装方面的先天性的缺陷，是保证锅炉安全运行的一个重要方面。过去我们在这方面注意得不够，以致去年许多非专业性中、小工厂所制造的锅炉中，有相当一部分由于没有设计图纸（有的虽有设计图纸，但未经过一定的机关审批），所用材料不合规格，制造工艺上有错误，出厂时没有验收制度等原因，以致产品的质量比较差，运行中发生事故较多。有的因焊接不良，使用时发生裂口。有的单位在安装锅炉时，未留一定的膨胀间隙，运行中造成承压部分损坏的事故，等等。今后，首先要求地方工业部门把制造锅炉的单位和锅炉的型式尽可能地固定下来，即定点、定型，以便加强管理和监督。制造锅炉时都必须先有设计图纸。对于新设计的锅炉的图纸，应当在经过企业主管部门批准后（劳动部门可以参与这项工作），才能进行制造。锅炉制造的工艺过程必须符合设计的要求，锅炉出厂必须有严格的检查制度。安装必须保证质量，并且应当在经过检验合格后始能投入运行。

此外，几年来企业中受压容器设备数量增加很快，有关受压容器的制造、使用和检修等方面存在的问题也不少，特别是化工、石油等企业中爆炸事故时有发生，对生产也有很大影响。目前，除个别地区劳动部门对部分受压容器设备进行专业监督检查外，大多数地区还未着手进行。今后也应根据锅炉安全工作的做法，逐步把受压容器设备也管起来。当前，应该对受压容器进行一次重点检查，摸清情况，发现问题，制定必要的管理办法，在这一基础上，把受压容器的安全工作有步骤地开展起来。

以上报告如果可行，请批转各地区、各部门参照办理。

16. 国务院批转国家经济委员会化学工业部　铁道部　商业部　公安部《关于全国化工产品安全管理问题座谈会的报告》的通知

国经习字第 21 号

1961 年 1 月 28 日

国务院同意国家经济委员会、化学工业部、铁道部、商业部、公安部《关于全国化工产品安全管理问题座谈会的报告》。报告中所提各项意见，希各地方、各部门遵照试行。

座谈会讨论提出的六个办法：即（一）《关于中小型化工企业安全生产管理规定》；（二）《化学危险物品储存管理暂行办法》；（三）《化学危险物品凭证经营、采购暂行办法》；（四）《铁路危险货物运输规则》；（五）《化学易燃物品防火管理规则》；（六）《关于违反爆炸、易燃危险物品管理规则的处罚暂行办法》，同意自一九六一年四月一日起试行，根据试行过程中发现的问题，总结修改后，再正式公布实施。

船舶、飞机、汽车运输危险货物的规则，由交通部根据铁路危险货物运输规则中的原则，在最近期间另行制定。

国家经济委员会　化学工业部　铁道部　商业部　公安部关于全国化工产品安全管理问题座谈会的报告

1961 年 1 月 17 日

一九六〇年以来，由于对化学危险物品的安全管理工作有所放松，因而火灾、爆炸、中毒等事故，比往年增加，所造成的损失是十分惊人的。据全国化工企业不完全统计，一九六〇年一至十月，损失在四千元以上的重大生产事故就发生三百零二起，死亡三百零六人；运输事故，仅铁路部门不完全统计，就发生六十五起，伤亡二百七十六人，中毒一千四百七十三人，损失二千七百多万元；储存化工危险品的仓库，共发生重大火灾二十七起，损失二千八百万元；商业部系统不完全统计，发生火灾爆炸事故四十八次，损失五百五十八万元。这些事故，不仅造成化工产品本身的损失，也危害了社会秩序，造成了人身伤亡，影响生产和建设，无论在经济上、政治上都有不好的影响。

根据中央对铁道、化工、公安、商业四部党组关于加强化工产品安全管理问题的报告的批示，我们组织了化工产品安全管理小组，曾召开过几次会议，对化工安全管理工作进行了检查，采取了一些措施；并组织了五十多名干部和专家，经过三个多月的工作，共同起草了六个规则，即（一）《关于中小型化工企业安全生产管理规定》；（二）《化学危险物品储存管理暂行办法》；（三）《化学危险物品凭证经营、采购暂行办法》；（四）《铁路危险货物运输规则》；（五）《化学易燃物品防火管理规则》；（六）《关于违反爆炸、易燃危险物品管理规则的处罚暂行办法》，以便从一些根本问题上加强对化工产品的安全管理。

十二月二十三日至二十七日，我们在北京联合召开了全国化工产品安全管理问题座谈会，有各省、市、自治区化工、商业、铁道的厅（局）长、厂长、处长等共一百一十四人到会。中央有关部委也派人参加。会上除了对化学危险物品的生产、包装、储存、经营、运输等安全管理问题进行了认真的讨论，交流了经验，并提高了认识以外，主要的是对上述六个规则，结合实际情况进行了讨论和修改。现将这六个规则的主要内容报告如下：

第一，《关于中小型化工企业安全生产管理规定》。大型企业已有安全生产条例，今后主要是认真贯彻执行的问题；而中小型企业分布广，大部分是新厂，产品品种多，经常变化，产品质量低，还没有安全生产条例，因此这次制定了这个规定，作为今后生产安全管理的准则。主要要求：（1）慎重地选定生产工艺过程。在确定生产工艺过程之前，应充分调查研究原材料供应的可能和所选用的设备；并对通风、除尘、降温、升温等各种必要的设备，进行切实认真的检查，确保安全生产。工人所需的防护用品，必须保证供应。（2）保证产品质量合乎规格。为了避免化工产品由于质量不合格而发生爆炸、燃烧等事故，要建立和健全化工产品质量的检验制度，保证产品全部合乎国家规定的规格。质量不合规格的严禁出厂。（3）妥善地选择厂址。生产化学危险物品的企业，排出的废气、废渣、废液有毒，因此厂址必须根据厂的大小与居民点保持一公里左右的距离。厂内的易燃、易爆或有剧毒的车间，必须设在厂区内较偏僻部位，和其他车间保持五十公尺左右的防护距离；两种不能接触的产品，其生产车间距离应更远一些。现有的化工企业，如不符合新规定要求的，应当初步改建；或改产其他产品，必要时应当迁移或停产。

第二，《化学危险物品储存管理暂行办法》。首先是严格仓库管理制度。所有储存危险品的单位，必须加强对仓库工作的领导，从严格检查入库产品的质量和包装方法、容器是否合乎规格，标志是否清楚，一直到堆放、管理、测温、化验等，都应建立安全责任制。性质相互抵触的物品必须严格执行隔离存放的规定。仓库的各项安全管理制度，如警卫、禁火、清洁等，必须严格贯彻执行。其次，生产、经营和使用化学危险物品的工矿企业和城市，都应该根据需要，逐步新建或改建一些必要的专门仓库和相应的装卸设备，关于防爆、防火、通风、避雷、调温、泄压等设施不能省略。业务量大的应该单独建设，小的应该分地区由有关单位集资建设。

第三，《化学危险物品凭证经营、采购暂行办法》。现在化学危险物品的经营供应和托运，没有统一的规章制度，谁都可以购买，谁都可以携带，谁都可以托运，管理松懈，危害很大。运输部门严格执行检查制度，凡不合包装规格的一律不运后，不少单位和个人就采取冒名顶替、私自夹带等方法，隐患更大，一九六〇年八月份，铁路就查出旅客夹带化学危险物品一万二千多次。为了杜绝这种现象，除由中央有关部门已纳入统一分配计划的以外，对属于三类物资以及各地委托商业部门经营的一、二类化学危险物品，制定了这个办法。主要是三条：(1) 凭证经营。凡是经营化学危险物品的单位，由省、市、自治区商业厅（局）核发经营许可证，像经营麻醉药品的商店一样，有了许可证才能经营。(2) 凭证采购。需要化学危险物品的单位和个人，都要领到各省、市、自治区商业厅（局）颁发的采购证以后，才能向指定的供应单位采购。凡无采购证者，不论任何单位和个人，包括生产化学危险物品的工厂在内，一律不准私自买卖交换。(3) 统一托运。属于商业部门销售的，由商业部门负责统一办理托运手续；属于工厂直接发货的（包括中央有关部门纳入统一分配计划的化工危险产品在内）由工厂负责统一办理托运手续。同时，还要求在组织化学危险物品的供应工作中，积极实行就地供应、就地调拨，以减少中转储存环节，避免装卸倒运次数过多，减少发生事故的机会。这是化学危险物品在经营供应制度上的重要改革，须经各地人委督促各部门严格执行。

第四，《铁路危险货物运输规则》。由于我国化学工业的不断发展，化学危险物品运输的种类越来越多，去年经过铁路运输的化学危险物品，据上海市统计多达四千多种，比一九五九年增加四倍多。因此，重新订了《铁路危险货物运输规则》，着重加强以下几项工作：(1) 改善包装。根据确保安全和节约的原则，并考虑到我国目前材料设备供应的可能性，制定、修正和补充了化工产品的包装规格。(2) 严格托运手续。除由指定的商业部门和工厂企业统一托运外，其他单位和个人托运化学危险物品，运输部门一律不予承运。铁路货运人员必须负责检查包装是否合乎规格，不符合规格的，严禁承运。(3) 注意装卸安全。化学危险物品应当在远离市中心区和人口稠密地区的专用车站、码头和场地进行装卸作业。化学性能不一样和施救方法不相同的化学危险物品不能混装在一起。化学危险物品在车站、码头不得长期停留，应该在规定时间内运走。装卸工人在进行装卸作业时，要有专门的防护设备，搬运时要轻拿轻放，必要时应当配备专门的装卸人员。对于装运化学危险物品的车船，应按规定加以密封，进行严格的清扫和消毒工作，标志要显明，让别人一看就知道是危险品。编组车辆时，必须根据规定进行隔离，禁止冲撞。客车、客船和飞机，一律不准运输化学危险物品。

第五，《化学易燃物品防火管理规则》是根据一九六〇年五月一日中央关于加强防火指示的精神拟订的。这个规则的主要内容，是对于制造、使用、贮存、运输等四个环节上带有共同性的防火要求，作了原则规定。对制造、使用、贮存化学易燃物品的厂房、仓库的建筑条件和设置地点，应符合防火防爆要求。对有可燃气体和可燃粉尘燃烧爆炸危险的车间、库房、车、船，必须加强通风吸尘设施、严禁烟火、杜绝可能产生火花的因素，有电气设备的还应采取有效的隔离、封闭等防火措施。对制造、使用、贮存化学易燃物品的场所及运输上述物品的车、船，均应配备相应的消防设备。同时，还根据各种化学易燃物品不同的性能，以及制造、使用、贮存、运输的特点，分别提出了不同的防火要求。此外，为了便于因地制宜地使化学易燃物品的防火管理工作适应各地区、各部门的具体情况，还提出了各有关工业、财贸、交通运输等管理部门以及制造、使用、贮存、运输化学易燃物品的单位，要分别制订管理办法。

第六，《关于违反爆炸、易燃危险物品管理规则的处罚暂行办法》。对于违法乱纪或违反安全管理的，要给以必要的处罚。凡是违反有关安全管理规则但没有造成事故损失的，对责任者或当事人，予以警告处分；对于屡教不改、弄虚作假、造成事故，但损失轻微的，给予降级、降职、撤职的处分或给予三日以上、十五日以下的拘留处罚；对于造成重大事故，以致人身伤亡，国家物资遭受严重损失的，依法追究刑事责任；对于制造事故，进行破坏的反革命分子和其他坏分子，应该逮捕法办。但对于初次违犯，承认错误，检讨深刻，未造成损失，或在车、船、飞机开动前，自动交出违章携带的爆炸、易燃危险物品的，可从轻或免予处分。

为了更好贯彻执行上述有关的规章制度，确保化学危险物品在生产、储存、经营、运输的安全，以促进生产，经过这次会议的研究，今后还须进一步加强以下几项工作：

第一，各级人委要加强领导。会议结束后，各地来的同志回去要向当地人委汇报，组织传达。同时根据这次讨论的六个规章的要求，积极做好准备，以便正式颁布后，贯彻执行。重点省、市、区和生产化学危险物品的城市，必要时，也应当仿照中央的办法，由经委、化工、铁道、商业、公安等部门组织化工产品安全管理小组，进行工作。

第二，明确各部门的分工和职责。属于化学危险物品的安全生产和改进包装，由化工部门负责；化学危险物品在运输过程中的安全工作由交通运输部门负责；储存中的安全工作，谁家的仓库由谁家负责；商业系统经营、销售的由商业部门负责；厂矿直接调拨的由厂矿负责；对于违法乱纪的，由公安部门处理。必要的基本建设工程应分别列入各部门的基建计划内。

第三，加强对职工的政治思想和业务技术教育。各个企业应该把安全生产、储存和运输列为对职工进行教育的主要内容之一，使“生产必需安全”“安全为了生产”的观点深入人心，做到人人都注意安全，事事都注意安全。在当前反对“五风”的整风运动中，要对只顾自己方便，不顾别人安全的本位主义，不负责任，冒名顶替，弄虚作假等不良的思想作风，加以批判，彻底纠正。同时，要使所有从事化学危险物品生产、储存、经营、运输、装卸的职工，懂得必要的业务知识。各有关部门应把上述化学危险物品安全管理各项规则的内容结合选择一些典型事故，编成教材，开办训练班。培训一批政治可靠、懂得化工危险品性能的专业人员，并且不应轻易调动他们的工作。

第四，提高政治警惕性，防止坏人破坏。要反对右倾麻痹思想，加强安全保卫工作，建立和健全群众性的防火防爆防毒防破坏的安全监督组织，对于工厂、企业、仓库、货场等要害部门的人员，应当进行审查清理，把混在这些部门的反坏分子，坚决地清理出去。

第五，妥善安排包装材料的生产和供应。对于化学危险物品包装所需的薄钢板、木材、纸张、坛坛罐罐和包装工具等，由化工生产部门提出数量和规格，列入生产用料计划内。担负制造包装材料和设备的工厂企业应该按质按量按期完成生产计划，不要挤掉；物资供应部门对于包装材料和设备应当纳入计划，优先供应；生产化学危险物品的工厂在安排生产时，也不许把包装材料移作别的用途。同时要搞好包装材料的节约、代用和回收工作。加强对职工爱护包装设备和工具、节约包装材料的教育，在大力开展技术革新和技术革命的运动中，不断开辟新的包装材料的来源和寻找代用品。但是代用品必须经过试验，确保安全，经制定包装规格的部门批准后，才能正式使用。鉴于现在麻袋、纸袋缺乏，应该积极以集装箱和保险箱代用，并由铁道部组织有关部门研究设计定型，各托运部门和主要使用部门分头自制造和使用。大力组织包装器材的回收工作。化工、商业部门应该根据各种不同的包装器材，规定不同的回收比例，运输部门应该予以方便及时回送。具体执行办法，由铁道部会同化工、商业、三机（第三机械工业部）等部制定。

第六，制定化工产品包装规格的全国统一标准。这次制定的包装规格，主要是根据铁路运输的需要，还不够完备。同时化工产品的品种不断增加，包装规格也需要加以补充和修订。这个工作，建议由国家科委组织化工、铁道、商业、公安等有关部门成立专门的组织共同进行。

考虑到目前各地方、各部门的具体情况，上述六种规则可能一时还难以全部实行，需要有一个时间，积极创造条件，做好准备工作。我们建议：在一九六一年一月公布这六个规则，正式试行日期可推退到四月一日。在新规则正式实行后，个别规定因条件不够时，亦可采取一些过渡办法。

以上报告请审查，如可行，请批转各地方、各部门执行。

附：《关于中小型化工企业安全生产管理规定》；《化学危险物品储存管理暂行办法》；《化学危险物品凭证经营、采购暂行办法》；《铁路危险货物运输规则》；《化学易燃物品防火管理规则》；《关于违反爆炸、易燃危险物品管理规则的处罚暂行办法》。（均略）

17. 国务院转发交通部《关于加强农副业船、渡口船的管理确保安全生产的报告》的通知

1961年3月28日

交通部《关于加强农副业船、渡口船的管理确保安全生产的报告》说明，各地农副业船、渡口船沉没死人事故是严重的，应当切实引起注意。交通部的报告分析了发生事故的原因，对预防的措施提出了具体的意见，现在转发给你们参考。各地应当根据当地情况，制定具体有效的管理办法，以防止沉船死人事故的继续发生。

交通部关于加强农副业船、渡口船的管理确保安全生产的报告

根据不完全的统计，一九六〇年全国农副业船、渡口船共计发生沉船、死人事故一百件，死亡六百四十人，其中一次死亡在十人以上或接近十人的事故就有三十四件，死亡四百八十人。事故情况十分严重。造成事故的直接原因，绝大多数是由于船舶超载，冒险航行，船只破损失修，渡口秩序紊乱，船员配备不当等。

为了加强对农副渡船的安全管理，交通、公安、农业、内务四部曾于一九五九年二月颁发了《关于作好一九五九年农副业船、渡口船管理工作的联合指示》；同年九月，公安、交通、水产、农业、农垦五部又联合颁发了《关于加强运输、渡口船、渔船安全管理的规定（草案）》。大多数省、自治区、直辖市除

以人委或几个厅的名义联合转发了以上文件外，有的还结合各地具体情况制订了一些有关木船安全管理的规章制度和措施。此外，交通、公安两部为督促各地认真管好农副业船和渡船，还有重点地对好坏典型，进行了几次检查和通报。通过上述一系列工作，农副业船和渡口船安全生产情况虽逐步有所好转，但是恶性事故仍不能迅速制止。主要原因是：

（1）有些地区贯彻安全生产指示和规定不深不透，有的甚至未能下达到县、公社，因而虽有制度而未能和广大群众见面，许多船工、渡工连航行规则都不知道。

（2）有些地区的农副业船和渡口船依然处于无人管理状态，没有专人负责，听其自流。

（3）缺乏维修保养制度。许多船舶长期不修理，船舶属具缺损也不及时补充、换新；加以对修船用的原材料（如木材、铁钉、桐油、麻丝等）不能保证供应，因而造成失修和设备不全现象。

（4）渡口经营管理紊乱。有的生产队把质量差的船作为渡口船，把老、病、残、弱或政治不纯的人充当渡工，有的渡口还采取了上缴利润包干的办法，无形中促使渡工冒险多载。

（5）对广大群众的宣传教育不够，安全生产运动开展的不深不透，声势不大。因此，有些干部和群众麻痹思想还很严重，缺乏高度政治责任感，对国家人民生命财产的关心不够。

我们认为，解决这些问题的关键在于加强领导，使农副业船和渡口船的安全工作真正有人管起来，并充分发动群众，依靠群众进行监督。为此，特提出两点建议：

（1）请各省、自治区、直辖市人委对农副业船和渡船进行一次整顿，检验船只，审查船工，健全管理制度。通过所在县或公社，将农副业船和渡口船管理起来，消除目前无人管理或管理混乱的情况。县或公社领导应有人负责管理农副业船和渡口船的安全，认真贯彻执行中央四部和五部的联合指示和规定，按时向人委和上级主管部门汇报安全生产情况，省、自治区、直辖市也应根据不同季节和需要做定期检查。

（2）为了依靠群众，加强群众监督，应广泛进行宣传教育，在渡口张贴《渡口守则》，以便船工与群众共同遵守，互相监督。我们拟了一个《渡口守则》，请各省、自治区、直辖市人委参照当地情况加以补充，采取简单明了通俗易懂的方式，印发至公社张贴，广为宣传，力争在较短时间内根本扭转农副业船和渡口船沉船死人的严重情况。

以上报告如认为可行，请批转各省、自治区、直辖市人委贯彻执行。

附：

渡口守则

1. 必须在渡口两岸和每一渡船的显著地位上标明载客定额和载货定额，严禁超载。

2. 乘客要遵守渡口守则，维护渡运秩序，不得抢渡；上船后要听从渡工指挥，防止发生事故。

3. 遇洪水暴发、大风或其他恶劣天气、开航有危险的时候，必须停止渡运。

4. 破漏失修或驾船工具缺损的船只，不准开航。

5. 严禁残、病和醉酒的船工驾船。

6. 为了维护安全，乘客和船工都有责任互相监督，共同遵守。

18. 国务院批转林业部《关于加强护林防火工作的报告》的通知

1962 年 4 月 1 日

国务院同意林业部《关于加强护林防火工作的报告》，现在转发给你们，请认真研究执行。

我国森林资源较少，远不能满足经济建设和人民生活的需要。最近两年来，许多地区发生森林火灾的次数和毁林面积成倍增加，使森林资源受到极大破坏。这一严重情况，应当引起我们高度重视。各级人民委员会应当采取有效措施，迅速制止森林火灾继续发生。凡是存在林权问题的地方，应当尽快地把林权处理好。各地的护林防火组织和行之有效的护林防火制度，应当恢复和健全起来。对进入林区的一切人员，应当加强管理和教育，特别是对林区用火要严加管理。对发生的森林火灾案件，必须认真检查，严肃处理。要坚决依靠群众，切实把护林防火工作做好。

林业部关于加强护林防火工作的报告

护林防火工作，各地在一九五八年以前，做得较好，森林火灾显著减少，取得了不少经验。可是，从一九六〇年以来森林火灾又逐渐增多。

森林火灾日益严重的主要原因是：几年来，在农村体制调整变化过程中，山权林权问题，未能妥善处理，群众护林积极性受到影响，许多地区开荒、烧垦和进山搞副业等生产用火增多，领导工作没有相应地跟上去，对生产用火缺乏管理；有些地区对保护森林重视不够，一些行之有效的护林防火制度和措施，未能坚持执行。

目前，南方和北方地区正处于护林防火的紧张阶段。特别是春耕已经开始，正值开荒、烧灰积肥等生产用火时期，发生森林火灾的危险性更大，机会更多，必须引起各级领导的严重注意。为此，根据几年来各地护林防火的经验和教训，提出以下意见：

一、加强对护林防火工作的领导。各地区，特别是林区面积较大的省、县、人民公社和生产队，应该把护林防火工作列为领导山区工作的一项重要内容。各级人民委员会应该有一名领导干部负责管理林业生产和护林防火工作。在山火季节以前，要紧密结合各项生产，把护林防火工作逐级进行布置，深入开展宣传教育工作，普遍发动群众，订立护林防火公约，采取具体的措施，以防患于未然。对护林防火有功的单位和个人应该表扬奖励。对火灾案件应该及时严肃处理。对有意毁林的不法分子，要依法惩处。

二、恢复和健全护林防火组织。各省、自治区、林区的专、县、人民公社、生产队和厂矿企业等单位，应该把护林防火组织建立健全起来，并指定专管人员，做好这一工作。要把过去国有林区的护林员、集体林区生产大队（或生产队）的看山员，重新恢复起来，进行看山护林，并由有关的生产队或林业部门，给以合理报酬或适当补助。

在省、县等交界的林区，应该根据需要，建立护林防火联防组织，加强联防互助。必要时可以设立经常性的或临时性的指挥机构，以加强领导。

三、切实加强责任制度。今后哪个地区发生火灾，即由哪个地区的行政领导负责。哪个单位的人员造成火灾，即由哪个单位的行政领导负责。为了把保护森林的责任落实到基层和群众，对集体林或靠近群众的国有林，一般可以生产队为单位，实行“田山连管”、分片包干的护林办法。同时，在保证不破坏森林的原则下，可以准许群众在责任区内砍取烧柴、零星自用材和进行林副业生产，以调动群众护林的积极性。

四、严格野外用火管理。对历年引起森林火灾最多的烧荒和烧灰积肥等生产用火，应该严格执行用火批准制度和“几烧几不烧”等安全用火办法。有条件的地区，应该以生产队为单位，选择当地火险较小的时期，规定烧荒用火时间，组织训练好临时烧荒专业队，按期突击烧完；个人开荒，也应该由专业队统一烧，或由生产队负责，组织换工互助，联合起来烧，以避免因个人烧荒无力控制而引起火灾。

五、认真处理林权。贯彻林业政策，是激发群众积极护林的一个带有根本性的问题，也是建立山林管理和护林责任制度的基础。因此，林权尚未处理的地区，应该根据中央和各省、自治区的有关规定，抓紧时机，妥善进行处理，并在群众中深入细致地进行政策教育，防止各种毁林现象的发生。

以上报告，如果可行，请批转各省、自治区及有关部门参照执行。

19. 国务院批转劳动部《关于防止矽尘危害工作的情况和意见的报告》的　通　知

1962 年 8 月 8 日

国务院同意劳动部《关于防止矽尘危害工作的情况和意见的报告》，现在转发给你们，希即研究执行。

过去，各地区、各有关部门对防止矽尘危害做了许多工作，收到了一定成效。但是，近两、三年来，许多单位放松了这项工作，以致矽尘危害的情况又有所发展，矽肺病患者有所增多。这种情况，应该引起各级领导的严重注意。做好防尘工作，既是搞好生产所需要，又是关心工人健康的一件极其重要的事情。各地区、各有关部门应当结合企业调整工作，加强对防尘工作的领导，健全有关的管理制度，继续推行湿式作业、密闭除尘等有效措施，尽速把作业场所的矽尘浓度降低到国家规定的标准。

劳动部关于防止矽尘危害工作的情况和意见的报告

自从一九五六年国务院发布《关于防止厂、矿企业中矽尘危害的决定》以来，中央和各地的有关部门对于矽肺病的防治，都做了许多工作，取得了一定的成效。不少厂矿作业场所的矽尘浓度都有不同程度的降低，最显著的如湖南锡矿山锑矿、江西浒坑钨矿和湖州、苏州石英粉厂等三十多个单位，已经把作业场所的矽尘浓度长期控制在每立方米二毫克以下，在这些单位从事矽尘作业已有四、五年的工人中，迄今未发现矽肺病。这说明国家所规定的“二毫克以下”的标准，是能够达到的，矽肺病是可以防止的。

但是，目前在不少厂矿企业（主要是一些石英粉、玻璃、耐火材料、陶瓷、金属矿、煤矿等厂矿）中，矽尘危害仍然相当严重，有的作业场所矽尘浓度超过国家标准几十倍甚至几百倍，因而患矽肺病的人数还相当多。这是值得我们严重注意的。

几年来对矽尘危害没有很好地控制的原因，除了防尘设备器材不足和部分新企业缺乏防尘经验以外，主要是一些厂矿领导干部对于矽尘危害工人健康和影响生产的严重后果，还认识不足。他们认为：“不防尘也能生产”“搞生产不能靠防尘吃饭”，或者看到矽尘浓度有所降低，就以为“问题已经不大了”，因而放松了对防尘工作的领导和管理，放松了对工人的防尘宣传教育，放松了对防尘措施的坚持执行，对现有的防尘设备不维护、不检修，甚至拆除不用。有些曾经一度把矽尘浓度降低到国家标准以下的厂矿，也因为没有做好防尘的经常工作，而不能把成绩巩固下来。

我们认为，各地区和各有关部门，必须进一步贯彻国务院《关于防止厂、矿企业中矽尘危害的决定》，要求各有关部门、厂矿企业切实把防尘工作重视起来，千方百计地降低矽尘浓度，力争在短期内见效。已经达到国家标准的厂矿，应当继续巩固成绩，并且争取进一步降低矽尘浓度；曾经一度达到国家标准但未保持下来的厂矿，应当立即恢复有效的防尘措施，以求尽速达到国家标准；从未达到过国家标准的厂矿，应当积极创造条件，限期达到国家标准。

为了实现上述要求，根据以往的经验，我们认为必须采取以下措施：

一、各有关部门和厂矿要广泛、深入地向干部和工人进行防止矽尘危害的宣传教育工作。对干部，应当着重说明党和国家的劳动保护政策，说明矽尘对职工健康的危害性，使他们充分认识到做好防尘工作既是搞好生产所必需，又是关心群众切身利益的一件极其重要的事情，必须十分重视。对工人，除了说明矽尘的危害以外，更应当着重宣传防尘的有效办法，说明矽尘危害是可以征服的，解除他们的顾虑，坚定他们向矽尘危害作斗争的信心，使他们能够自觉地严格执行防尘措施和防尘操作规程。

二、有关厂矿应当结合各自的生产特点，认真推行和坚持采用那些行之有效的防尘作业方法。在矿山的岩石采掘及其他凿岩工程中，主要是推行湿式凿岩、喷雾洒水和加强通风等综合措施，个别水源困难的，可以试行干式捕尘的方法。在工厂的岩石粉碎、加工过程中，主要是采取水磨石英、湿粉拌料、湿坯加工等湿式作业方法；不能采取湿式作业的，要切实采取密闭除尘的方法。

三、有关厂矿应当加强对现有防尘设备的管理和维护检修。对于防尘专用的水管、风管、风机、密闭装置、滤尘器等设备应当严加管理和维护，损坏的应当及时加以检修，保证其正常运转；禁止拆毁防尘设备或将其移作他用。必需添置的防尘设备，应当编入安全措施计划，报请主管部门审批，各主管部门对于所属企业计划内所需添置的防尘设备应当积极解决。厂矿领导还应当经常注意发动群众改进和提高防尘技术措施，以更好地发挥防尘设备的效用。

四、恢复和建立、健全厂矿中的防尘管理制度。凡有矽尘作业的厂矿，都必须建立有关防尘的责任制度、操作规程，以及设备维护、日常测尘、清扫、定期健康检查等制度，做到每件事情都有人负责，保证经常做好整个生产过程中的防尘工作。

五、有关厂矿应当结合日常的测尘工作，经常检查防尘措施的贯彻执行情况，及时发现和解决存在的问题。矽尘危害较大的厂矿，每月至少检查一至二次；车间、井坑应当每旬检查一次。同时，各级企业主管部门、劳动部门、卫生部门和工会组织，应当经常对这些企业的防尘工作进行督促检查。

六、有关厂矿应当结合当前的调整工作，妥善安置矽肺病患者。对于现有的矽肺病患者，应当及早将他们调离接触矽尘的工作岗位，经过劳动能力的鉴定，分别调作轻便工作或组织治疗，并在生活上给予必要的照顾。在安置时，还要做好思想教育工作，解除顾虑，使其愉快地服从调配和安心疗养。

以上意见如属可行，请批转各省、自治区、直辖市人民委员会和国务院各有关部、委研究执行。

20. 国务院批转林业部《关于加强东北、内蒙古地区护林防火工作的报告》的通知

1963 年 3 月 16 日

国务院同意林业部《关于加强东北、内蒙古地区护林防火工作的报告》现在转发给你们，请即研究执行。东北、内蒙古林区是当前我国林业和木材生产的主要基地，在我国社会主义建设中起着重要作用。因此，必须把护林防火工作摆在重要的位置上，千方百计地保护好森林资源。各省、区对护林防火工作应当进行一次普遍的检查，特别是防火设施。检查后要对护林防火工作做出适当安排，一定要把工作放在稳妥可靠的基础上，做到有备无患。并将检查结果和布置情况向国务院写一报告。

林业部关于加强东北、内蒙古地区护林防火工作的报告

去冬今春东北、内蒙古大部地区降雪较少，特别是大兴安岭地区降水量仅达二至三毫米，据气象预报三至五月份降水量也将比去年同期偏少，森林火灾危险性增大。此外，这几年随着体制变更，机构人员有的精减过头，偏远大林区护林防火力量有所削弱。根据今春自然条件，加上今年新调入林区修路的人员以及城市上山的安置人员大大增加，以及林区防火力量削弱的情况，这些都是增加火灾的危险因素。为了加强护林防火工作，力争不发生问题，我们提出以下意见：

一、东北、内蒙古林区的护林防火工作，均由各级地方党政和护林防火指挥

部统一布置、统一指挥、统一调动力量，林业企业应当模范地做好自己内部的护林防火工作。东北林业总局应当在业务上进行指导并督促检查这项工作的开展。

二、过去一切行之有效的护林防火组织制度和办法，均必须立即恢复起来；对原有的防火设施应当普遍进行检查，充分维修利用，使其发挥效能。护林员、森林警察在防火期间必须全力巡逻护林，管理入山人员，执行防火制度，并且应该实行分片包干责任制。电台在防火期必须实行定时联系，真正起到灵敏的通讯作用。

三、防火建设方面的经费，各省、区在育林费内开支的应作适当安排，在事业费开支的也应当安排好。可结合城市精减人口，在火灾严重地区，设立一些防火站，配备一定机械，开设防火线；同时，进行农、牧、副业等多种经营，一旦发现火灾，亦可作为救火机动力量。

四、根据历年规律，大火灾多发生在鄂伦春、喜桂图、呼玛和嫩江等地区，时间多集中在五月下旬到六月上旬。据科学研究及气象等部门实地调查，在以上地区和时间内，由于气候关系，往往容易形成一种“干打雷不下雨”的雷暴，极容易和甸子及腐朽木接触而燃起火灾，所以黑龙江省和内蒙古自治区，在布置护林防火工作时，除一般地区外，应该特别重点加强这些地区的工作。

五、根据今春形势，护林防火工作宜早作安排，早准备，早行动。应当分地区、分部门、分系统作充分的宣传动员，加强群众性的护林防火工作，并且强调地区、部门和系统责任制。对进入林区的修路人员及新入林区的一切人员，应当深入进行宣传教育，使他们严格遵守防火制度，只要把工作做到家，就可以把他们变成一支有组织的防火大军。

以上报告如可行，请批转各有关省、区执行。

21. 国务院批转国家经济委员会《关于从事有毒、有害、高温、井下作业工人的食品供应情况和意见的报告》

（63）国经周字216号

1963年3月18日

国务院同意国家经济委员会《关于从事有毒、有害、高温、井下作业工人的食品供应情况和意见的报告》，现在发给你们，望认真执行。

对从事有毒有害、高温、井下作业工人，做好食品供应工作，是预防职业病和职业中毒的一项劳动保护措施，也是增强他们体质、保证生产的一项重要措施。各级领导部门应当十分重视和认真抓好这项工作，及时进行督促检查。商业部和粮食部还应当尽可能帮助个别有困难的地区解决食品供应问题，劳动部亦应从速颁发这三类工种工人的具体供应办法，和制定从事一般野外勘测人员和高空、高山作业工人的供应标准。

国家经济委员会关于从事有毒、有害、高温、井下作业工人的食品供应情况和意见的报告

总理：

遵照您的指示，我们协同劳动部对从事有毒有害、高温作业工人的保健食品和矿山井下工人的粮食、营养补助食品的供应情况作了初步调查，并与财贸办公室、商业部、粮食部共同研究，商订了上述三类人员的肉、油、糖、酒和大豆、粮食等的供应标准，初步统计和测算了从事这些作业的现有人数和所需物资。现

将目前供应的情况及我们的意见报告如下：

一、关于从事有毒有害和高温作业工人的保健食品问题

有毒有害作业，主要包括：接触铅、汞、锰、铬、砷、氯、氟、氰、硫、磷、有机溶剂等有毒物质的工种。有放射线危害的工种；有矽尘危害的工种；潜水、沉箱等水下作业工种。经常从事这些作业的工人，有造成职业病和职业中毒的可能。高温作业，主要是指作业场所的温度经常在三十八摄氏度以上，热辐射强度每分钟每平方公分在三卡以上的工种。经常从事这些作业的工人，排汗多、体力消耗大。为了保证从事有毒有害和高温作业工人的特殊营养需要，应当经常供给他们必要的富有脂肪、蛋白质和维生素等保健食品。目前一般的情况是：老企业、老工人享有保健食品待遇，而新企业、新工人没有此项待遇；有的地区作为保健食品待遇，免费供应，而有的地区则作为营养补助照顾，由工人自费购买；在实行保健食品供应制度的地方，也因物资供应不足，有的只发一部分实物，其余发现金，或者全部发现金。在保健食品供应标准上，各地很不统一。为了加强对上述工种工人的劳动保护，我们的意见：第一，对所有从事有毒有害和高温作业的工人，都应当实行保健食品制度，免费供应实物；第二，应当规定一个全国统一的享受保健食品待遇的标准和供应办法；第三，在全国统一的标准未制定以前，先按以下的临时标准执行，即从事有毒有害作业工人每人每月不低于肉二斤、食油半斤、糖一斤。从事高温作业工人，每人每月不低于肉一斤、食油半斤、糖一斤。有的地方现行标准高于这个临时标准的，可以暂时保留原标准。除此之外，对于牛奶、蛋品、鱼类等的供应，可以根据各地物资供应的具体情况，尽量予以照顾，各地已有供应标准的，亦应暂时保留。

按上述临时标准计算，目前全国从事有毒有害作业工人约一百二十万人，全年约需肉二千八百六十九万斤，食油七百一十七万斤，糖一千四百三十五万斤；全国从事高温作业的工人共九十五万人，其中约有三分之二是季节性高温作业，不需要常年供应保健食品，折合成需要常年供应保健食品的共为五十七万人，全年约需肉六百八十四万斤，食油三百四十二万斤，糖六百八十四万斤。

二、关于矿山井下工人的粮食和营养补助食品问题

目前，全国矿山井下工人约有一百五十一万人，其中煤矿一百一十九万人，冶金矿二十六万人，化工矿三万四千人，其他非金属矿二万六千多人。

关于煤矿井下工人，一九六一年十月中央《关于加强中央直属煤矿生产工人供应工作的几项规定》中，曾规定对井下工人每人每天补助大豆一市两，食油供应力争提高到每人每月一斤，肉不低于本省省会职工供应标准，白酒每人每月不低于一斤，粮食恢复到一九六〇年降低前的水平。目前执行的情况是，粮食和大豆供应都已达到中央规定的要求，肉、食油和白酒的供应，多数地区接近中央规定，有些地区供应仍然较差。我们的意见：没有达到中央规定标准的地区，应努力争取达到中央规定标准。

关于冶金、化工和其他非金属矿山井下工人的粮食定量，一般比一九六〇年以前降低四至八斤，多的降低十斤以上。其中冶金矿山井下工人的粮食定量，去年十一月国务院《关于调整冶金企业矿山生产工人粮食定量的通知》中决定：把中央直属和省属的冶金工业的井下生产工人（包括井下的基层干部和技术人员）的口粮标准，恢复到一九六〇年压低口粮定量以前的标准，已有安排。化工和其他非金属矿山井下工人的粮食定量问题，尚未解决。对于冶金、化工和其他非金属矿山井下工人的营养补助的食品供应，过去没有作全国性的统一规定，各地虽有一些照顾，但是一般都低于煤矿井下工人的标准。工人对这些问题有意见，要求与煤矿工人待遇一致。我们的意见：第一，化工和其他非金属矿山井下工人的粮食定量也应恢复到一九六〇年九月份降低以前的标准，按此计算，全年需要粮食四百三十九万斤；第二，冶金、化工和其他非金属矿山井下工人的营养补助食品，肉、食油、大豆、白酒，应一律参照煤矿井下工人待遇供应。按此计算，全年约需肉三百八十七万斤，食油三百八十七万斤，白酒三百八十七万斤，大豆一千一百六十一万斤。

矿山井下工人的营养补助食品，除部分有矽尘危害工种应免费供应外，原则上应由工人自费购买；但有些企业已实行免费供应的，可暂予保留。

供应以上三类工种工人（煤矿井下工人除外）保健食品、营养补助食品和粮食补助，全年共需粮食四百三十九万斤（不包括冶金矿山井下工人数），大豆一千一百六十一万斤，肉三千九百四十万斤，食油一千四百四十六万斤，糖二千一百一十八万斤，白酒三百八十七万斤（见附表）。这些物资（各地实际上已供应了一部分）经我们与粮食部、商业部协商，他们认为，从全国看供应这种物资是可以做到的，个别地区有些困难。这些地区经过努力物资确实不足，暂时不能保证按前述标准供应的，有关部门应设法予以调剂。有些地区对于某些食品的品种供应有困难时，可根据当地实际情况，用其他含有蛋白质和脂肪等营养较丰富的食品代替。例如，用鲜鱼、蛋品、牛奶等顶替肉类的供应，肉类也可以顶替油类的供应等。

关于常年在高山荒野、不靠居民点、交通不便等边远地区从事地质普查勘测的人员，工作地点经常流动，主副食品供应确有困难，这类人员（包括地质、冶金、煤炭、石油、建工、铁道、水电、化工等部所属企业事业单位）我们的意见，应比照煤矿井下工人的主副食品供应标准予以照顾。

至于从事一般野外地质勘测人员的高空、高山作业人员的副食品的供应标准问题，比较复杂，一时还提不出来，劳动部在继续研究中。

关于有毒有害、高温、井下三类工种包括的范围和具体解释，由劳动部另行通知。

上述意见，如属可行，请批转各地自一九六三年四月一日起执行。

22. 国务院发布《关于加强企业生产中安全工作的几项规定》的通知

（63）国经薄字244号

1963年3月30日

现将国务院《关于加强企业生产中安全工作的几项规定》发给你们，望即遵照执行。

做好安全管理工作，确保安全生产，不仅是企业开展正常生产活动所必需，而且也是一项重要的政治任务。各级领导干部应当充分重视这项工作，教育全体职工从思想上重视生产中的安全工作，自觉地执行安全措施，这是搞好安全生产的关键；建立、健全和认真贯彻执行安全管理制度是保证安全生产的重要组织手段。为此，各部门、各地区和企业应当把做好安全生产工作作为整顿企业、建立正常生产秩序的重要内容之一。要求企业单位真正做到安全工作有制度、有措施、有布置、有检查；从专业干部到工人群众，各有职守，责任明确；加强思想教育，及时而严肃地处理责任事故，并努力消灭重大人身伤亡事故。

附：

国务院关于加强企业生产中安全工作的几项规定

为了进一步贯彻执行安全生产方针，加强企业生产中安全工作的领导和管理，以保证职工的安全与健康，促进生产，特作如下规定。

一、关于安全生产责任制

（一）企业单位的各级领导人员在管理生产的同时，必须负责管理安全工作，认真贯彻执行国家有关劳动保护的法令和制度，在计划、布置、检查、总结、评比生产的时候，同时计划、布置、检查、总结、评比安全工作。

（二）企业单位中的生产、技术、设计、供销、运输、财务等各有关专职机构，都应该在各自业务范围内，对实现安全生产的要求负责。

（三）企业单位都应该根据实际情况加强劳动保护工作机构或专职人员的工作。劳动保护工作机构或专职人员的职责是：协助领导上组织推动生产中的安全工作，贯彻执行劳动保护的法令、制度；汇总和审查安全技术措施计划，并且督促有关部门切实按期执行；组织和协助有关部门制订或修订安全生产制度和安全技术操作规程，对这些制度、规程的贯彻执行进行监督检查；经常进行现场检查，协助解决问题，遇有特别紧急的不安全情况时，有权指令先行停止生产，并且立即报告领导研究处理；总结和推广安全生产的先进经验；对职工进行安全生产的宣传教育；指导生产小组安全员工作；督促有关部门按规定及时分发和合理使用个人防护用品、保健食品和清凉饮料；参加审查新建、改建、大修工程的设计计划，并且参加工程验收和试运转工作；参加伤亡事故的调查和处理，进行伤亡事故的统计、分析和报告，协助有关部门提出防止事故的措施，并且督促他们按期实现；组织有关部门研究执行防止职业中毒和职业病的措施；督促有关部门做好劳逸结合和女工保护工作。

（四）企业单位各生产小组都应该设有不脱产的安全员。小组安全员在生产小组长的领导和劳动保护干部的指导下，首先应当在安全生产方面以身作则，起模范带头作用，并协助小组长做好下列工作：经常对本组工人进行安全生产教育；督促他们遵守安全操作规程和各种安全生产制度；正确地使用个人防护用品；检查和维护本组的安全设备；发现生产中有不安全情况的时候，及时报告；参加事故的分析和研究，协助领导实现防止事故的措施。

（五）企业单位的职工应该自觉地遵守安全生产规章制度，不进行违章作业，并且要随时制止他人违章作业，积极参加安全生产的各种活动，主动提出改进安全工作的意见，爱护和正确使用机器设备、工具及个人防护用品。

二、关于安全技术措施计划

（一）企业单位在编制生产、技术、财务计划的同时，必须编制安全技术措施计划。安全技术措施所需的设备、材料，应该列入物资、技术供应计划，对于每项措施，应该确定实现的期限和负责人。企业的领导人应该对安全技术措施计划的编制和贯彻执行负责。

（二）安全技术措施计划的范围，包括以改善劳动条件（主要指影响安全和健康的）、防止伤亡事故、预防职业病和职业中毒为目的的各项措施，不要与生产、基建和福利等措施混淆。

（三）安全技术措施计划所需的经费，按照现行规定，属于增加固定资产的，由国家拨款；属于其他零星支出的，摊入生产成本。企业主管部门应该根据所属企业安全技术措施的需要，合理地分配国家的拨款。劳动保护费的拨款，企业不得挪作他用。

（四）企业单位编制和执行安全技术措施计划，必须走群众路线，计划要经过群众讨论，使切合实际，力求做到花钱少，效果好；要组织群众定期检查，以保证计划的实现。

三、关于安全生产教育

（一）企业单位必须认真地对新工人进行安全生产的入厂教育、车间教育和现场教育，并且经过考试合格后，才能准许其进入操作岗位。

（二）对于电气、起重、锅炉、受压容器、焊接、车辆驾驶、爆破、瓦斯检验等特殊工种的工人，必须进行专门的安全操作技术训练，经过考试合格后，才能准许他们操作。

（三）企业单位都必须建立安全活动日和在班前班后会上检查安全生产情况等制度，对职工进行经常的安全教育。并且注意结合职工文化生活，进行各种安全生产的宣传活动。

（四）在采用新的生产方法、添设新的技术设备、制造新的产品或调换工人工作的时候，必须对工人进行新操作法和新工作岗位的安全教育。

四、关于安全生产的定期检查

（一）企业单位对生产中的安全工作，除进行经常的检查外，每年还应该定期地进行二至四次群众性的检查，这种检查包括普遍检查、专业检查和季节性检查，这几种检查可以结合进行。

（二）开展安全生产检查，必须有明确的目的、要求和具体计划，并且必须建立由企业领导负责、有关人员参加的安全生产检查组织，以加强领导，做好这项工作。

（三）安全生产检查应该始终贯彻领导与群众相结合的原则，依靠群众，边检查，边改进，并且及时地总结和推广先进经验。有些限于物质技术条件当时不能解决的问题，也应该订出计划，按期解决，务须做到条条有着落，件件有交代。

五、关于伤亡事故的调查和处理

（一）企业单位应该严肃、认真地贯彻执行国务院发布的《工人职员伤亡事故报告规程》。事故发生以后，企业领导人应该立即负责组织职工进行调查和分析，认真地从生产、技术、设备、管理制度等方面找出事故发生的原因；查明责任，确定改进措施，并且指定专人，限期贯彻执行。

（二）对于违反政策法令和规章制度或工作不负责任而造成事故的，应该根据情节的轻重和损失的大小，给以不同的处分，直至送交司法机关处理。

（三）时刻警惕一切敌对分子的破坏活动，发现有关政治性破坏活动时，应立即报告公安机关，并积极协助调查处理。对于那些思想麻痹、玩忽职守的有关人员，应该根据具体情况，给以应得的处分。

（四）企业的领导人对本企业所发生的事故应该定期进行全面分析，找出事故发生的规律，订出防范办法，认真贯彻执行，以减少和防止事故。对于在防范事故上表现好的职工，给以适当的表扬或物质鼓励。

各产业主管部门可以根据本规定的精神，结合本产业的具体情况，拟定实施细则发布施行。各企业单位应该根据本规定的精神和主管部门发布的实施细则，制定本企业必要的安全生产规章制度。

各级劳动部门、产业主管部门和工会组织对于本规定的贯彻执行负责监督检查。

23. 国务院批转劳动部《关于加强各地锅炉和受压容器安全监察机构的报告》的通知

1963年5月27日

国务院同意劳动部《关于加强各地锅炉和受压容器安全监察机构的报告》，现在转发给你们，请即研究执行。

锅炉和受压容器是国民经济各部门广泛使用的重要设备。加强这种设备的安全管理，既是企业技术管理的一项必不可少的内容，又是保护职工生命安全和保证生产建设顺利进行的一项重要措施。近几年来，这种设备的数量成倍增加，而企业的锅炉安全管理工作却没有相应地跟上。事实证明，锅炉和受压容器安全监察工作的好坏，对职工的安危和生产建设影响很大，决不可以稍加忽视。

应该指出，保证锅炉和受压容器的安全运转，既有复杂的技术问题，也有重大的政治、经济意义；既需要企业单位切实加强管理，也需要劳动部门加强监督检查和综合管理。因此，使用锅炉和受压容器的部门和单位，应该根据安全管理工作的繁简，设置专管机构或者专职、兼职人员。各省、自治区、直辖市人民委员会，应该根据本地区锅炉和受压容器的数量、分布情况、交通状况和安全管理工作基础等条件，加强或恢复本地区各级劳动部门的锅炉安全监察机构，增配必要的干部。为了解决干部来源问题，各地应将过去抽走的三百多名受过专业训练的锅炉安全工作干部尽量调回，不足的部分可以从企业抽调一些适宜于做这项工作的技术人员，仍不足时可以从大、专毕业生中分配一部分人，给予专业训练。今后，各地对劳动部门的锅炉安全工作干部，不要随意调动，以便他们钻研业务，积累经验，开展工作。

锅炉和受压容器是工业生产中十分重要的特种设备。我国工业所需要的动力和热能绝大部分是依靠锅炉供给，工业各部门还广泛使用各类受压容器。这些特种设备在运行条件下具有高压、高温等特点，必须加强安全管理，因此在一些社会主义国家和工业发达的资本主义国家，都设有监督机构和健全的管理制度。

随着我国工业的发展，锅炉和受压容器的数量越来越多，安全管理工作越来越重。但是，各地锅炉和受压容器的安全监察机构不仅没有相应加强，反而大大削弱。几年来，许多地方劳动部门和产业部门原有的专管机构在历次精减中已先后撤销（目前地方劳动部门有锅炉和受压容器安全专管机构的，只有上海、天津二市和湖北省)，经过专业培训的四百多名锅炉检验干部，已有三百多名被调走。

组织机构与工作任务的不相适应，已经严重地妨碍着安全工作的开展，使一些本来可以避免的事故也无法避免。随着各地锅炉和受压容器设备的失修和安全管理机构的裁撤，隐患还会越来越严重：

一、锅炉和受压容器粗制滥造，安装质量低劣。目前全国各地有一些专业的、非专业的小型锅炉制造厂，自制自用锅炉和受压容器的企业就更多。由于缺乏监督检查，粗制滥造的现象比较严重。在安装上也普遍存在质量低劣而缺乏检查的情况。

二、设备失修情况严重。据我们一九六二年在南京、上海、贵州、广西等地的调查，约有百分之八十的锅炉和受压容器没有定期进行检修。贵州某矿的锅炉，是从外国进口的，安装和使用了五年从未进行过大修，目前汽包已有穿透性裂纹，随时都有爆炸的危险。这种不进行计划检修、设备“带病”运转的现象各地都普遍存在。

三、安全附件不全、不灵。据湖南、宁夏、黑龙江、内蒙古、江西、吉林、安徽七个省（区）的不完全统计，缺乏各种安全附件十万零四千一百五十一件。据山东省三个市的调查，受压容器有百分之八十没有安全阀，有百分之五十的压力表不合格。这是造成爆炸事故的一个重要因素，也是各地普遍存在的问题。

四、操作人员技术水平低，并且调动频繁。许多企业认为操作锅炉没有什么了不起，对司炉人员没有进行严格的挑选和训练，并且经常调动，甚至常常把老、弱、残或犯错误而又未经训练的人放到锅炉房工作。

以上情况说明，为了消除隐患，以防止事故的发生，需要做很多工作。诸如加强对锅炉和受压容器制造、安装的监督管理，建立和健全锅炉和受压容器的定期检验检修制度，切实安排安全附件及检修材料的生产和供应，严格执行司炉人员的训练、考试和调动的管理制度等。但是，当前最迫切的还是加强锅炉和受压容器安全监察机构和配备必要的干部。这是因为，一则，锅炉和受压容器数量很大，并且分布在全国各行业、各厂矿，受压容器还有种类繁多、介质复杂、其中的各种气瓶流动性大等特点，因此，除了各产业部门和企业单位加强各自的管理以外，还必须有一个专门机构进行统一的管理，以便从设计、制造、安装和使用等方面提出统一的安全技术要求，并进行专业的监督检查，否则就不可能保证安全生产。再则，锅炉和受压容器由于具有高压、高温、易爆等特点，每年都必须由专业的检验干部进行技术检验，而除了少数锅炉和受压容器特别集中的电厂和大型化工、石油企业以外，绝大多数单位不可能也不必要各自设置一批专职检验干部。实践经验证明，把劳动部门的专业检验同企业自行检验结合起来，是比较经济而有效的办法。但是，如果不适当加强各地劳动部门锅炉和受压容器安全监察机构，则专业检验和其他一切监督检查工作，也都是会落空的。

根据过去几年的经验和一九五五年国务院的批示，劳动部门在锅炉和受压容器的安全监察工作方面的任务是：对设计、制造、安装、运行和检修进行安全监督，制定统一的安全管理法规，协助不能自行检验的单位进行技术检验，解决安全技术疑难问题，培训司炉和培养检验人员等。目前全国劳动部门锅炉安全管理干部只有一百多人，显然难以胜任这些工作。根据各地现有锅炉和受压容器的情况，并考虑到实际工作量，经我们计算，全国劳动部门锅炉安全监察机构至少要有五百人的编制，才能适应目前的工作需要。鉴于经过精简，各地行政编制比较紧，建议国务院批准将全国劳动部门锅炉安全监察机构的编制从现有的一百多人增加到五百人。新增加的编制，由国务院拨给。各省、自治区、直辖市应该本着精简的精神，根据所分配的人员名额，统一安排本地区各级劳动部门的锅炉安全监察机构，在省、自治区、直辖市建立和恢复锅炉安全监察处（科），在工业集中、锅炉和受压容器较多、业务量较大的省辖市和专辖市设置锅炉安全监察科，对于不设监察机构的市、县的锅炉安全监察工作，也应根据具体情况，由上级劳动部门或附近地区劳动部门的锅炉安全监察机构管起来。各级锅炉安全监察机构的编制，都应该根据这种设备的数量、分布情况、交通状况和安全管理工作基础等条件来确定。这些机构的人员应该尽量保持稳定，不要随便调动；人员编制应该列入当地人民委员会总的编制以内。为了解决干部来源问题，各地应当将过去抽走的三百多名受过专业训练的锅炉安全工作干部尽量调回来，不足的部分，可以从企业抽调一些适宜于做这项工作的技术人员，仍不足时可以从大专、毕业生中配一部分人。此外，各地还必须注意培训干部的工作，通过专业训练培养锅炉检验人员。

我国的锅炉和受压容器的安全监察工作，如果没有一定的机构，经验就无从积累，技术力量也就无从培养，而这些设备的隐患却一天天严重。为了保证生产建设的顺利进行，这项工作非切实地管起来不可，而且迟管不如早管。因此，我们希望尽早地解决这个问题。

以上意见是否妥当，请批示。

24. 国务院批转劳动部　卫生部　全国总工会《关于防止矽尘危害工作的情况和今后意见的报告》

国经字109号

1966年4月18日

各省、自治区、直辖市人民委员会，国务院工业、交通各部，劳动部、卫生部、全国总工会、民航总局：

国务院同意劳动部、卫生部、全国总工会《关于防止矽尘危害工作的情况和今后意见的报告》，现转发给你们，请研究执行。

为了争取在三五年解决我国工业企业中的矽尘危害问题，最近三年来，各部门、各地区做了许多工作，取得了较好的成绩和经验。但是，同我们想要达到的目标差距还很大，矽尘作业点每立方米空气中矽尘浓度降到二毫克的为数不多；特别是一些小型分散的矿区和企业仍然矽尘飞扬，严重地危害职工的身体健康。为此，要求各地区、各产业部门切实重视防尘工作，加强对这一工作的领导，做出切实可行的规划，大力推行确有成效的防尘方法，充分地依靠群众，力争再用两年时间，基本上解决我国工业企业中的矽尘危害问题。

关于防止矽尘危害工作的情况和今后意见的报告

薄副总理并总理：

自一九六二年全国防尘会议期间，总理指示"要争取在三五年内解决我国工业企业中的矽尘危害问题"以后，各有关方面重视了防尘工作，三年来这项工作有了加强，取得了很大成绩。最近，在劳动部于大连召开的劳动保护工作会议上，对防尘工作做了检查和总结，现在报告如下：

三年来，各地区、各产业部门加强了对防尘的领导和管理，采取有效措施，大力开展防尘工作。很多企业领导干部和职工发扬了敢想敢干的革命精神，反复进行科学实验，搞了不少技术革新和发明创造，使企业矽尘作业场所的劳动条件有了显著改善。不少企业矽尘作业场所每立方米空气中的矽尘浓度由几百、上千毫克降到几十毫克；降到国家规定的“二毫克”标准的作业点也大量增加。据对三万九千七百多个矽尘作业点的统计，降到十毫克以下的有一万七千二百多个，占百分之四十三；其中降到“二毫克”的有九千六百多个，占百分之二十四。冶金部所属的六十七个有色金属矿已有百分之六十六的矽尘作业点降到了“二毫克”。煤炭部所属煤矿的全岩、半煤岩工作面，实行湿式凿岩防尘措施的，已经从一九六三年底的占百分之十六，增至目前的占百分之九十四，这些工作面的矽尘浓度，大都已经从每立方米空气中含一千多毫克降到十毫克左右。石粉、玻璃、耐火材料等行业，有相当多的企业矽尘浓度大为下降，有些已经降到“二毫克”。大连机车车辆厂创造的铸钢清砂新技术——“六五清砂法”，彻底消除了清砂过程中的矽尘飞扬现象，解除了矽尘对清砂工人的危害，现在已经在铁道部、一机部和辽宁省的所属企业中大力推广，其中旅大市和鞍山市已有一些企业将这种方法用于铸铁清砂。其他有矽尘作业的企业，也采取了不少防尘措施，取得了不少成绩。在矽肺医疗保健方面，各地也做了很多工作，基本上摸清了矽肺病情，大部分矽肺病人已经调离了原工作岗位；对部分矽肺病人进行了治疗和组织疗养。

三年来防尘工作的成就是很大的：既保护了职工的健康，也促进了生产的发展，深受职工欢迎。有些企业，如江西下垄、西华山等有色金属矿和开滦煤矿等单位，由于防尘工作做得好，在新工人中几年来还没有发现有患矽肺病的。过去不少企业因为矽尘危害严重，工人不安心工作，甚至自动离职；现在由于采取了防尘措施，解决了矽尘危害，工人安心了，有的工人说这对他们是“二次解放”，有些已经调离矽尘作业岗位的矽肺病人，看见劳动条件改善了，想再回去工作。由于解决了矽尘的威胁，生产效率也提高了。煤矿采取湿式凿岩措施以后，掘进速度比以前提高了百分之五十左右；旅大市复县陶瓷一厂、唐山德盛陶瓷厂在采取水磨石英措施以后，生产效率提高了百分之五十；唐山石门化工厂石英加工生产，自一九六四年改为水磨加工以后，产量提高达一点八倍；大连机车车辆厂创造的“六五清砂法”，使铸件的清砂铲修综合效率一般提高了一倍，个别零件提高了三至五倍。

三年来的防尘工作不但取得了很大成绩，而且积累了很多好经验，这些经验主要是：

一、领导重视。许多党政领导同志，把防止矽尘危害提高到阶级观点、群众观点、生产观点的高度来认识，亲自抓这项工作，首先是抓群众性的宣传教育工作，这些地区和部门恢复或成立了防尘领导组织，召开了防尘会议，训练了干部，举办了防止矽肺展览，开展了群众性的防尘宣传教育，把广大职工动员起来，向矽尘危害作斗争。

二、制定规划，并积极组织实现。许多地区和产业部门根据自己的具体情况和工作基础制定规划，确定工作重点，提出具体要求，相应地解决所需的经费、设备、器材等具体问题，并积极督促检查，促其实现。

三、强调“水”字当头，大搞技术革新和技术革命。在除尘方法中，以用水除尘为好，其投资少、效果好、管理方便。三年来，全国各地以“水”字当头，开展了防尘工作的技术革新和技术革命，从而使防尘的技术措施有了新的发展，解决了许多过去不能解决的问题。河北、山东等地近两年采用的“水浴除尘法”，比之过去常用的“旋风除尘”“布袋除尘”都有结构简单、花钱少、效果大的优点。又如陶瓷行业中，黏土粉碎能否使用水磨？玻璃行业中，机械拌料能否加水？有色矿山中，支柱打窝、地质刻槽采样能否用水？都是多年来未能解决的难题，近一二年内都先后解决了。在一些确实不能用水的地方，干式防尘技术也有一些发展。

四、树立样板，全面推广。近三年来，冶金、煤炭、铁道、一机、六机、建材等部和辽宁、河北、天津、上海、江西、山东、吉林、河南、湖北、四川、福建、广东等省市，都树立了样板，召开了现场会，推动了防尘工作的开展。

三年来，防尘工作成绩虽然很大，但也存在一些问题，主要是：

有些单位对防尘工作还重视不够，抓得不紧，有的至今还没有防尘规划，有的虽有规划，但未具体落实，使规划流于形式。目前，在非金属矿、隧道工程、小型金属矿、小型煤矿、陶瓷、石棉加工等行业中，大部分矽尘作业点还没有采取有效的防尘措施，矽尘浓度仍然很高，这是当前防尘工作的薄弱环节。

在中央和省属煤矿中，矽尘浓度降到“二毫克”的作业点还不多，矽尘飞扬的现象还未完全消除。有的企业虽然降到了“二毫克”，但还不够巩固。有些新建、改建企业，在设计时未认真考虑防尘措施，家庭石棉手纺生产的防尘问题，尚未解决。部分企业对矽尘浓度还没有进行过测定，因而心中无数，更未采取有效措施。

目前，全国工业战线上正在大学主席著作，大搞企业革命化，在这种大好形势下，防尘工作必须以毛泽东思想挂帅，以愚公移山精神，再接再厉，自力更生，大胆革新创造，继续扩大成果，以实现总理关于争取三五年内解决我国矽尘危害问题的指示。我们意见：在今后两年内，防尘工作除应巩固现有成绩外，要大力推广已有的先进经验和行之有效的方法，加快防尘进度。要求所有矽尘作业点，在两年内都应实现湿式作业或密封除尘，并采取其他综合防尘措施，使更多的矽尘作业点降到“二毫克”。对于已经降到“二毫克”的矽尘作业点，要加强管理，继续巩固提高。分散的石棉加工和石粉加工，最好集中起来，通过技术改造，解决矽尘危害。对三年来的矽肺普查工作应进行检查总结，继续做好矽肺病人的调离安置、诊断治疗和疗养等工作。在做好经常性防尘工作的基础上，在矿山中有步骤地实行轮换工制度。

为了完成上述任务，应当做好以下工作：

第一，各地区、各产业部门应制订或修订今后两年的企业防尘工作规划，提出一九六六年和一九六七年的分年度计划，明确要求，具体部署，切实安排所需要的经费、设备和器材。防尘所需的经费，应在安排一九六六年四项费用和基本建设投资时一起安排，所需设备器材希有关物资管理部门妥善解决。

第二，有矽尘的企业在开展比、学、赶、帮、超运动中，应把防尘工作作为重要内容，提倡虚心学习，防止故步自封。

第三，采取干部、工人、技术人员“三结合”的办法，组织开展防尘工作的技术革新和技术革命，创造出更多的效果好的防尘方法。对于先进防尘技术经验，建议由各有关产业部门加以系统总结，配套成龙，大力推广。对于尚未解决的防尘技术问题，各产业、企业应组织技术力量研究解决。

第四，企业主管部门应教育设计人员，在设计工作中认真贯彻有关防尘的规定，使一切新建、改建的有矽尘作业的企业，都有防尘设备和设施；对于新建、改建后不符合防尘要求的企业，要采取有效措施加以补救，以免发生一方面在解决矽尘危害，另一方面在增加新的矽尘作业点的矛盾现象。

以上意见如认为可行，请批转各地区和有关部门参照办理。

劳　动　部

卫　生　部

全国总工会

一九六五年十二月二十七日

25. 关于加强防寒防冻工作的通知

1970 年 1 月

为了贯彻落实伟大领袖毛主席“备战、备荒、为人民”的战略方针，保证工农业生产在七十年代第一个年头取得更大的胜利，务必注意工矿企业、交通运输方面的科学管理，认真搞好当前企业防寒防冻工作，防止事故的发生，具有重要政治意义。

入冬以来，有些工业和交通企业由于防寒防冻工作抓得不力，在寒流袭击下，措手不及，不断发生设备事故，生产受到影响，给国家带来不应有的损失。这一经验要认真总结。目前正值严冬季节，据气象预报，还有几次寒流来到，必须引起足够重视。为了保证生产正常安全进行，要求各级生产指挥部门，立即狠抓工业和交通企业的防寒防冻工作。特别是铁路、电讯、交通，冶金、电力、煤炭、石油等露天作业的部门更要加强这一工作。要高举毛泽东思想伟大红旗，突出无产阶级政治，广泛发动群众，对工业交通企业的防寒防冻工作做一次认真检查，对生产设备和原料、燃料要采取防冻保护措施，防止发生设备事故，保证安全生产。

26. 中共中央关于加强安全生产的通知

1970年12月11日

各省、市、自治区党的核心小组、革命委员会，各大军区、各省军区，各军，各总部，军、兵种党委，国务院各部委党的核心小组：

在伟大领袖毛主席“抓革命、促生产、促工作、促战备”方针的指引下，一个生产建设新高潮正在蓬勃兴起。在新的生产高潮中，全国大多数企业、事业单位的安全生产情况是好的。但是，今年以来，特别是下半年以来，有些地方，不断发生重大事故。例如，煤矿冒顶、透水、瓦斯爆炸，车间、仓库失火，火车翻车、撞车，船舶撞碰、沉没，火药爆炸，设备损坏等，给人民的生命财产造成严重损失。在政治上带来不良影响。这是一个必须引起各级领导十分重视的政治问题。

造成这些事故的原因，有的是受无政府主义思潮影响，合理的安全生产制度遭到破坏，劳动纪律松弛，各行其是；有的是阶级敌人垂死挣扎，趁机破坏，进行报复。关键的问题是，有些领导干部，怕字当头，不敢抓安全生产；也有些领导干部，骄傲自满，忘乎所以，漫不经心。他们对人民的生命财产采取不负责任的官僚主义态度，对阶级敌人的破坏活动，麻痹大意，丧失警惕。特别是中央和各省、市、自治区的主管部门，在事故发生前，既不进行安全生产教育，事故发生后，又不认真检查原因，总结经验，采取有效防范措施，也不向中央做出检查处理的报告，以致事故不断发生。

伟大领袖毛主席教导我们：“在实施增产节约的同时，必须注意职工的安全、健康和必不可少的福利事业。”我们一定要以对革命、对人民高度负责的精神，教育群众把革命的冲天干劲和科学态度结合起来。群众的干劲越大，越要关心群众生活，注意劳逸结合，加强安全生产，以保证增产节约运动更加健康地向前发展。为此，中央要求：

一、各级党组织、革命委员会和国务院有关部门，要把安全生产摆在重要日程上。接此通知后，要结合本地区、本单位斗、批、改运动发展情况，对安全生产作一次深入的思想教育和认真的检查，查思想，查纪律，查制度，查领导，总结经验教训，针对当前存在的问题，做出切实有效的规定，坚决贯彻实行。

二、各企业、事业单位及其领导机关，要充分发动群众，彻底批判无政府主义倾向，克服忽视安全生产和违反安全制度的现象。要对工人特别是新工人，加强安全生产知识和遵守劳动纪律的教育。安全生产，人人有责。要建立群众性的安全生产组织，定期进行安全大检查，堵塞漏洞，防患未然。对要害部位，更须严加管理和保卫。要把安全生产作为“四好”运动评比的重要内容之一。

三、所有企业、事业单位，在斗、批、改中，对原有的行之有效的安全制度和质量检查制度，一定要坚持，不要破掉。需要改变的，也要采取慎重态度。破旧立新，要经过试验。各级领导机关和企业领导人，要认真抓典型，好的表扬，坏的批评，总结推广先进经验，尽快地把安全生产制度建立和健全起来。

四、严格组织纪律。今后对一切违反安全生产制度,不遵守劳动纪律,工作不负责任,以致造成的重大事故,必须分别情况,追究责任,情节严重的以党纪国法论处。

五、对阶级敌人制造的破坏事故，公安部门一定要追查破案。要结合“一打三反”运动，发动和依靠群众，寻根究底，查个水落石出。对证据确凿的反革命分子，要坚决予以打击。

中央要求，各省、市、自治区和国务院有关部委党的核心小组，各大军区、省军区、各军、各总部、军兵种党委在今年年底以前，将贯彻执行本通知的情况，作一专题报告。

附：国家计委汇编的“一些重大事故的材料”

（本通知发至县、团级和企业、事业单位。附件只发省、军级。）

中共中央

一九七〇年十二月十一日

27. 国务院关于加强爆炸物品管理的通知

1974 年 1 月 1 日

随着我国社会主义建设事业的迅速发展和国防建设的需要，近几年爆炸物品生产有了很大发展。但是，安全管理工作没有相应跟上去。有些地方和单位对管好爆炸物品的重要性认识不足，忽视安全工作，对职工的阶级斗争和安全常识教育抓得不够；有些工厂没有防爆、防护装置，甚至明火生产；有些厂、库选址不当，库存超量，性质相抵触的爆炸物品混存一起；有些使用单位对爆炸物品缺乏严格管理，以致爆炸事故和爆炸物品丢失、被盗问题不断发生，甚至被阶级敌人盗去进行破坏活动。对此，必须引起高度重视。

为了保证我国的社会主义建设和人民生命财产的安全，严防爆炸事故和阶级敌人盗用爆炸物品进行破坏活动，请你们从实际情况出发，采取有效措施，切实加强对爆炸物品的安全管理工作。

一、地方和军队的各级组织，在深入开展批林批孔的运动中，加强党的基本路线教育，进一步提高广大职工群众、指战员的阶级斗争路线斗争觉悟，充分认识管好爆炸物品是关系到社会主义建设和人民生命财产安全的一项政治任务。要组织有关部门，对爆炸物品的生产、储存、运输、使用等各个环节，认真进行检查，落实各项安全防范措施。今后除了坚持经常性的检查外，每年都要认真搞几次大检查，发现问题，及时解决。对发生的事故，必须查清性质和责任，总结经验教训，严肃处理。

二、各地和有关部门要对爆炸物品的生产加强领导。现有爆炸物品工厂和烟花炮竹工厂，要从实际需要出发，统筹安排，指定有关单位归口领导并加强管理，尤其对县、社办的小型爆炸物品工厂和烟花炮竹厂，要加强指导。凡是安全条件太差的，应迅速改善安全条件。对严重威胁公共安全的，要采取果断措施，立即解决。今后新建爆炸物品（包括烟花炮竹）工厂、仓库，必须按照规定，由上级主管部门和公安机关审查批准。

三、要经常向群众进行安全教育，严格安全管理制度。

（一）爆炸物品必须存放在有安全保证的专用仓库或安全的地方，选派政治可靠的人员专门管理。性质相抵触的爆炸物品必须分库存放，并不得超存。储存量较大的爆炸物品仓库，要组织民兵，配合驻库警卫部队，加强警戒，禁止无关人员出入库区，严防敌人破坏。

（二）运输爆炸物品必须贯彻执行交通部、公安部和部队的有关规定，严禁随身携带易燃、易爆物品乘坐车、船、飞机。交通运输部门要做好宣传教育工作，加强检查，发现爆炸、易燃物品，要迅速妥善处理。

（三）使用爆炸物品要有严格的领取、清退制度，用剩的炸药、雷管必须及时收回仓库。严禁私存、转送和私自出售。违者要视具体情节，严肃处理。

四、对散失在社会上的爆炸物品，要发动群众，认真收缴。群众检举揭发的私匿爆炸物品的线索，要认真调查处理。

五、坚决打击倒卖、盗窃爆炸物品的违法犯罪活动。对发生的这类案件，各地公安机关和有关单位的保卫部门，要在当地党委统一领导下，密切配合，抓紧侦破。抓获的犯罪分子，要根据不同情节，严加处理。对于偷盗爆炸物品进行破坏活动的阶级敌人，要依法严惩，狠狠打击。

28. 国务院关于转发《全国安全生产会议纪要》的通知

1975 年 4 月 7 日

现将《全国安全生产会议纪要》转发给你们，希望各地区、各部门切实注意和做好安全生产工作。

全国安全生产会议纪要

经国务院批准，国家计划委员会于一九七五年二月召开了全国安全生产会议。

会议要求在工矿企业中，有领导、有计划地进行一次安全大检查，解决安全生产中存在的问题。

一、我们的企业是社会主义的企业。我们的干部必须注意职工的安全、健康。对于那种明知险情严重，不采取安全措施，仍然强令工人冒险作业，以致造成严重恶果的，必须严肃处理。

二、各级领导应当把安全生产工作摆在重要议事日程上，迅速改变安全工作无人负责的状况。各省、市、自治区，国务院各有关部门，各企业单位，都必须有一位领导同志分管安全生产工作。要有一定的机构具体负责安全工作，定期计划、布置、检查、总结。企业的安全技术干部或安全检查干部应列为生产人员，不能随便调离，领导干部要支持他们的工作。管生产的必须管安全。领导干部要及时解决安全生产中的问题。集体所有制企业单位的安全工作，是个薄弱环节，要加强领导。

三、发动群众，加强安全管理。搞好安全生产，只靠少数人不行，要进行细致的坚持不懈的思想政治工作，使大家懂得安全生产的重要性，注意安全生产，防患未然。要把专业管理同群众管理结合起来，充分发挥安全员网的作用。对新工人、民工、参加劳动的学生、干部以及集体所有制职工，要加强安全教育。对特殊工种工人，要进行专业安全技术训练。不经训练，不能操作。

要发动群众开展技术革新和技术改造，采用安全生产的新技术，积极改善劳动条件，使不安全、有害健康的作业变为安全无害作业，使繁重体力劳动逐步变为机械化、半机械化和自动化。在制定十年规划时，要包括改善劳动条件的内容。有些安全、防尘、防毒的重大技术难题，要纳入有关部门的科学研究规划，发动群众攻关，及早解决。

建议文化部门编写、拍摄一些宣传安全生产、工业卫生和消防等科学知识的书籍和影片，普及安全知识。

四、建立和健全安全生产的规章制度。行之有效的安全制度，是工人在长期生产实践中用血的代价换来的，必须坚持执行。凡是没有建立安全制度的，必须迅速建立。已经建立的，必须严格执行。领导干部不坚持执行，就是对工人和国家财产不负责任，就是失职。要对工人进行遵守纪律的教育。遵守纪律好的，要表扬；不遵守纪律的，要批评教育。违反制度，违反纪律造成严重事故的，要给予处分。发生事故，领导干部要亲自处理，并吸收工人参加。要做到“三不放过”：事故原因分析不清不放过，事故责任者和群众没有受到教育不放过，没有防范措施不放过。凡发生死亡事故、重伤事故，有关单位必须向上级做出调查处理的书面报告。

各单位要特别注意加强设备维修工作，坚持设备管理和维修制度。对锅炉、受压容器，对易燃、易爆、剧毒物品，对电站、水库工程、火药库等要害场所，对交通运输，对农村用电，要加强安全管理，防止发生事故。企业制造锅炉，必须保证质量；使用锅炉，要采取定期检验、水质处理等安全措施。对于在铁路、公路、航道上阻碍交通运输的各种行为，必须禁止。

29. 关于认真做好劳动保护工作的通知

1978 年 10 月 21 日

粉碎“四人帮”以来，在华主席抓纲治国战略决策的指引下，各条战线的整顿工作取得了成效，工业生产和交通运输有了迅速的恢复和发展，形势一天比一天好。当前一个值得注意的问题是：工业、交通、基本建设中的安全生产情况没有好转，职工伤亡事故仍然严重，一九七七年伤亡人数高于一九七六年，今年一至七月又高于去年同期。其中，煤矿伤亡事故最为突出，死亡人数占全国全民企业职工因工死亡总人数的百分之四十以上。许多企业尘毒危害也很严重，矽肺病和职业中毒日趋上升。不少地方“三废”污染越来越厉害，严重危害人民群众的安全和健康。

伤亡事故和职业病这么多，主要是林彪、“四人帮”干扰破坏造成的恶果。林彪、“四人帮”搞乱了企业的经营管理，把行之有效的安全生产规章制度破坏了，使劳动保护工作处于严重无人负责的状态。粉碎“四人帮”以后，中央和国务院多次指示，要求各部门、各地区、各单位重视安全生产，加强劳动保护，但是，不少部门、地方没有认真执行中央指示。有些单位的领导人，对工人的安全、健康采取不能容忍的官僚主义态度，对恶劣的劳动条件熟视无睹，甚至目无党纪国法，强令工人冒险作业。有些单位在事故发生前既不采取防范措施，事故发生后又不认真检查原因，严肃处理，以致同类事故重复发生。事实证明：大量的伤亡事故并不是由于技术上不能解决的问题引起的，而主要是由于工作上严重不负责任造成的。应当指出：煤炭系统重大伤亡事故不断重复发生，应当引起煤炭部的高度重视。

加强劳动保护工作，搞好安全生产，保护职工的安全和健康，是我们党的一贯方针，是社会主义企业管理的一项基本原则。重视不重视劳动保护工作，是执行不执行毛主席革命路线的大问题，是对工人群众有没有阶级感情的大问题。所有部门、地方和企业，都要深入揭批“四人帮”破坏劳动保护的罪行，彻底肃清他们的流毒和影响。要坚决纠正把生产与安全对立起来的错误观点。必须使广大干部懂得，不断改善职工的劳动条件，防止事故和职业病，是一项严肃的政治任务，也是保证生产健康发展的一个重要条件。听任职工伤亡，听任职工身体健康受到摧残，而不认真解决，就是严重失职，是党纪国法所不能允许的。

为了迅速扭转伤亡事故和职业病增多的状况，中央要求：

一、各工业交通部门，各级党组织，要立即对安全生产情况进行一次大检查，发现问题，制定改善劳动条件，杜绝伤亡事故的有效措施。从现在起，煤炭部门不允许再发生重大瓦斯爆炸伤亡事故，一般事故也要大幅度下降。交通部、铁道部要把伤亡事故降到本部门历史最低水平，杜绝重大恶性事故发生。其他部门要千方百计地减少火灾和伤亡事故。

各地区、各部门，不仅要把伤亡事故大幅度降下来，而且要在今后的三年内，集中力量基本解决矽尘和铅、苯、汞等对职工健康严重危害的问题。在这个基础上，再努力五年，力争基本解决常见的尘毒危害问题。各级计委、经委、财政、物资部门，各工交部门，对改善劳动条件要给以必要的经费和物资保证。

要下大力量解决环境污染问题。对那些严重危害职工健康又严重污染环境的生产作业，有关地区和部门必须制订解决的具体措施，限期完成。少数确实不能解决的，坚决停产或转产。

二、迅速把各级的安全生产责任制度建立、健全起来。要做到职责明确，赏罚严明。一个企业单位发生了重大伤亡责任事故，首先要追查厂长、党委书记的责任，根据事故情节轻重，严肃处理，不能姑息迁就。一个部门、一个地区事故多，伤亡严重，要追查部门和地区领导人的责任。各部门、各地区，要抓住典型事故，大张旗鼓地进行处理，以教育广大干部和群众。对安全、防尘防毒做得好的，要表扬或奖励。

大庆式的企业，必须是搞好劳动保护、坚持安全生产的模范。凡是工伤事故多、尘毒危害和“三废”污染严重的企业，不能评为大庆式企业。

三、今后，凡是新建、改建、扩建的工矿企业和革新、挖潜的工程项目，都必须有保证安全生产和消除有毒有害物质的设施。这些设施要与主体工程同时设计，同时施工，同时投产，不得削减。正在建设的项目，没有采取相应设施的，一律要补上，所需资金由原批准部门负责解决。谁不执行，要追究谁的责任。劳动、卫生、环保部门要参加设计审查和竣工验收工作，凡不符合安全、卫生规定的，有权制止施工和投产。

四、各级工会，要加强群众劳动保护工作，加强安全生产教育，协助行政贯彻劳动保护的各项规定。

五、要抓紧劳动保护的科学技术研究工作。随着现代化生产建设的发展，将不断出现新技术、新工艺、新材料，给劳动保护带来许多重大的科学技术问题。各级党委必须对劳动保护的科学研究工作引起足够重视。要迅速筹建一所全国性的劳动保护科学研究所。各省、市、自治区工业集中的大城市，以及容易发生伤亡事故、职业病危害严重的工业部门，都应该根据需要，建立和健全劳动保护科学技术研究机构，把劳动保护的科研工作搞上去。

各地区、各部门党委，要把以上工作作为一件大事抓好。要充分发动群众，健全劳动保护专职机构，充实人员，扎扎实实地解决存在的问题。

各省、市、自治区和国务院各部、委、局党委、党组，要在今年年底以前，把执行本通知的情况报告中央。

第 二 部 分

部委安全生产文件和重 要 讲 话

1. 燃料工业部关于全国各煤矿废除把头制度的通令

1950 年 3 月 21 日

中国煤矿工会代表会议建议本部彻底废除把头制，本部认为此项决议适合时宜，完全同意。兹特明令全国各矿凡对包工把头制度业已表面废除而其残余仍有保留者，应即彻底肃清；其原封未动依然存在者，应即彻底废除。原来把头不得在矿场担任行政管理工作；其罪恶昭彰群众痛恨者，工人可经过法律手续提出控告。原把头所雇用人员，应根据工人群众意见视其过去行为是否端正及其有无生产经验，分别审查留用或调用。对于在技术上有经验、在群众中有威信的工人及职员，应大胆提拔到行政管理的岗位上来，以贯彻管理民主化及经营企业化的方针，迅速恢复与发展煤矿事业，顺利完成一九五〇年的生产任务。各大行政区煤矿管理总局、各煤矿管理处及各不属于管理局的矿务局，应迅即定出具体执行办法，并将办法及在执行中的经验随时报部为要。

2. 必须贯彻安全生产的方针

1952年9月17日

中央人民政府政务院人民监察委员会今天发表了《关于处理某些国营、地方国营厂矿企业忽视安全生产致发生重大伤亡事故的通报》。各地工厂、矿山等企业单位都应该根据这个通报中所指出的教训，坚决向官僚主义和资本主义的经营思想与管理方法展开斗争。

各地工厂、矿山及交通运输企业，三年来在进行民主改革和生产改革的过程中，对于职工的劳动条件福利设施一般的会积极加以改进。在一千五百多万职工中（连家属在内）已经推行了劳动保险制度，还举办了许多疗养所、休养所、残废养老院、孤儿保育院、托儿所等福利事业。随着国家财政经济情况的好转，工人的工资也不断提高，国营企业部门又规定了动用企业奖励基金的办法，使职工的物质生活和文化生活有了初步的改善。中央人民政府及国营企业部门尤其关心工人的劳动条件，不但制定并颁布了保障安全生产的各种条例和规程，改进了安全卫生的设备，并且对工厂、矿山普遍地进行了安全大检查。东北区各厂矿至一九五一年底会举行三次全面大检查，解决了安全卫生设备等方面的问题二十多万件。铁路系统在一九五一年用于安全卫生设施的经费达九百余亿元。煤矿通风设备有了很大改善，防水工作也有很大进步。其他企业的安全卫生设备也都有很大改进，因而全国各工厂、矿山的伤亡事故已大为减少了。例如，国营煤矿一九五一年比一九四九年的伤亡率降低百分之六十三点六；瓦斯爆炸伤亡事故，在一九五一年已基本消灭。东北西安煤矿施玉海小组更创造了五年未发生伤亡事故的新纪录。全国铁路系统的工伤，一九五一年比一九五〇年降低了百分之四十四点六。其余如纺织车间改进了通风喷雾设备，减低了工人的患病率。化学工业中基本消灭了工人中毒的现象。湖南锑矿在历史上永远也没能解决的矽肺病，现在也已经绝迹了。这些情况都足以说明安全卫生工作确实有了很大成绩。

目前，全国各企业职工增产节约竞赛运动正在积极开展，特别是在“三反”“五反”运动胜利的基础上，广大职工进一步发挥了高度的生产热情，给国家创造了巨额的财富并奠定了生产改革的基础。但不可否认，有许多企业领导干部，对安全生产的方针仍然没有给予足够的重视。在“三反”“五反”运动以后，职工觉悟提高，激发了忘我的劳动热情，各企业的生产任务繁重，有许多单位的生产管理工作显然赶不上客观的需要；有的单位设备简陋，一时尚难克服；更重要的是某些企业的行政领导及工会工作者存在着单纯任务观点和片面的经济观点，只顾完成生产或财政的任务，不顾国家法令，对工人的生命与健康漠不关心，以致有许多企业单位近来仍然发生了严重的伤亡事故。这是不能容忍的。

有些企业的领导干部和工会工作者，在思想上往往把完成生产任务、推行经济核算、厉行节约与安全生产、保护职工生命与健康对立起来。他们不懂得或不完全懂得工人是国家财富的创造者，是我们国家的最宝贵的财产。他们不了解“安全第一”的积极意义，也不懂得劳动保护与增产节约的统一性，以致强调这一面就忽视另一面，不能正确地贯彻安全生产的方针。有些严重的官僚主义者则根本漠视职工的生命与健康。他们不积极设法保障职工生产的安全条件，不制定或制定而不认真执行保安制度，更恶劣的竟以欺骗手段蒙蔽工人去做危险的工作。有的虽然制定了一些规程和制度，但形同虚设，不向工人进行安全生产的教育，致使工人没有安全的知识，因而违反操作规程和劳动纪律，事故发生后他们还诿过于工人。有的工厂、矿山的领导者平时不计划或不善于计划工作，前松后紧，为了赶任务，既不顾安全，盲目发动工人突击，加班加点，这也是发生事故的一种原因。至于只布置或检查生产任务，而不同时布置或检查安全卫生工作，因而助长了基层行政领导人员和工会干部的单纯任务观点和锦标主义。这更是普遍的现象。在安全监察组织的方面，一般的工厂、矿山都不很健全，有的还没有建立，有的虽然建立了，但领导上不予重视，配备干部不强而且随意抽调，因而保安工作无人负责，劳动纪律废弛，更恶劣的是某些厂、矿的干部对事故发生的原因完全推到客观方面，企图推卸领导上应负的责任。这是完全错误的。

各级厂、矿企业的行政领导人员和工会干部必须认识安全生产的重要性。只有领导上关心职工的生命与健康，才能进一步激励广大职工增产节约的积极性和创造性；同时也只有减少或避免伤亡事故，才能符合增产节约的总精神。领导上的官僚主义必须克服，必须加强对工人的安全生产教育，一方面纠正老工人中的经验主义，加强生产纪律性；另一方面发动他们监督安全生产。

为了保障职工的安全与福利，各地厂矿企业除应贯彻和充实有关劳动保护的制度、改善安全设备、加强防护工作以外，还应该建立与健全对安全生产监察的机构，检举与揭发那些忽视安全生产的失职人员，保证安全卫生设备之逐渐改善，同时各地厂、矿企业还应该充分发挥企业奖励基金的作用，并在财务计划中将必要的安全卫生设备的开支列入年度预算之内。目前各地厂、矿企业特别应该有重点地、切实地进行一次关于安全和卫生的大检查。今后各级领导机关考核企业工作的成绩，不仅应该检查他们完成计划的程度，还应该将他们对于职工安全和福利的工作列为评级的标准。

（转载1952年9月17日《人民日报》社论）

3. 把劳动保护工作赶上生产发展的要求

全国总工会主席　赖若愚

1952 年 12 月 25 日

在我们国营企业的任何工厂，生产都是中心工作，解决任何问题都必须是围绕着搞好生产。我们的生产不是为追求最大的利润，而是为群众现在和将来的需要。当然，现在生产的东西并不完全是群众所直接享受的，但是，归根结底还是为了群众的利益；国防建设是为了保护群众已经得到的胜利果实；建立新工厂、扩大再生产是为了群众将来生活得更好。也有许多钱是直接用在改善工人生活方面的。不管这些钱直接或间接用在哪方面，总之都是为了群众的利益。正因为如此，我们就可以，而且也应该依靠群众、依靠工人阶级搞好生产。离开群众，我们的工作就不会有成绩。

要依靠群众搞好生产，那么在生产中间就必须同时考虑生产者——工人的安全、健康，否则，就依靠不上群众。反动统治者只为赚钱不顾工人死活，不重视工人的安全、健康，因此，工人也不为生产打算，不考虑如何搞好生产。工人群众对反动统治者对他们的剥削、压迫采取了斗争的方法，即使不是激烈的斗争，至少是消极怠工。资本家不顾工人的死活，不注意工人的安全、健康，工人只有用消极怠工，不做冒险工作的方法求得自己身体的安全。当时工人们只考虑工资多少，怎样更安全些，不管生产，这是合理的，是完全可以理解的。现在工人则不仅考虑自己的工资多少，同时也考虑如何搞好生产。解放以来，工人的生产积极性不断提高，出现了不少发明、创造，提高了生产。苏长有的砌砖法，郝建秀的先进工作法……都不单是为了个人，而是为了搞好整个生产，许许多多劳动模范的发明、创造，并不是只为个人，而是为了生产。群众的劳动态度与过去根本不同了，他们对生产负责，这是主人翁的劳动态度，但是他们并没有也不应该放弃对自己身体安全、健康的打算。当然，在紧急关头，为了保护国家的财产，工人可以牺牲自己，可是在平时，他们关心自己的安全、健康，要求国家对他们的安全、健康采取负责的态度，这是完全应该的、合理的。国家要求工人积极生产，完成国家计划，开展生产竞赛，提高劳动生产率……这是应该的，因为我们的生产是为群众生活得更美好。但是工人也要求生活的更好些，要求办好福利事业，改善劳动条件，减少以至消灭伤亡事故，这也是应该的。国家对工人要求的很多，所以对工人也应该担负一定的义务，否则，工人的生产积极性不会持久。我们不能想象，一个工厂经常出事故，而工人的生产积极性会很高。

三年来我们做了很多工作，改善了工人的劳动条件和生活，取得很大成绩。过去根本没有劳动保护工作这一说，解放后有了劳动保护工作，这是新的工作，是人民民主政权的性质所决定了的。由于是新的工作，所以这方面的基础、经验和知识就都很缺乏，经过大家的努力，从“空地”上建立了劳动保护工作。过去三年，各地会进行多次安全卫生大检查，发现并解决了很多问题。从这一点上看，可以说取得很大成绩。正因为如此，三年来的伤亡事故逐年减少，工人的生产积极性也随之逐年提高。如果我们不注意安全卫生，减少伤亡事故，工人的生产积极性就无法提高。但是，在一九五二年全国各地、各产业的伤亡事故都有所增加，这是摆在我们面前的一个严重问题。一九五二年的伤亡事故为什么增加了呢？不能说今年的劳动保护工作比一九五一年退步了，只是一九五二年的劳动保护工作的进步赶不上工人群众生产积极性的提高，赶不上生产的发展，未能适应客观的要求。伤亡事故的增加，主要是由于增产节约运动开展后，某些地方想把在“三反”“五反”中压下的任务赶完，而加强劳动强度。在增产节约运动中我们提倡创造、发明，开展合理化建议运动，的确，群众中也有不少发明、创造、合理化建议，突破了旧的生产定额。但是，也有些工人为了发明、创造，不遵守操作规程因而发生了事故。也有些工厂因新产品试制、新的操作方法的采用，引起了很多新问题，未能及时加以解决而发生了事故。由于生产的进步，采用新技术和工人生产积极性的提高，劳动强度的增加，在管理工作上、制度上、安全设备上必须赶上去，适应客观情况的发展。今天我们在管理工作和工会工作方面还不能完全适应这种客观情况的发展。工人的生产积极性提高得很快，而领导方面的工作赶不上，也就是领导落后于群众。如果这种情况仍然继续下去，不加以改善，那么情况将会是：工人越积极，伤亡事故就越多，可能使工人认为“不积极少受伤”，结果会是在国家大规模经济建设需要高度发挥工人们的积极性、创造性的时候，工人动员不起来。所以在大规模经济建设即将开始的今天，必须认真地研究劳动保护工作。不然，在将来的工作中会遇到很大困难。

以上所说的领导工作的进步赶不上群众的进步，主要是思想问题，当然，如果说各方面的负责人不注意劳动保护工作，也不完全是事实。问题是在于：在考虑、研究生产问题的时候，未必同时考虑工人的安全卫生问题。未必常常考虑在生产进步、劳动生产率提高时，怎样解决在劳动保护、安全卫生方面所产生的新问题。当然，在工厂中工作的共产党员，不会是看到了发生事故也不管的，大家都不愿意发生事故，问题是如何注意防止发生事故。目前有些地方不是考虑生产问题时，同时考虑劳动保护问题，而是在生产成本上考虑得多一些，在劳动保护方面考虑的少一些，这还是一个依靠群众的思想问题。依靠群众搞好生产，这一点必须很明确。在我们同志中间存在这样一种说法：凡是工人群众的切身利益，都是当前利益；凡是对生产有利的都是工人的长远利益。不能说这种说法不对，但是有些人是曲解了生产利益的，把生产的利益解释得非常狭小，所以结果就成为片面的说法。毫无问题，搞好生产是工人阶级的长远利益；但是工人阶级那些马上需要解决的迫切问题，不一定是长远利益。应该说：凡是跟生产密切相连的有关工人群众的生活问题，是当前的利益，同时也是长远利益。因为劳动保护工作搞不好，不单单是马上吃亏，马上过不去，它不仅针对目前不利，同时对长远也不利，对工人不利，对生产也不利。因此我们不能说工人所提有关生活方面的意见只代表他当前的利益，不代表他长远的利益。相反的，只是为了暂时的狭隘的生产利益，而危害到工人的安全与健康，却是违反工人阶级的长远利益的。我们遇到过这样的事情，例如，淮北盐场处理工资问题，看起来，好像可以降低成本，对生产有力，实际上是对工人的当前利益不利，对长远利益也不利的。

在我们思想上，依靠工人阶级搞好生产的基本思想必须明确，要搞好生产，必须搞好保护劳动者、保护生产者的工作，保护他们的积极性。因为劳动者是最宝贵的，生产积极性是最宝贵的。如果工人阶级的积极性没有发挥出来，我们国家的生产恢复和建设就不会获得这样伟大的成绩，就不会获得出乎资产阶级意料之外的伟大胜利；今后也只有依靠群众，依靠群众的积极性，才能顺利地完成生产计划。我们要深深地、时时刻刻地记住：要依靠群众、关心群众的生活，在考虑生产问题的同时，必须考虑工人的生活问题、劳动保护问题。当出现每一件新的发明、创造时，就要考虑因此而引起的一系列的劳动保护问题，尽量设法解决这些问题，即使马上不能解决，也应该知道这一情况，逐步求得解决。

我想在我们工厂中是容易解决这些问题的，因为我们党、政、工、团的基本思想是一致的，只是在个别问题的看法上因为岗位不同而有一些出入。因为每个人所在的岗位，都是他自己的局限性。有一些工会干部，在他做工会工作时，他说行政的看法不对，可是当他做了行政干部时他也那样看了。

劳动保护工作的最根本问题还是思想问题，怎样具体解决这些问题，进一步加强劳动保护工作，这是一九五三年大建设所必需的。我们应该注意工人的劳动保护问题、注意工人的健康，同时也要注意使他们的物质、文化生活搞得更好。要解决这些问题，也必须依靠群众，依靠群众的智慧，推广工人群众的创造、发明和先进经验。但是只这样还不够，还必须准备花一些钱。这些问题，我们应该做个计划，以便逐步地去解决。不怕解决得慢，有了计划，我们就不是站在那里不动了。在新建的厂矿中必须把通风、湿度、灯光、机器排列等一切有关劳动保护问题都设计到里面去，这就省得以后再出毛病。

工会组织要把劳动保护的组织机构加以整顿，过去全国总工会把劳动保护部和劳动保险部暂时合并起来，现在准备把它分开，因为劳动保护这方面的工作是很多的，要把它建立起来。

一九五二年十二月二十五日

（原载《中国劳动》期刊 1953 年）

4. 三年来劳动保护工作总结与今后的方针任务

中央人民政府劳动部劳动保护司

1953年1月18日

一、劳动保护工作的成绩和经验

劳动保护工作是我们工人阶级领导的人民政权成立后新建立的工作。在过去反动统治时期，根本没有劳动保护这个名词，更用不着说劳动保护这门科学了。很明显，帝国主义、官僚资本主义及一般资产阶级经营工矿企业唯一的目的，就是追求最大利润。在他们看来，机器才是他们最宝贵的资本，而工人呢，则只是他们榨取利润的对象。所以他们开设工厂矿山时，只是计划如何置备机器和厂房，如何保护机器不受损坏，至于如何保护工人的生命和健康，他们是丝毫不考虑的。因此在官僚资本遗留下来的工厂矿山中，保护工人安全、健康的设备根本谈不到，连起码的设备也没有。所以，我们接收下来的官僚资本的工矿企业，从劳动保护的观点来看，没有一个不是恶劣万分的。不仅如此，而且资产阶级的“只重视机器，不重视人”的思想也有其深远的影响。旧企业的管理人员、工程技术人员，由于受资产阶级思想教育和影响的结果，同样没有保护劳动的观念。现在许多工程技术人员转变了，知道劳动保护的重要，但要他们在工程设计中如何注意劳动保护，却不知道怎样办，因为他们过去所学的英、美那一套中并没有这种知识。这种反动统治时期的遗毒，还需要作很大的努力才能克服。

反动统治时期厂矿企业的安全卫生状况既如此恶劣，因而伤亡事故的惨重，简直骇人听闻。例如，过去煤矿中由于没有通风设备，经常发生瓦斯爆炸，死人成百成千，一九四二年井陉煤矿一次炸死三百四十三人，一九四三年本溪煤矿一次炸死一千六百余人，湖南锡矿山开办以后到一九四七年止，死于矽肺病的就有九万余人，个旧锡矿的情况还更加残酷。这种万分惨痛的事情，在反动统治时期并不把它当成问题。我们人民政府与国民党反动政府根本不同，保护劳动是我们的基本政纲之一。当我们把官僚资本企业接管后，就把保护工人的安全健康作为重要的课题来解决。大家知道，当官僚资本企业被我们接收以后，其性质就完全不同了。首先，在官僚资本的企业中，工人只是被剥削的对象；在人民的社会主义性质的企业中，工人是企业的主人翁。第二，过去官僚资本经营企业的目的，只是谋取少数人的最大利润；而人民企业的目的，则完全是为了满足广大人民群众的需要。第三，官僚资本企业是用饥饿、皮鞭等压迫手段来强制工人劳动；人民企业，则是依靠广大工人群众自觉的积极性来提高劳动生产率。第四，在官僚资本企业中，机器是最宝贵的资本，而工人则被看作是不值钱的；在人民企业中，机器当然重要，但工人是国家财富的创造者，是最宝贵的资本。最后在官僚资本企业中，用延长工时、恶化劳动条件的办法，作为他们加强对工人剥削以榨取利润的主要手段；而人民企业则相反，切实保护工人的安全健康和福利，使广大工人群众都了解发展生产就是改善生活的基础。所以在人民企业中，保护劳动与提高生产是不可分离的统一的整体。

但是，要把官僚资本企业改造为人民的企业却不是简单的事情，要经过相当长时期的改造过程，而劳动保护工作的建设，也就是把官僚资本企业改造为人民企业的一个重要标志。三年来，我们进行了对旧企业的各方面的改造工作，从劳动保护的观点来看，所取得的成绩也是非常巨大的。不仅国营企业比起过去官僚资本企业已有根本的变化，就是私营企业在这方面也与过去有所不同。不可否认，今天私营企业仍是以谋取其利润为目的，在这一点上现在是与过去没有区别的。但是，在工人阶级领导的人民政权下，私营企业不能不接受工人阶级的领导，不能不遵守人民政府的法令，因此他们不能像过去那样放肆地、无限制地压迫、剥削工人群众。而且广大工人群众有了自己的工会组织来保护自己的利益，要求并督促资本家适当地改善劳动条件，同时某些进步工商业者也作了一些努力，因此私营企业的劳动条件比过去也有若干进步。

现在厂矿企业安全卫生状况的改进，是三年来在中国共产党中央和各地党委的领导下，所有有关方面，首先是工矿企业的管理机关、工会组织在劳动保护的建设工作上做了巨大努力的结果。首先是对于资本主义的“只重视机器，不重视人”的思想给予了严厉的批判。对于国营企业中单纯任务观点，“只重生产，忽视安全”的思想也进行了不少的批判工作。中央人民政府政务院对于宜洛煤矿事件的处理，在这里起了重大的作用。第二，中央各产业主管部门及劳动行政部门，颁布了许多有关劳动保护的法令、规程和制度，根据不完全的统计共有一百一十九种。这些法令、规程和制度，无论对于国营或私营企业，在劳动保护工作的建设，安全卫生状况的改善方面，都起了很大的作用。第三，在我们三年来的工作中起了特别重大作用的，是在各地党委领导下普遍进行了安全卫生大检查。在东北普遍检查了五、六次之多。在华东去年检查了一万三千四百三十六个厂矿；中南检查了二千一百九十二个厂矿；西南检查了一千八百九十三个厂矿；西北检查了一千一百七十三个厂矿；华北尚无全面统计，但主要工矿区差不多都进行了全面检查或重点检查。安全卫生大检查，是我们着手进行劳动保护工作的重要方法，经过检查，不但使我们了解情况，而且还改善了安全卫生状况，教育了群众。第四，在国营厂矿企业中行政领导方面对劳动保护建设工作尽了很大的努力，对于安全卫生设备，有了很大的改进，普通的、花钱不多的安全卫生设备和防护用品等，基本都已解决了；有些关键性的重大的设备，虽然在过去财政经济状况困难的情形下，也有了不少的建设。例如，煤矿工业这个劳动保护工作中最困难的部门，过去经常发生水、火、冒顶、脱车事故，其中最严重的是瓦斯爆炸问题，必须装置机械通风才能解决。在国民党反动统治时代，采用机械通风的煤矿只有百分之三十左右，其余百分之七十是自然通风。现在全国国营煤矿采用机械通风的已达百分之九十，其中华北为百分之一百，东北为百分之八十五，华东为百分之九十六。三年来，燃料工业部在这方面有不少的努力。其他工业主管部门也是一样，如纺织工业部对于解决高温问题，化学工业中对于消除毒气、粉尘问题都做了许多基本建设工作。在安全规程制度方面，也已基本建立起来，不过还不很完善。在组织机构方面，虽说还不很健全，但与国民党时代根本不同，那时厂矿企业中根本没有劳动保护组织，现在在国营企业中一般已建立起来了，有些地区已建立得不错。这些改进，是与行政方面和工会组织的努力分不开的。第五，对于安全卫生状况的改善，广大工人群众发挥了重大的积极作用，煤矿、电业邮电工会等都组织了广大的安全生产竞赛运动。在工人中涌现了施玉海、高文桥等全国闻名的安全生产竞赛模范，还有许多有关安全的创造、发明和合理化建议。

由于劳动保护建设工作获得了巨大的成绩，因此伤亡事故就逐年逐月地减少了。根据中央劳动部的统计，按每月伤亡人数平均数字计算一九五一年比一九五〇年死亡事故减少了百分之十点七，重伤事故减少了百分之九点六；一九五二年比一九五一年死亡事故减少了百分之三十九点一，重伤事故减少了百分之三十八点三。伤亡事故减少的事实，具体地证明工矿安全卫生状况的改善。不过在这里要指出：在去年增产节约运动开展以后，在四、五、六、七几个月中，某些产业和某些地区的伤亡事故又有增加的趋势。这表明劳动保护工作还赶不上工人群众生产积极性的发展，是值得我们严重注意的。

我们把三年来的劳动保护工作研究一下，可以得出下列几点主要经验：

第一，要做好劳动保护工作，一定要各有关方面在共产党的统一领导下，团结一致，共同努力。特别是在工矿企业中，只有党、行政、青年团、工会团结一致，共同努力，才能把工作做好。劳动行政部门，也一定要与产业管理部门和工会组织统一思想，统一步调去进行工作。劳动行政部门对工矿企业中的工作，一方面要依靠企业行政方面的有关机构；另一方面要依靠工会组织。离开工会组织，是一步也走不动的。

第二，要做好劳动保护工作，必须有自上而下的重视与自下而上的发动相结合。领导上必须重视这个工作，但还不够，一定要发动群众，依靠群众的智慧和自觉的努力。这就是领导与群众相结合的方法。

第三，要做好劳动保护工作，一定要与企业的改造工作相结合去进行，孤立地去进行劳动保护工作，一定做不好的。

第四，要做好劳动保护工作，应随着生产的发展逐步去做，固然不能要求把国民党留下来的“烂摊子”一下子改好，同时也不应当落后于生产的发展，在一个企业中是如此，在一个产业中是如此，就是在全国范围内也是如此。生产发展一步，劳动保护工作也发展一步。劳动保护工作是长期的、永远向前发展的工作，一直到共产主义时代都是如此。每当一种新机器出现，就应有一套新的劳动保护办法。使用蒸汽、电力作动力的时候，有与之相适应的劳动保护办法；将来使用原子动力的时候，也一定要有一套原子动力的劳动保护办法。只有随着生产发展，劳动保护工作才能一天天发展起来。到了劳动保护工作达到高度发展的时候，就能像马克思所说的：劳动变成了愉快的事情，变成生活中不可缺少的东西，而不是为生活所迫而劳动。由此看来，劳动保护工作有远大的前途，做劳动保护工作是光荣的任务。值得我们把毕生的精神和生命贡献到这个事业中去。

这里，还应将这几年来进行的最普遍而且最有成绩的安全卫生大检查的经验加以简单说明：

为什么安全卫生大检查对改进劳动保护工作起了重大的作用呢？第一，通过检查，建立了重视安全卫生的思想，在劳动保护的思想建设上有了很大的效果。第二，通过检查，发现了安全卫生上的各种缺陷，并且解决了许多迫切需要解决的问题。例如，华东去年检查的一百八十三个工厂中，群众提出了四十六万余条有关安全卫生的意见，其中百分之六十至七十由于群众自己的努力和行政领导上的帮助得到了解决，这些都是不花钱或花钱很少就可解决的问题，但并不是不严重的问题。第三，检查以后，普遍建立了安全规程制度，虽不甚完善，但都初步建立起来了。第四，使广大群众（包括全体工人、职员以至领导干部）受到了一次深刻的安全卫生教育，而且在此基础上开展了安全生产运动。工人群众提出了许多安全方面的创造、发明和合理化建议，为进一步改善安全卫生状况打下了良好的基础。第五，通过检查，改善了领导与群众的关系，群众亲切体会到领导是关心他们的安全、健康的，是与他们一体的。各地的报告都说明了这个事实。最后，通过安全卫生检查提高了广大工人群众的生产积极性，几乎所经过检查的厂矿，生产都前进了一步。

如何才能做好安全卫生大检查工作呢？根据各地的报告，经验是：第一，集中力量，统一领导。这一工作，要在党委的领导下，动员各方面的力量去进行，而不是哪一方面单独进行所能做好的。第二，贯彻群众路线，依靠群众发现问题，依靠群众解决问题。要群众提意见并不是一件容易的事，开始群众总不大愿意提意见，一定要看到领导上有解决问题的决心，才肯积极的提意见。如果不依靠群众，许多问题便难于解决。第三，一面检查，一面就改进（边检边改）。如果只检查而不改进，便不能把群众的积极性发动起来。今天发现的问题，能够解决，便立刻解决，那么群众明天就会前进一步。所以在检查前各方面都要有准备，财政方面也要准备，例如，纺织工业部在华东纺织厂检查中解决了十万个问题，只花了两百亿元，虽然花钱不多，但没有钱便不行。第四，建立制度，巩固成果。检查以后，便应建立各种制度来消除检查中发现的各种缺点。第五，制订计划，分期解决。许多重大问题，往往不是一下子可以解决的，那就要订出计划来，哪些今年可以解决，哪些要明年才能解决，自己不能解决的，还要报告上级主管部门，请求帮助解决。

总之，安全卫生大检查的成绩是伟大的，经验是丰富的，是着手进行劳动保护工作首先的步骤和方法。当然，在过去的检查工作中也还有缺点。一般说来，有以下两个缺点：一个是检查时轰轰烈烈，检查后冷冷清清，好像雨过天晴的样子。留下的问题很多，但没有订出计划，拟出办法来继续加以解决。还就是由于有运动，没有经常动作，或运动好，经常工作不好。另一个是解决细小问题多，对于关键性的问题解决得不够。自然，许多关键性的问题不是一下子可以解决的，但应有计划有步骤的加以解决。这方面做得少，有的地方检查了几次，还是那几个主要问题没有解决，这样，群众便有些灰心，从而给劳动保护工作的继续改进造成困难。经验证明：安全卫生大检查，确是一个很好的办法。所以我们考虑，在目前阶段上，可以把大检查订为一种制度，每年进行一次。当然，各地情况不同，如东北已检查了几次，其检查的内容和办法应与其他地区有所不同，就在关内，也应因地区与产业的不同而采取不同的办法，不必千篇一律，但检查是必要的。

二、劳动保护工作的目前情况

我们国营工矿企业的劳动保护工作虽然获得很大的成绩，但从目前伤亡事故的情况来看，还是需要我们严重注意的；从安全卫生设备，特别是从安全卫生的关键性问题来看，还是不能令人满意的；从劳动保护的制度和机构来看还是很不健全的。当然，国民党遗留下来的“烂摊子”，希望在一个短的时期内就根本改好也是不可能的。过去我们虽然作了重大的努力，但比起客观形势的发展，生产的发展，比起广大工人群众积极性的高涨，还是大大不够的。

伤亡事故虽比过去减少，但还是相当严重的。一九五二年死亡事故虽比一九五一年减少了百分之三十九，但还有百分之六十一；重伤减少了百分之三十八，但还有百分之六十二；至于轻伤，还有增加。人的伤亡数字很大，国家的财产和生产的损失也很大。任何一个事故，除工人的伤亡外，财产的损失也很大。据电业局估计，每损失一度电，就要损失五万至六万元，因为会连带影响到其他工厂的生产停顿。去年西安煤矿发生爆炸，不仅对财产损失很大，而且使该矿不能完成去年生产任务，可见事故所造成的国家的损失是如何巨大。

同时厂矿企业中的疾病问题也是很严重的。由于工人疾病率大，缺勤率的数字也相当大，在许多企业中已成为影响完成生产任务的重大问题。在疾病问题中最严重的有两种：一种是肺病，工人中患肺病的比例相当大。另一种是职业病，特别是在化学工业部门及其他有害健康的工种中最为严重。

我们研究各个地区关于劳动保护工作的二十几个报告后，可以把大家提出的发生伤亡事故的原因，归纳为以下几点：

（一）安全与生产统一的思想，还未普遍地建立起来，只重视生产，不重视安全或重视不够的现象，仍然很不少。这个问题，有些同志总以为只是与行政领导人有关，其他人似乎没有关系。现在研究起来，并不如此，而是一个带普遍性的思想问题；在行政领导上固然存在，在厂矿一般工程技术人员中也存在，甚至在工会干部，工人群众中也存在。在劳动行政部门的干部中，对劳动保护工作也是注意不够的，举一个简单的例子：增产节约运动开展后，劳动行政部门就没有预先注意到如何加强安全卫生工作，直到事故发生后，才叫喊起来，所以我们只做了一件工作——事后叫喊。工人群众，在增产节约运动中发挥了高度积极性是很好的，但为完成或超过生产任务而不顾安全的例子也相当多。在工会干部中，也多半只是鼓励工人提高生产情绪，而告诉工人同时要注意安全的工作则做得不够。当然企业行政领导上如果不重视安全生产，就会发生决定性的影响，因此树立安全生产思想，对于他们特别重要。

（二）有关安全卫生的关键性的设备问题还未解决或解决的不多。许多事故的发生，就是因为设备不好。根据中央劳动部不完全的统计，由于没有安全设备而发生伤亡事故的，有的地方占百分之三十四，有的占百分之四十一。可见没有安全设备是发生事故主要原因之一。所以搞好安全设备是做好安全生产的基本工作。

（三）安全规程制度不健全。一般都有一些安全规程制度，但不切合实际的很多。许多规程制度没有贯彻到群众中去，还停留在纸上。没有对群众进行安全技术教育，或教育得不够。燃料工业部在某矿区举行了一次安全操作规程的考试，领导干部中有百分之三十一不及格，中下级干部中有百分之七十以上不及格，在工会负责干部中也有不及格的，这样操作规程如何能贯彻呢？还有对工人进行劳动纪律教育也很不够。因工人不遵守操作规程和劳动纪律而发生事故的也不少。

（四）工作时间过长，加班加点过多，业余时间会议过多，使工人疲劳过度，也容易发生伤亡事故。在许多报告里都举出了实际的例子来证明。

（五）劳动保护的机构不健全。在国营企业中，一般已经有了，但不健全，专职干部少。东北机械工业中，每两百工人有一个做劳动保护的专职干部，算是比较健全的。关内其他企业更少，煤矿工业中可能多一些。机构不健全的原因之一，是由于劳动保护工作干部中缺少工程技术人员。做劳动保护工作，不懂技术是很难做好的。

这里还需指出，国营厂矿企业的劳动保护工作，是不平衡的：首先是国营企业较好，地方国营企业较差。这也是因为我们过去对国营企业注意得多，对地方国营企业注意不够。其次，在地区上也是不平衡的，东北较好，其他地区较差。这是有客观原因的。劳动保护是企业改革的一部分，企业改革工作做得好，劳动保护工作也做得好。关内解放较迟，近年来工作重点放在土地改革、民主改革、“三反”“五反”等主要社会政治改革运动方面，所以企业改革较迟，自然劳动保护工作也就差些。但开始大规模经济建设是同时的，因此关内地区要用很大的努力赶上去。最后，在各产业部门中也不平衡，有些部门较好，比较差的是林业、公路、建筑部门。这几个部门的客观条件比较困难，但努力不够也是一个原因。例如煤矿，其困难程度并不亚于林业、公路、建筑部门，但因燃料工业部的努力，有了很大的改进。

在私营企业方面，那就比国营企业更加严重了。当然，私营企业一般说来比过去已有所改善，尤其是比较大一些的企业。但无论如何不能和国营企业相比，因为国营企业对于安全卫生状况的改善是主动来做的，而私营企业则主要是被动的，是在政府、工会组织和工人群众的督促下来进行的。在私营企业中那种“只要工人干活，不管工人死活”的观点还是有表现。例如：江苏武进县牛塘桥恒兴仁记油厂，资本家为了省钱，在一九五一年十一月上旬买了一个旧锅炉，要工人三天装好试用，工人认为很危险，不同意，建议安装安全阀，改善水泵，缓开两天，但资本家急于图利，说是：“一面试用，一面想法。”结果十四日开工，十七日便爆炸，死二人，重伤十人，轻伤一人，共十三人。北京石棉厂灰尘大，工人要开窗户，资本家怕石棉飞走了，向工人说：“石粉可以败火，吸点不要紧。”不同意开窗户，致工人患气管病和肺病的很多。这种不顾工人死活的观点，是必须要改变的。其次，私营厂矿中的安全设备，是根本谈不上的，煤矿中有不少独眼井，自然通风也很差，更不用说机械通风了。较大的企业，对于某些福利事业似乎还不错，但安全设备却极少。甚至有的纱厂，虽有通风设备，却没有使用。这也说明，劳动行政部门和工会组织对督促资本家改善劳动条件注意也还不够。私营企业的伤亡事故比起国营来就更加严重。例如，一九五一年山西省私营小窑煤矿的工人死亡人数占全省工矿企业的百分之六十四，占矿业死亡人数的百分之九十，便是很明显的例子。

劳动行政机关在劳动保护工作方面也是有严重缺点的。第一，是对劳动保护工作重视不够。三年来，各级劳动行政机关做了不少工作获得了一定的成绩。成绩最多的是处理劳资争议和救济失业工人。劳动保护工作虽然也有成绩，但是很不够。这就由于我们没有把劳动保护工作摆在最重要的地位。第二，是对工矿企业的劳动保护工作批评多，叫喊多，帮助解决问题少。第三，没有及时总结经验，推广经验，工人群众中有许多有关安全技术的创造发明。未予以应有的注意。第四，劳动行政部门的劳动保护工作机构不健全，缺乏具有劳动保护科学知识的干部。所以我们应当认识：目前疾病伤亡事故严重，劳动行政部门也是要负一定的责任的。

三、今后的方针和做法

现在生产的恢复时期已经完成了，大规模的经济建设工作已经开始。在这样一个时期，必须做好劳动保护工作，来保证大规模经济建设的顺利开展。怎样才能搞好劳动保护工作呢？我们觉得有下列几方面：

（一）贯彻安全生产的方针，切实树立生产与安全统一的思想。毛主席看了中央劳动部一九五二年下半年工作计划要点后作了如下的指示："……在实施增产节约运动的同时，必须注意职工的安全、健康和必不可少的福利事业；如果只注意前一方面，忘记或稍加忽视后一方面，都是错误的"。毛主席这个指示应当是我们今后工作的总方针。过去对于生产与安全统一的思想有些同志还不很明确，有人提出"生产第一"，也有人提出"安全第一"。有人问："安全第一，那么生产第几？"反过来又有人问："生产第一，那是否可以说安全第二呢？"还有人提出两个第一，读了毛主席的这个指示后，便可了解这几种提法都是不妥当的，必须把安全与生产统一起来，简单说来就是"安全生产"。

但要贯彻安全生产的方针，却不是容易的事。首先要批判和克服不重视安全的错误思想和不正确观念。这些观念还相当普遍的存在着。例如：有些同志单纯强调生产任务，说是"宁犯小错（指发生事故）不犯大错（指完不成生产任务)”，有的说：“工厂就是战场，生产哪能不死人”，这显然是把生产与安全对立起来。在工人群众中也有逞英雄，碰运气及迷信保守等思想。必须进行不断的宣传教育，来克服这些错误观念，才能把安全生产的思想巩固地建立起来。其次，要使安全生产制度化、计划化。在计划生产工作、布置生产任务时，必须把安全问题包括在内，制定企业财务计划时，安全经费应成为不可缺少的项目，在检查生产成绩时，必须同时检查安全卫生情况。这样来使安全生产思想体现到制度中去，久而久之，成为习惯，才能把安全生产思想真正巩固起来。

（二）要根本改善安全卫生状况，一定要切实改善安全卫生设备。在国营企业中，一般说来，也有计划的解决重大的、关键性的安全设备问题，但在有些地区的厂矿企业中普通的设备问题尚未完全解决，那就要从速设法解决，同时也要注意解决关键性的问题，如通风、高温、粉尘、毒气等问题。解决的办法，对于不同情况，要有不同的要求。对新建工厂的安全卫生设备，要求百分之百地按科学办事，以免将来再增设，既浪费，又搞不好。对国民党留下来的“烂摊子”——旧企业，则要注意以下两条原则：第一，要把必须与可能结合，要在现有基础上想办法。例如，国民党遗留下来的厂房既矮且黑，不合安全卫生，如要求按照苏联标准，来一个根本改善，那只有全部拆除，另行建筑，这是不可能的，也不应当的；只能想法多开窗户，装置通风设备等来解决。第二，要有计划地逐渐改进，不能要求一下子全部解决。把发现的关键性问题，根据可能情况，订出计划来分期解决。希望在三年五载中，做到在现有基础上的根本改善。关键性的问题在各产业部门中各有不同，在不同厂矿中也是不同的，解决的办法要由各产业部门、各厂矿行政机关做具体的研究。

改善安全卫生设备，最好是采用苏联的先进的科学办法。但这件事不简单，许多先进办法我们不懂得，有些懂得了，又做不到，这就需要用工人群众创造的土办法。经验证明：土办法虽不很科学，也可以解决问题而且节省得多。我们必须相信群众的智慧，发动群众创造许多办法和代用品来解决问题。现在工人群众的创造不少，但介绍和推广经验的工作很不够，有些问题在这个工厂解决了，那个工厂还不知道，还在那里摸索。这是我们今后应当特别注意的。

关于改善安全卫生设备的经费问题。要解决重大的关键性的设备问题，除了技术知识以外，便是要钱。但究竟需要多少钱，我们现在还没有底。因此各厂矿企业、各产业管理部门都要去摸一摸底。这就是说，每个工厂企业都要检查一下，计算一下，要解决厂矿里存在的关键问题，究竟需要多少钱，然后做出计划来，做出预算来，分期逐渐解决。解决经费问题，根据东北的经验，有以下两个办法：第一，明确规定所有厂矿的安全卫生设备经费由大修理基金、技术措施基金、零星购置基金和工厂奖励基金中开支；第二，上述四项基金不够，又必须紧急解决问题，则造具预算送请财委审查批准，或者在预备费中开支。究竟如何解决好，这是要请各工业主管部门研究决定的。

这是指原有工厂而言。对于新建工厂，就要按照财委指示，完全符合安全卫生的科学标准。如果是苏联工程师设计，那一定是百分之百按科学办事的。例如：哈尔滨新建的亚麻厂，什么都修好了，只因吸尘机未装好，苏联专家便不许开工。但我们工程设计人员多半不懂劳动保护和安全技术科学知识的，因此应该向他们讲清楚，要他们学会这一条。过去在施工和验收时，对于安全设备也不注意。因此，我们要求工业部门做劳动保护工作的同志参加新建工程的设计、施工及验收的整个过程的工作，工会组织、劳动行政部门和卫生部门也要参加。

（三）改进与贯彻安全规程制度。首先对于现有的安全规程制度，要进行一次仔细审查的工作，并根据各厂矿的生产设备、技术条件等具体情况，吸收群众经验，加以修改补充。安全规程制度一定要经过群众讨论，群众的讨论的过程，也就是群众掌握规程制度的过程。其次，要建立经常的安全卫生教育制度，并制订定期考试和奖励的办法。第三，要加强劳动纪律的教育，使工人懂得遵守劳动纪律对于安全生产的重要性，在这方面，工会特别要负责。在大规模经济建设中，将有大批的新工人入厂，他们没有安全卫生的知识，容易发生事故，根据现在的统计，伤亡事故出在新工人身上的约占百分之四十六至百分之六十，因此应该特别注意对新工人进行安全技术的教育工作。

（四）建立与健全劳动保护的专管机构。劳动保护是经常性的长期性的工作，没有专管机构不行。如果建立呢？第一，厂长（副厂长）要亲自负责劳动保护工作，没有厂长负责，是做不好的。第二，在负责厂长的直接领导下，设立专管机构，配备专职干部，人数多少，视各厂矿的具体情况而定。一般说来，现在专职干部还很不够。第三，要配备有一定技术知识水平的干部。苏联做劳动保护工作的，主要是工程师做，我们现在不能要求太高，有技术工人和工业学校毕业的学生就很好，不懂技术的干部，应当好好学习技术。第四，在厂矿中，行政与工会要有适当分工。现在组织机构很乱，有的行政与工会合作得好，有的合作得不好。要做好劳动保护工作，必须行政与工会合作，互相参加会议，共同研究、想办法解决问题。

（五）为了做好劳动保护工作，必须培养干部。劳动保护工作干部，不仅劳动行政部门需要，而且工会组织、各产业部门也需要，苏联有六个劳动保护研究院，各产业部门、各地区都有研究所来研究劳动保护问题并培养干部。我们建议成立一个劳动保护科学研究机构，由劳动部与中华全国总工会合办，聘请苏联专家，从产业部门抽调一些技术人员，再配备一些大学生和技术工人来当学生。经常下厂矿检查，先从实际研究开始，将来再扩大为劳动保护科学研究院。但这还不够，要大量培养干部，还希各产业部门和厂矿专门办劳动保护训练班，劳动行政部门也需要办综合性的短期训练班，各地劳动局可组织劳动保护技术研究会。此外，我们建议高级工业学校与中等技术专科学校将劳动保护列为必修课程，这门课程不及格，不许毕业。各工业部门都有工程师，都有安全规程制度，教员和教材问题都不难解决。这才是根本的办法。

（六）关于保护女工、童工问题。保护女工的重要性，是大家知道的。列宁说过，社会主义建设没有妇女参加，是不可能完成的。妇女因生理的特殊原因，必须有特别保护。在共同纲领第三十二条中对保护女工、童工有明文规定。目前的情形虽然有了改进，但还是严重的。例如，纺织工厂，女工的疾病率相当大，特别是患妇女病的多，流产也是常有的事。这个问题必须解决。否则，不仅从政治上说来不应该，对生产也不利。例如，纺织工厂女工的缺勤率有时达到百分之十至百分之三十，缺勤率大，生产就无法上轨道。目前有些厂矿企业还存在不愿意用女工的不正确观念，或者用了后又不照顾女工的特殊困难，这是应该纠正的。

我们起草了一个条例，主要想解决以下几个问题：第一，是妇女职业问题。这是妇女问题中的最严重问题。过去妇女就业的范围太狭，这是不平等的，今天要为妇女开广泛的就业道路。在条例中规定“招用工人时不得歧视妇女”“不得借故辞退怀孕女工”，以保障在业女工的职业。第二，是男女工同工同酬问题。同工不同酬，是帝国主义殖民地制度的残余，今天在有的工矿企业中还存在有这种情况，在私营企业中，尤其是中小型厂店中最为严重。必须坚决贯彻同工同酬的原则，消灭这种不合理的现象。第三，是孕妇与母亲的保护问题。保护后代，是人类最大的责任，对于孕妇与母亲的保护，就是对后代的保护。现在孕妇流产的事情很多，所以在条文中规定孕妇满七个月后不作夜工。哺乳的母亲也是一样。对于哺乳时间，也有规定。

当然，要解决女工问题，不是颁布一个条例就能做到的，还需经过长期的斗争。同时要根据需要与可能，要适合客观情况，条例是实现政纲的武器，如果不适合情况，那么这个武器就不能切中要害，就行不通。

关于童工问题，我们的原则是禁止使用童工。但在私营企业中，包括商店、手工业作坊的学徒在内，童工的数字还不小，如一律禁止，他们以及他们家庭的生活怎么办，所以现在还不能一般禁止。但我们要下决心，从今以后不准招收十四岁以下的儿童去做工。当然，招收学徒还是可以的。我们现在每年将有一千万小学生毕业，中学还不能容纳这样多的人，不能升学的，只能允许他们去做学徒，学手艺。因此，对于未成年的工人，要给予特殊的保护。

（七）关于私营企业中的劳动条件更为严重，有些资本家唯利是图，不顾工人死活的行为，是与共同纲领相违背的，是人民政府不允许的，我们应该坚决加以纠正。在其做法上：第一，一般说来，要根据必要与可能，要求逐渐不断地改善。第二，关系工人生命危险的重大问题，绝不能放松，一定要督促资本家改善，万不得已时，可以坚决采取停止生产的办法。第三，要向资本家进行宣传教育工作，用生动具体的事例教育他们，使他们认识到改善安全卫生设备不仅不影响其赚钱，而且由于生产增加，会赚更多的钱，以引导他们多少自觉地去注意这个问题。第四，要与资本家订立劳动保护合同。第五，劳动行政机关要加强对私营企业的检查、监督工作，过去做得不够，今后一定要加强。只有做好上述工作，才能求得私营企业劳动保护工作的逐渐改进。

最后，关于劳动行政机关在劳动保护工作中的任务问题。劳动行政机关对整个劳动保护工作负有研究改进的责任。检查与监督是不是劳动行政机关的任务呢？是的，但这不是唯一的任务，而只是改进劳动保护工作的一种方法。中央劳动部与同级产业主管部门是互相配合的关系，对于产业部门下面的劳动保护机构是指导关系。所谓指导，就是帮助他们做好工作。各地劳动行政机关对当地的厂矿企业中的劳动保护机构也是指导关系。但为了帮助他们做好劳动保护工作，当然检查和监督是需要的。

劳动行政机关与工会应该是分工合作的关系。目的相同，任务相同，但一个是政府机关，一个是群众组织，所以工作方法应有所不同。劳动行政机关一定要依靠工会组织，否则便无法进行工作。不仅要依靠工会，而且还要依靠产业主管部门和厂矿企业中的劳动保护机构。

劳动行政部门在劳动保护方面的具体工作，我们认为有以下几项：第一是总结经验，推广经验，研究改进的办法；第二是立法；第三是检查、监督和处理。对于责任事故要检查、处理，向忽视劳动保护的官僚主义作斗争，较为严重的可在报纸上揭露、批评，最严重的应转送监察机关和司法机关处理；第四是培养干部，用各种方法提高干部的科学技术水平。过去对于以上四项具体工作不明确，以致工作成绩不大，今后应当明确起来。

综合上面所述，做好劳动保护工作的主要环节，是要继续不断地努力从思想上、设备上、制度上、组织上加强劳动保护工作，达到劳动保护工作的计划化、制度化、群众化、纪律化。如能达到上述要求，那我们就可使厂矿企业的安全卫生状况有根本的改善。为达此目的，工作可从两方面着手：一方面是现有厂矿企业安全卫生的改善；另一方面是基本建设方面劳动保护工作的建立。我们固然要注意现有厂矿的改进，但更要特别注意基本建设中的劳动保护工作，因为基本建设是今后最重大的任务，忽视这方面，就会造成更大的损失。

我们完全相信：在毛主席共产党中央及各地党委的领导下，有广大工人群众积极性的发扬，有各产业行政部门、工会组织和劳动行政部门的共同努力，一定能够把劳动保护工作做好，更加发扬广大工人群众的生产积极性。同志们！大规模的经济建设立刻就开始了，我们的工作还落在客观形式要求的后面，希望我们共同努力赶上去，做好劳动保护工作，来保证经济建设的顺利开展。

5. 认真加强工厂矿山的安全技术工作

1953 年 7 月 18 日

安全技术工作是工厂矿山中一项十分重要的工作。只有做好安全技术工作，才能保证生产安全和国家生产与基本建设计划的顺利完成。几年来，在这一方面，我们的工作是有成绩的，职工伤亡事故总的趋势是逐年下降的，劳动条件也在逐步改善。纺织系统存在多年的车间高温问题已基本上获得解决；鞍山小型轧钢厂过去那种危险的作业已大为改善。今年以来，中央人民政府燃料工业部煤矿系统和重工业部各单位以及北京、天津等地，都曾召开了专门的安全技术和劳动保护会议，布置了今年的工作。但是，从全国范围来看，安全事故仍然发生了不少，有些单位的安全事故甚至比去年还增加了。安全技术工作仍然是企业管理工作中薄弱的一个环节。这种情况必须引起所有工厂矿山的全体同志的注意。

分析许多事故发生的原因，首先是由于生产不均衡，由于生产和基本建设工程前松后紧，忽松忽紧。这就使得不少单位在突击完成生产任务的过程中，大量发生违反操作规程和安全规程，职工操劳过度，领导疏于检查等现象，使得许多本来可以避免的事故也难于避免了。其次是由于缺乏安全教育，劳动纪律松懈，安全规程制度没有贯彻执行。根据若干单位统计，伤亡事故发生的直接原因百分之四十以上是由于以上这些原因。这种情况已成为安全技术工作中的一个严重问题。当企业迅速发展，新工人比重迅速增加而又缺乏必要的生产与安全知识的今天，这个问题就显得更加严重。同时，有许多事故发生的原因还在于不少企业对于粉尘、高温、有毒物质、容易发生危险的设备、容易发生危险的地区，还没有采取必要和可行的办法加以改善。一方面，是有不少单位没有合理使用国家在安全方面的投资。比如，本溪钢铁公司截至今年第一季为止，在二百二十一亿元的安全经费中，只用去二十一亿元；东北、华东不少厂矿也都有这种情况。另一方面，是对于有关机械化、自动化、密闭装置等合理化建议及各厂先进经验没有很好加以推广。此外，企业中的安全技术组织机构还很不健全，甚至有的还没有建立；已有安全技术组织的，力量也很薄弱，干部经常调换，工作不安心，业务不熟练，职责不明确；安全技术部门在工作方法上也还存在着许多问题，因而安全技术专业机构还没有充分发挥其应有的作用。这些也是许多事故发生的原因。

为了切实改善目前工厂矿山的安全技术状况，贯彻安全生产的方针，各个企业必须开展安全生产的宣传教育工作，树立正确的安全生产的思想；在这个基础上建立安全技术责任制。只要企业中党的、行政的、工会的、青年团的各方面工作配合一致，把这些工作做好了，企业的安全状况就可以改观。为了切实改善目前工厂矿山的安全技术状况，我们必须做好下列几个方面的工作：

第一，建立行政领导的安全技术责任制。应当肯定企业中的安全问题首先应由各级行政领导干部，即厂长、矿长、车间主任、坑长、班组长等负责。那种把安全工作只交给少数安全技术干部去负责的做法是错误的。事实证明，那里的主要行政干部不亲自过问安全技术工作，那里的安全技术工作就不可能做好。各级企业领导机关应当协助下级在这方面建立一些具体的工作制度，并坚持下去。比如，由主要干部定期召开安全工作会议，定期进行安全检查，定期汇报与报告安全情况，各级主要行政干部定期专门处理安全问题，这些都应该规定为经常的工作制度。

第二，制定和贯彻执行安全技术规程。凡是现在还没有安全技术规程的企业，应立即着手制订；过去已有安全技术规程的企业，应进一步根据生产情况的改变而加以修订。这种规程应该规定得很具体，规定之后就必须进行周密的教育和组织工作，使得这些规程切实为职工所掌握。这些规程一经订立就应该作为企业的法规，保证它的贯彻执行。规程执行的好坏，应及时进行奖惩。

第三，加强安全技术教育。各工厂矿山的安全技术机构应设专人负责进行安全教育工作，并与人事及考勤制度相结合，定出一定的教育制度。新工人入厂后必须经过初步的安全技术教育，取得也已受了教育的证明之后，才能由人事部门分配工作。新工人到达现场以后，应由车间、坑口负责人教导他们注意工作岗位上的安全问题，并指定老工人对他们进行教育，实行新老工人团结互助、包教包会的办法。此外，还应该推行定时的安全教育。目前有些企业采用上班前十五分钟的安全教育制，也有的每十天或半个月抽出一天作为“安全活动日”。这些都是简明易行的方法，应当提倡。大连化工厂等单位采取定期安全考试制度，规定凡考试不合格者可给一次补考机会，如仍不及格，则调动其工作；没有安全作业证明的任何人员不准进入现场操作。这种办法也是切实可行的。

第四，建立和健全安全技术组织。在所有较大的国营企业里都应该毫无例外地建立起安全技术的职能机构，使它专门负责安全技术工作，进行安全工作检查。这是做好安全技术工作的重要保证条件之一。已经有了安全技术机构的企业，领导干部应经常检查他们的工作，解决他们工作中的困难，明确规定他们的职责。一般应把他们的工作固定下来，使他们能钻研业务。高级领导机关应举办训练班，逐步提高安全技术人员的业务水平；此外，还要帮助安全技术专责干部，克服消极和急躁情绪，有计划有步骤地改善企业的安全工作，真正发挥它们的作用。

第五，推广安全技术工作的先进经验。根据各企业情况，目前危害职工安全的比较普遍的问题不外是粉尘、高热、有毒气体、有毒物质、冒顶片帮、爆破打眼以及机电造成的伤害。而正是在这些问题上，几年来我们已经积累了一些安全技术方面的良好经验。例如，我们在纺织系统中已经有了降低车间温度的经验，鞍山小型轧钢厂创造了机械化的经验，还有湿式凿岩的经验，防止高温、隔热、通风的经验，防尘密闭的经验，高空作业使用安全带的经验等。只要我们善于抓住并推广这些经验，继续学习苏联的经验，我们就可能解决很多重大的安全问题，使企业的安全状况获得进一步的改善。

做好安全技术工作，是我们的生产和基本建设任务顺利完成的重要保证。同时我们应该把企业安全状况的好坏作为测定企业管理好坏的标准之一。安全技术工作是整个企业管理工作的一个有机组成部分，它将随着整个企业管理水平的提高而提高。因此，安全技术工作是一个长期的艰巨的任务，必须有领导、有计划、有步骤地进行。如果只把眼前的几项安全工作加以安排处理，或者只在事故严重时突击一下，显然是不能解决问题，因而也是不对的。我们应当经常不断地提高我们企业管理水平，首先是巩固地建立生产责任制，加强生产计划性，做到均衡生产；不断地改善不合理、不安全的生产方法，推广鞍山小型轧钢厂机械化的方法，逐渐以各种生产活动的机械化来代替笨重的不安全的体力劳动；不断地加强企业的政治工作和教育工作。以逐渐提高职工的政治、科学、文化和技术水平。这是我们安全技术工作的经常努力方向。这是我们所有的工厂矿山的工作者的光荣任务。

（转载 1953 年 7 月 18 日《人民日报》社论）

6. 生产与安全统一的思想建设

原中华全国总工会劳动保护部部长 江涛

1953 年

新中国的劳动保护事业，是在中国人民取得胜利之后，在中国共产党对于劳动人民关怀、学习苏联先进经验和依靠广大群众积极支持的基础上开始的。三年来，绝大部分的厂矿企业正确地执行了人民政府保护劳动的政策，全心全意依靠工人阶级，积极进行安全卫生和劳动条件的改善工作，使伤亡事故、疾病灾害大为减少，因而，提高了工人职员的生产积极性和主人翁的责任感，保证了国家生产任务的完成。但目前还有不少的厂矿企业行政管理人员，对于保护劳动、发展生产的重要意义认识不足，存在着对于工人健康漠不关心的态度，以致伤亡事故迭出，使国家、工人、企业受到一些不应有的损失。

首先，有一些经营管理人员不正确地把安全和生产对立起来，认为“要完成生产任务，又要注意劳动保护，实在无法两头兼顾”。或者说“生产如战场”，认为“搞生产和前方打仗一样，不能不死人，工伤事故是无法避免”。再不然就是强调客观困难，说什么“烂摊子，难收拾；经济困难，一时难辨”。或者是“没经费，不能办”。把劳动保护工作看成单纯增加企业支出的事情。另外一种是把劳动保护工作神秘化或单纯化，口头上是“极端重视”。说什么“就是上级没有统一的制度和标准，不好办事”。或者是说“只不过是发放点用品的管理工作而已”。特别使人惊讶的，就是竟有某些极其少数的管理人员公然在讨论“愿意犯大错误呢？还是犯小错误?”，他们的结论是“宁犯小错误，不犯大错”。为什么？因为在他们看来“生产任务完不了是大错误，死人吗？只不过是一件小错误”。凡有这一类认识和思想的人，他们对于劳动人民的态度常常会使人感到很不正常，如有的在雇佣工人签订合同时，竟公然出现“伤不管，病不管，死不管”三不管的合同；有的工厂因为车间通风不良，工人提出“开窗户”的要求，厂长却回答：“我给你搬一套沙发来吧!”有的工人提出“厕所太脏了”，厂长却回答：“厕所吗?总比不上饭馆香!”有的个别企业主管人，对于工人的死亡无动于衷，一听说机器坏了，则立即调查；有的为了保护变压器使它不发热，可以安装七、八架电风扇去扇，但对于五十摄氏度高温条件下的工人健康，则采取熟视无睹的态度；有的对于工人的痛哭流涕的建议竟不理，以致事故发生；有的明知危险，竟提出什么“尖刀连”“突击队”“轻伤不下火线”等不适当的口号，动员工人去冒险，让工人在毫无防护措施下搬运有毒物品。总之，这一切错误的认识和论调，其实际行动就是为了完成生产任务，工人的健康和安全可以完全不顾，既不重视改善劳动条件，又可以随意延长工作时间，随意加班加点，其结果必然造成工人中过度疲劳，疾病率增高，出勤率降低，伤亡事故迭出，不只是生产任务无法完成，严重的甚至使整个工厂毁灭。举一个由于不重视安全生产，发生严重事故的恶果来看吧！上海市私营大中染料厂一贯忽视工人安全与健康，违反政府法令，隐匿事故不报，根本没有向工人进行必要的教育，工作时间过长，没有安全技术操作规程，于一九五一年四月二十一日发生二百五十公斤苦味酸爆炸事故，其损失如下：烧毁厂房四间约四百平方米，直接资产损失约值七亿元；由于事故试生产停工五个月，一九五一年比一九五〇年少收利润十五亿元；由于事故停工五个月，管理费继续支出额共达六亿五千三百九十三万三千七百六十一元；企业负担受伤者医疗费三千一百四十三万五千四百五十元；企业负担支出死难者丧葬及赔偿费七千八百六十万九千四百八十四元；企业负担死难者抚恤费九万七千五百三十六个单位，约合五亿元，这种可以用金钱计算的损失，共计为三十四亿六千四百零一万八千三百九十五元。更使人感到痛心的，是在这次事故中，无法以金钱来计算的重大损失便是除了五名重伤者外，有八名工人和两名技术人员丧失了生命，使七个妻子失去了自己的丈夫，十个孩子变成孤儿，三个婴儿出生后没有父亲，七个母亲丢掉了自己的儿子。这一个惨痛的血的经验教训已足以说明由于只顾生产、忽视安全的错误行为，给国家、工人、企业所带来的无法挽回的严重损失。

“生产如战场，工伤事故无法避免”吗？是的，生产是如同战斗一般的进行着；在忘我紧张工作着的工人，如果由于机器或工作场所危险部分不加防护的隔离，或者由于操作过劳，使自己失去对于机器工具控制能力的情况下，的确随时随地都有发生伤亡事故的可能。那么我们就应该想尽一切办法来预防或消除这种可能，没有丝毫理由可以置之不理。就是在战场上，同敌人战斗时也要用一切可能的办法来保护自己；难道在工厂里，就不要消灭事故，保护劳动吗？在工业生产中，保护劳动，一定更能发挥工人群众的积极性，进一步提高劳动生产率。当然，伟大的中国工人阶级，是最富于自我牺牲精神，必要时是能英勇献身的，但在正常的劳动过程中应该要安全生产。

工伤事故无法避免吗？经验证明：完全可以避免的。如东北西安煤矿施玉海小组创造了五年无事故的安全生产旗帜；于织城掘进小组创造了三年零三个月安全运转的纪录；天津第二发电厂汽机车间创造了一千二百天安全无事故的纪录；大连电业局营业所创造了安全运转三十八个月的纪录；大连染料厂苦味酸车间创造了二年安全无事故的纪录。三年来各地工矿企业，基本上做到消灭死亡和重伤的例子也不在少数。经验证明：只要领导上思想重视，决心改善劳动条件，教育群众，依靠群众，建立必要的制度，贯彻执行，并做到经常的检查和督促，工伤事故是完全可以避免的。

劳动保护是国家的重要政策，是和生产不可分离的重要组成部分，是群众性的经常工作和科学与技术工作。因此，把他单纯化和神秘化的看法，都会有害于劳动保护事业建设工作的顺利开展。当然，我们不能否认，目前我们在这一方面是缺少组织工作和技术工作的经验，摆在我们面前的如思想建设、组织建设、科学技术工作、群众性经常工作方法等一系列的问题，都需要我们去努力解决。困难是有的，但是三年来我们就是在这样毫无实际工作经验的情况下开展了全面性的安全卫生大检查运动。经验证明：凡是领导重视，充分发动群众，把安全卫生的检查形成广泛性的群众运动，经过彻底检查的厂矿，群众的积极性也越高，不仅是能大胆的批判各种不重视安全生产的思想和揭露问题，而且会起来动手动脑，建设各种有关安全卫生的规程制度，协助行政改善安全卫生设备，使工伤事故减少和提高生产。如大连化工厂一九五一年经过春季保安检查，由于安全卫生的改善，使工人因病缺勤率由头一年第四季度的百分之二十九点八降为百分之一点六，医药费开支减少百分之五十四点八，生产效率提高了百分之三点四。西南区三十八个单位经过安全卫生大检查后，一九五一年七月至九月份伤亡人数比上半年减少了百分之五十三，生产事故减少了百分之九十五，医药费开支减少了百分之八十六点六，生产提高百分之十七至百分之三十。

“烂摊子，难收拾；经济困难，一时难办”吗？不错，帝国主义、国民党反动统治给我们留下了破烂不堪的恶劣的劳动条件，我们的生产就是在这种简陋设备下进行，那么，发生灾害的可能性就越大，既然认识到摊子烂，我们积极的主动的改变这个烂摊子，逐步求取改变这种烂摊子也就是我们刻不容缓的责任。改善安全卫生条件是在现实基础上、生产发展的过程中求得逐步改善，当然该花钱的还是应该花，但不见得样样都得花很多钱，问题是在我们应该正视三年来各工矿企业用于安全卫生设备改善后，劳动生产率提高的事实。因此，片面强调客观困难的观点，不是把事情办得更好，而常常是把事情弄得更糟。如衡阳某厂弹花部工房墙壁裂开，就是因为强调经济困难不及时修葺，结果发生坍房死伤工人事故，仅医疗、丧葬等费用支出就达二千余万元之巨。又如，某企业工人在操作时间因手经常碰破，需要手套防护，但也由于强调经费困难没有照办，在这一年间的统计工人中因工受伤医疗费和工作日的损失的费用就足够购买全体工人十五年用的手套。又如，天津某染厂，去年由于一个工人的工伤事故就损失了四千三百万元，而事后在机器上装设安全罩不过只花了二十六万元。又如，据某企业十七个月的统计，职工因病休工工作日损失竟达一百五十八万零四百八十三天，等于五千一百六十五个工人一年不生产。天津恒源纱厂的个别车间的缺勤率有时竟达百分之三十至百分之四十，医药费开支每月达一亿六千万元之巨。像这样的情况，我们试问单从企业的经营管理、经济核算的观点来看，由于不重视保护劳动，伤亡疾病率很高，出勤率降低而带来的机械停开，生产任务无法完成、原材料和资金的积压、管理费支出的增加造成这一切紊乱情况，使工矿企业受到不应有的严重损失，难道不是与搞好企业贯彻经济核算制度的要求相违背吗？再看一看对于改善安全设备采取积极的态度收到的效果又是怎样呢？如大连化工厂稀硝酸工段过去每天由排气管溢出的二氧化氮气体一千一百至一千六百立方公尺，全厂职工和建筑物受其侵害，经安设回收装置后，每天所回收的气体可制成三至五吨的亚硝酸钠，从此工人健康不受害，建筑物也延长了寿命。又如，上海华元染料厂接受大中事故的惨痛教训后，在工会监督和协助下只花一千多万元用于改善了硫化蓝生产过程的自动、连续、排气等装置，消灭了气体熏倒工人、酸液灼伤工人的现象。事故逐月下降，从七月份的二十次到十一月份做到完全消灭事故，生产则逐月上升，从七月份只完成生产任务的百分之七十，到十一月份完成规定计划的百分之二百三十，在这改善设备后的四个月当中，仅仅增产部分的利润收入就达三亿元。再如，上海大中染料厂加硫部原料的搬运完全用人力，吃力而又不安全，花了一千七百万元设置了起重机代替人力搬运后，每天可节省五百个人工和二十二个单位的工资分，产量从以前的日产八十担提高到九十担，每日可增加生产价值一百八十五万元。这一切无可置办的事实，已足以证明：凡正确认识人民政府保护劳动政策和行动下主动的积极改善劳动条件的工厂企业，不只是使疾病伤亡事故大为减少，同时也保证和超过了生产任务的完成，对国家、工人、企业都有莫大的好处。同时，我们完全可以得出结论：关心工人的安全与健康是依靠工人阶级搞好生产的必要条件；把工作场所弄得更整齐更清洁、更合乎安全和卫生的要求，在生产中采用机器或自动化等新的设备并不是给企业增加麻烦和增加支出，而是提高劳动生产率必不可少的极其重要因素之一。因此，不论哪一种形式所表现出来的只重生产、不重视安全的片面观点，是非法的，有害的，必须受到反对和批判。

（原载《中国劳动》期刊 1953 年）

7. 中华全国总工会关于在国营厂矿企业中进一步开展劳动竞赛的指示

1954 年 1 月 27 日

一、作为国家领导阶级的中国工人阶级，必须采取最有效的办法来不断地提高劳动生产率。因为只有不断地提高劳动生产率，才能保证国家建设计划的顺利完成，才能保证我国社会主义建设事业和社会主义改造的胜利，才能逐步提高工人阶级和劳动人民的物质和文化生活，才能有效地捍卫祖国的安全与世界的和平。为了迅速地提高劳动生产率，全国工人阶级必须以共产主义的劳动态度来对待国家的建设事业。

劳动竞赛是共产主义劳动态度的一种具体表现，同时它本身就是一种最好的共产主义教育。劳动竞赛可以根本改变人们对劳动的看法，使人们认识到新社会的劳动是光荣、高尚、勇敢的事业，使人们正确地对待劳动，正确地对待公共财物，克服工人阶级队伍中非工人阶级的思想和小生产者以及资产阶级的思想。劳动竞赛也是一种群众性的实事求是的批评与自我批评，借助于它可以打破因循守旧的观念，突破一切束缚群众前进的障碍，把蕴藏在工人阶级内部的潜在力量逐步发掘出来。劳动竞赛是工人阶级创造能力的不竭的源泉。

劳动竞赛和资本主义的竞争有着本质的区别。竞争是损人利己的，是以打击别人的方法来夺取和巩固胜利的，而劳动竞赛则是以先进带动落后，并给落后者以同志的帮助，来达到共同提高的目的。通过劳动竞赛，逐步地把落后者提高到先进者的水平，不断地消除生产中的落后环节，不断地提高劳动生产率。所以，及时地发现与支持一切先进的革新的创举，总结与推广先进生产者的经验。就成为组织劳动竞赛的极重要的条件之一。

劳动竞赛是发展生产、实现国家的社会主义工业化的可靠保证，是社会主义建设的基本方法。正如斯大林同志所教导的："实际上竞赛是千百万劳动群众在最大积极性的基础上建设社会主义的共产主义方法。实际上竞赛是这样的杠杆，借助于它，工人阶级要在社会主义基础上把国内整个经济生活和文化生活翻转过来，"所以，吸引与组织广大工人群众参加劳动竞赛，发挥工人阶级的主动性和首创精神，从而不断地提高劳动生产率，以保证国家计划的完成并争取超额完成，是工会组织的首要任务。

二、中国工人阶级以苏联为榜样，远在第二次国内革命战争和抗日战争时期在许多解放区就开展过各种形式的劳动竞赛。解放初期，广大工人群众以主人翁的态度，积极地参加了护厂、接管、清点物资、献纳器材、恢复生产等斗争；在抗美援朝和历次增产节约运动中，更高度地发挥了劳动热情，展开了空前壮阔的群众性的劳动竞赛，对祖国的建设事业有了巨大的贡献。

实践证明：劳动竞赛是工人阶级成为国家的领导阶级之后的自觉的劳动热情的必然的表现，是新的生产关系的必然的表现。可是解放初期，我们对劳动竞赛的领导还缺乏经验，所以初期的劳动竞赛，带有一定的自发性。这种带有自发性的劳动竞赛，不可避免地是过分偏重于加强劳动强度的，它的突击性、盲目性很大，而组织性、计划性却很缺乏，所以在产品质量，产品成本、劳动保护和技术安全方面都表现出很大的缺点。这种突击性的竞赛绝不能持久。可是必须承认群众的这种劳动热情是极为可贵的，适当地加强劳动强度也是需要的。所以绝不能因为初期的劳动竞赛带有这些缺点而否定劳动竞赛，而是应该珍惜群众的热情，对带有自发性的劳动竞赛积极地加强领导，使之成为工人群众的经常的劳动方式。现在，企业的民主改革已经完成，各工业部门又都开始实行了计划管理、生产责任制和经济核算制，因而使劳动竞赛的提高更加具备了客观的条件。事实上许多厂矿已经积累了一些领导劳动竞赛的经验，并且出现了像五三工厂、鞍山钢铁公司、中长路等先进的单位。特别是自中央号召开展增产节约运动和在工人群众中进行了关于国家过渡时期总路线的教育以后，劳动竞赛有了新的巨大的发展。工会组织完全有必要和可能与生产管理工作的进步相适应，把劳动竞赛向前推进一步。

三、中国工会第七次全国代表大会对于如何组织劳动竞赛已作了原则的规定。中华全国总工会第七届执行委员会主席团第三次会议又确定了把劳动竞赛向前推进一步的方向，并提出目前劳动竞赛的主要任务就是：要求每个企业、车间和小组，全面地、均衡地完成和争取超额完成国家计划的各项指标，通过劳动竞赛不断地提高劳动生产率，提高产品质量，降低产品成本，改善操作条件，保证生产安全，通过劳动竞赛不断地提高工人群众的技术水平和企业的管理水平。为了达到这些要求，就必须十分注意生产技术的革新与劳动组织的改进，而不应该是偏重于拼体力的。这样的劳动竞赛，必须是有组织有计划的，而不能是自流的。这样的劳动竞赛才能成为持续的经常的劳动方式，而不是突击。

为了把劳动竞赛向前推进一步，这就要求工会组织提高对劳动竞赛的领导水平，进行深入细致的具体的组织工作，克服形式主义和官僚主义；抓紧思想工作，克服竞赛中的锦标主义，反对捏造成绩骗取荣誉的恶劣的犯罪行为，向资本主义的竞争思想进行斗争。随着竞赛的发展，在提高劳动生产率的基础上，根据需要与可能的原则，逐步地积极地改善职工的劳动条件、住宅、医疗及其他文化生活设施。

四、劳动竞赛是建设我们祖国的基本方法，所以组织劳动竞赛不仅是工会组织的任务，也是企业行政方面的任务，是全党的事业。企业行政之所以必须担负起组织竞赛的任务，是因为只有依靠广大职工群众完成国家计划的决心和意志，高度发挥职工群众的主动性，才能更好地发挥企业的潜在力量，才能不断地提高企业管理水平。反过来说，企业的组织与计划越科学、越合理就越能更高地发挥群众的劳动热情。在劳动竞赛中企业行政有责任按时宣布生产计划，制订与实施旨在保证劳动竞赛不断前进的组织技术措施计划，充分发挥职能部门的作用，从而使生产均衡地有节奏地进行；企业行政定期公布生产成绩，有计划地推广计件工资制，都是广泛开展劳动竞赛的必要条件。因此，工会组织要在党的统一领导下，会同行政部门实事求是地组织劳动竞赛，不断地以共产主义精神教育群众，发挥工人群众的主动性和创造性，为全面地完成与争取超额完成国家计划，为更高的劳动生产率，为加速实现国家的社会主义工业化的进程而斗争！

五、为了把劳动竞赛向前推进一步，需要进一步明确以下几个问题：

第一，竞赛的形式。劳动竞赛的形式是多种多样的，可以根据具体情况采取各种不同的竞赛形式。如个人、小组或车间之间的竞赛，整个产业（即工厂与工厂之间）的竞赛，同工种、同业务之间的竞赛；当然还有其他反映当前生产的某种要求的竞赛的形式，如铁路“满载超轴五百公里运动”，以及提高质量，降低成本的竞赛等。但不能把流动红旗当作竞赛的形式。

第二，竞赛的条件。组织竞赛要有明确的竞赛条件，这种竞赛条件就是对于完成行政的计划而提出的保证条件。保证条件是根据厂矿企业的生产计划的各项指标，实事求是地提出来的。这种竞赛条件一般应包括：完成平均先进产品定额，达到优等产品质量，节约原料、材料和工具以降低成本，学习与掌握先进操作方法等项目。保证条件不应该是千篇一律的，也不应该把抽象的口号列入指标。竞赛条件不应过分繁多，目前许多厂矿所采用的爱国公约、增产节约计划等形式，实际上都可用竞赛的保证条件一种形式统一起来。

第三，竞赛的评比。要定期公布竞赛成绩，表扬先进，批评缺点。要根据完成保证条件的程度确定优胜者，但也必须考虑到保证条件以外的其他因素，如任务繁简、技术熟练程度、设备状况等，加以比较。因为评比的目的在于总结和传播先进经验，寻找落后环节之所以落后的原因，并采取具体措施消除落后现象，把落后者逐步提高到先进者的水平。目前，许多厂矿所采取的分数制的办法必须注意逐步加以改变，这种办法限制着群众的主动性和创造性，并可能把竞赛导向竞争。

评比的材料是依靠企业行政供给的。工会组织要协助行政建立好原始记录的制度和竞赛的统计制度，设置竞赛成绩的公布牌，并刊行不定期的捷报、喜报。

第四，竞赛的奖励。对劳动竞赛中的优胜者，除发给物质奖励外，还应给予荣誉奖励。流动红旗是一种很好的奖励形式，这种奖励对工人的劳动热情有极大的鼓舞作用。但目前各地把红旗当作竞赛或鼓动的形式，使红旗发得太多，办法也太复杂，因而减低了它的作用。这种情形必须加以整顿。每一个厂、矿一般可以设置一两面流动红旗，发给优胜的车间、工段或小组；车间也可设置一两面小锦旗，发给先进工人。对获得优胜红旗的单位和个人，可附发一定数额的奖金，此项奖金可由工厂奖励基金中支付。此外，可根据具体情况，建立光荣榜、光荣册和先进工作者、劳动模范等光荣称号的荣誉奖励制度。对于这种制度，中华全国总工会第七届执行委员会委托书记处加以研究，协助有关部门拟订方案。

第五，发动工程技术人员和职员参加竞赛问题。动员与组织工程技术人员和职员参加竞赛，也可以根据具体情况提出保证条件，工程技术人员和职员的保证条件，除要保证超额完成任务外，还应该包括：降低产品的劳动消耗量，节省地开支工资基金，正确地规定机器设备的负荷，合理地制订机器设备的检修计划，尽力降低全厂和各车间的杂费开支。但不能把直接生产工人的竞赛办法，硬搬到工程技术人员和职员中去。因为工程技术人员和职员的工作，不像工人一样有具体的定额，在保证条件中规定他们职责范围内必须遵守的规则又是不必要的，所以某些工程技术人员和职员不一定都要订保证条件。他们的职责就是最有效地计划与组织生产，保证全面地均衡地完成国家计划指标。只要他们除了完成本身职责范围内的工作以外，还进行了创造性的劳动，例如，协助工人提合理化建议或推广先进经验，积极参加一定的生产会议，把整个厂矿或车间、工段的生产搞好，也可以根据这些具体的情况，实事求是地评比优胜者。

8. 中央人民政府劳动部 中央人民政府卫生部 中华全国总工会 关于做好夏秋季厂、矿、工地、交通企业的安全卫生工作联合通知

1954 年 4 月 10 日

根据历年来的经验，每到夏秋季节，厂、矿、工地、交通运输等部门，常发生倒塌、触电、陷落、淹溺、晕倒、外伤等事故；而且容易罹患肠胃炎、赤痢、食物中毒、疟疾、流行性乙型脑炎、热射病等疾病。为了保障职工身体的安全健康，保证生产建设计划的胜利完成，要求各厂、矿、工地等单位切实做好以下各点：

一、雨季前应做好灾害预防措施。厂房、工棚、路基、桥墩、电气设备特别是送电线路，均应提前进行检修；低洼地区的矿山、工地必须先作勘察等防洪准备；建筑工地、伐木场应注意防止发生滑倒、物体打击等状况；高建筑物或高地建筑物，应安设避雷装置，已有的应加以检查。

二、高温场所及井下作业，应加强降温通风。现有降温通风设备，应加强管理以充分发挥其效能；已列入措施计划的，应尽速安装；缺少通风降温设备的部门，必须根据具体情况采取有效措施。矿井尤应注意风道的保存及通畅。并经常供给工人足够的清凉饮料（食盐、甘草、绿豆开水等）。

三、沿海地带要防御台风。原有厂房、工棚可依照当地的有效经验，做好加固措施。船只、车辆必须遵照当地气象台的报告，在台风危险期间，禁止冒险航行。

四、改善职工劳动、生活环境的卫生状况。工作场所、宿舍应建立并贯彻定期的清扫制度；加强对粪便、垃圾、污水之处理及厕所的管理；疏通沟渠，填平坑洼，清除杂草，以防止蚊蝇的孳生；并继续进行灭蝇灭蚊工作。

五、建筑、水利、交通、勘测等露天工作人员，应供以遮雨遮太阳的用具和必要的凉棚等。以河水、池塘水为水源之工程工地，可征求当地人民政府的意见，将饮食用水与其他用水分开。并应进行水质化验，水源保护，饮水的过滤或消毒。

六、加强防疫工作和外伤等急救工作。对职工进行预防注射，厂、矿等单位发现传染病时，应及时报告当地卫生行政机关迅速采取有效措施，防止疫病蔓延。车间、工地应建立和健全急救组织，做好外伤等急救工作。

七、加强食堂卫生管理和职工饮食卫生的教育。为了预防食物中毒，应特别注意肉菜的检查，禁止采购和使用腐败不洁的鱼肉和菜瓜等食物，建立并贯彻经常性的检查制度及专人负责制度；并应加强对炊事人员的卫生教育，以发挥其积极作用。改善厨房和食堂的饮食环境，安设防蝇设备，加强食物保管，进行食具煮沸消毒。

八、应广泛开展职工及其家属的安全卫生教育，定期讲解各种疾病及其预防办法，使每个职工都能注意个人卫生：不喝生水、不吃腐烂和不洁的瓜果等食物，并养成勤洗、勤晒和勤打扫的卫生习惯。

九、夏令作息时间，应根据具体情况作适当的调整（尤其是露天作业），保证工人有合理的休息时间，会议时间尤应注意掌握，防止工人体力的过度疲劳。

各厂、矿、工地等单位，应根据不同季节和不同情况，按照上述要求分别进行检查，以便进一步改善夏秋季的安全卫生状况。各地劳动、卫生行政部门和工会应配合有关单位监督协助厂、矿、工地、交通运输等单位做好这一工作，特别是工会要注意教育与发动群众的工作，并应将执行情况及时总结上报。

9. 中华人民共和国劳动部关于厂矿企业编制安全技术劳动保护措施计划

中劳护（54）字第99号

1954年11月18日

安全技术劳动保护措施计划是有计划地逐步改善劳动条件的重要工具。要保证安全生产，提高劳动生产率，就必须建立安全健康的劳动条件。在国家进行有计划经济建设时期，为使劳动保护工作随着生产的发展，逐步走向计划化，并建立正常工作的秩序，以适应生产的需要，贯彻安全生产方针，编制安全技术劳动保护措施计划是完全必要的。一九五三年十一月五日中财委（劳）向各企业主管部门提出编制安全技术措施计划的建议后，引起各产业单位与各地区的重视，使这项工作有了进展。但由于缺乏经验，对编制计划的项目范围、职责、程序及经费等方面又缺乏明确的规定，以及尚有少数单位重视不够，未发动职工群众参加这项工作，致使编制与贯彻计划尚存在着不少问题和缺点，为此，特作如下通知：

一、厂矿企业在编制生产财务计划时，应将安全技术劳动保护措施计划列入生产财务计划之内，同时进行编制。在编制时并应掌握必须与可能，花钱少、效果大的原则。

二、安全技术劳动保护措施计划的编制与执行，应由厂矿长（总工程师）、车间主任、工段长在所辖范围内负全责。

三、编制计划的根据：

（1）国家公布的劳动保护法令和各产业部门公布的有关劳动保护的各项标准、指示等。

(2) 安全卫生检查中所发现而尚未解决的问题。

(3) 工伤、职业病和职业中毒的主要原因中所应采取的措施。

(4) 生产发展的需要所应采取的安全措施。

(5) 广大职工所提出的合理化建议。

编制计划应抓住安全生产上的关键问题，同时应解决迫切需要解决的一般问题。但须防止不分轻重缓急的百废俱兴思想，以便集中力量有计划的解决那些严重影响职工健康与安全的重要问题。

四、安全技术劳动保护措施计划的项目范围，包括与改善劳动条件、防止工伤、预防职业病和职业中毒为主要目的的一切技术组织措施。

五、经费开支应按财政经济委员会及各产业主管部门的规定执行。该项经费批准后，必须专款专用，只许用于安全技术劳动保护措施，不得挪作他用。

六、各厂矿企业编制安全技术劳动保护措施计划时，应根据本厂矿情况分别向各车间提出具体要求，进行布置。车间主任会同车间工会及有关人员订出车间的具体措施计划，经职工讨论，送安技科审查汇总、技术科编制、计划科综合后，在厂矿长召集的有关科、室、车间主任及工会主席或劳动保护委员会参加的会议上，确定项目，明确设计施工负责单位或负责人，规定完成期限，经厂矿长批准及基层工会同意后，报请上级核定。根据上级核定的结果，与生产计划同时逐级下达车间，由职工群众讨论，进行补充修订。工会与行政应签订协议书或合同，报送上级备案，并向职工公布，按季进行检查，监督与保证计划的贯彻执行。

七、厂矿企业编制安全技术劳动保护措施计划及执行情况季度报告，除报送产业主管部门外，应同时报送当地劳动部门备案，并抄送工会；中央各产业主管部门应将总的计划和执行情况报送劳动部备案，并抄送中华全国总工会及产业工会；地方国营企业主管部门应将总的计划和执行情况报送同级劳动部门备案并抄送工会。

八、基本建设单位应根据本通知的原则，结合工程特点，在制订施工组织设计时，包括安全措施，在编制技术组织措施计划的同时，制订安全技术劳动保护措施计划。公私合营企业亦应根据本通知的原则编制计划。

以上各项，中央及地方各企业主管部门应根据具体情况，切实贯彻执行；劳动行政部门必须予以督促协助，进行监督检查；工会组织发动群众参加这项工作，发挥群众性的监督协助作用。

10. 劳动部　卫生部　中华全国总工会关于加强夏秋季安全卫生工作的通知

1955 年 5 月 5 日

各地厂矿企业一九五四年夏秋季的安全卫生工作取得了一定的成绩。有的地区会在历年安全卫生大检查的基础上，抓住了通风降温、电气安全等专门问题进行了检查，对防止季节性伤亡事故和多发病起了很大的作用。但也有的地区对改善夏秋季安全卫生情况及解决专门问题，还注意得不够，以致晕倒、触电、倒塌等事故会在去年夏秋间接连发生；有的单位还发生了严重的疾病流行和食物中毒。为了做好今年夏秋季安全卫生工作，各地必须认真总结去年的经验教训，督促当地厂矿企业，在夏秋季到来之前进行一次安全卫生检查，并希注意下列问题：

（一）组织有关部门推动、协助厂矿企业及早做好通风降温准备工作。督促企业对已有的通风降温设备进行检修校验，加强维护管理，以防设备失效；并应防止有的单位因去年在降温防暑方面进行了一些工作而产生的麻痹自满情绪。对已订出通风降温计划的单位，应督促其及早按照计划施工装置；严格防止盲目抄袭、生搬硬套或未做技术设计与施工计划便草率施工，以致造成花钱多、效果小等浪费现象。在目前技术水平低的情况下，各地应尽量组织当地有经验的技术人员、工程师和技术工人进行技术研究，以便对厂矿企业的通风降温工作给予技术上的指导和帮助；有条件的地区可举办降温技术训练班或讲座，以提高干部的科学知识与技术水平。尤应认真学习苏联在通风降温方面的先进经验，推广自然通风和喷雾风扇等既经济又有效的降温方法。各企业在外地订购的通风降温器材如预计不能及时交货，应注意及早采取补救办法。除加强通风降温工作外，对于在高温车间工作的工人，应供给盐汽水或其他清凉饮料，并检查这些饮料的制造和供应是否合乎要求。

（二）在雨季之前会同电业管理部门及有关单位对厂矿企业的电器设备进行一次安全检查。去年已作过检查并有了一些改进的地区，应防止可能发生的松懈麻痹思想。在检查中，除应解决存在的设备问题外，并应建立、健全电器设备的检修、管理、操作等制度。过去未作过检查而存在问题又较多的地区，则应着重对电器安全进行一次检查，订出计划，有重点地开展工作。一般厂矿中，应注意解决马达、电钻、行灯及局部照明设备等的绝缘、接地装置和改用安全电压等问题。建筑工地应特别注意临时线路的架设和高低压线路的悬吊距离是否合乎安全要求；现场的电动机，特别是流动性的机械（如电钻、振捣器等）要有合乎规格的接地装置；严防乱拉线、乱装灯现象的发生。此外，并应利用各种方式加强安全用电基本知识的宣传教育，使工人正确认识电的作用、危害性及防止触电的办法。

（三）及时对厂矿工地的职工宿舍、工作棚等临时性建筑及年久失修的危险厂房进行检查。如有漏雨、腐损、倾斜、下沉等现象，必须及时补修加固，以消除倒塌伤人的事故。如果工作场所地势低洼或靠近河流，则应进行筑堤、挖渠等防洪、排水工作，以防止因雨水过大或河流暴涨发生事故。设在山坡或山谷的现场，为防止雨季土石崩落伤人，应经常进行检查，发现有崩落危险时须及早处理，或划出危险地区，树立显明标志，禁止行人走入。

（四）作好食堂的卫生管理工作。对伙食管理、采购、炊事人员进行搞好工人饮食卫生对工人健康及完成生产任务重要性的教育工作，提高他们的责任心与工作积极性。碗筷等食具应煮沸消毒，防止食物中毒及肠胃病的发生；特别应注意肉品菜蔬的采购和保管工作，病死牲畜未经检查许可，绝对不得食用。改善环境卫生，清理厂房内外的废料和垃圾，检修盥洗室，打扫厕所，并大力向职工及家属进行卫生宣传教育工作，作好个人卫生；保证供给车间工人足够的开水，健全车间饮水制度，采用河水、井水为水源的单位必须实施消毒。

各地劳动、卫生行政部门及工会组织，应根据上述要求，结合当地具体情况，确定夏秋季检查重点，订出计划，充分发动群众，依靠群众进行检查，并及时做出总结上报。

11. 中华人民共和国建筑工程部城市建设总局 中华人民共和国劳动部 中华人民共和国卫生部 中国建筑工会筹备委员会 关于做好冬季施工中安全卫生工作的联合通知

1955 年 11 月 8 日

自从建筑工程部、劳动部、卫生部及建筑工会筹备委员会曾在一九五四年十一月联合发布了《关于做好冬季施工中安全卫生工作的通知》后，大部分的建筑单位在去年冬季施工准备阶段及施工过程中，曾编制了冬季施工安全措施计划，制订了冬季施工安全技术规程，组织了冬季施工安全技术的训练，整理及补充了必要的消防用具及劳动保护用品，并进行了定期的或专门性的安全卫生检查工作。同时，有些地区的建筑、劳动、卫生及工会等部门也曾组织了专门性或一般性的检查组，具体地督促协助建筑单位进行安全卫生大检查及复查工作。通过这些工作，发现和解决了不少安全卫生上存在的问题，对保证冬季施工任务的全面完成，起了很大的作用。

但仍有少数地区和一些建筑单位，由于对这项工作重视不够，经验不足，个别单位由于有了一些经验，产生自满情绪，以致忽视了冬季施工的全面准备，放松了对安全卫生工作的具体领导；并因此造成现场工作混乱，事故不断发生，特别是火灾、中毒、触电、倒塌、冻伤等事故的发生，不仅延误工期，而且使国家财产受到重大损失。有些地区只注意了施工现场安全，而忽视了职工住宅区的安全卫生问题，也造成了严重的职工伤亡和财物损失。

为了使今年的冬季施工能够顺利地进行，并保证建筑工人的安全和健康，各建筑单位除应认真贯彻执行去年的《关于做好冬季施工中安全卫生工作的通知》外，并应根据各地区各建筑单位的工程特点和施工方法，切实做好以下几项工作：

（一）防止火灾

（1）加热用的电极和电炉的电线必须采用绝缘电线，并应将电线用绝缘瓷瓶固定在杆子、脚手架或其他活动支架上，不得在木屑、稻草及其他可燃的结构物上直接布线。

（2）在模板中采用棒形或弦形电极时，电极的最大温度不得超过八十摄氏度。

（3）照明用的灯泡和灯头必须与易燃物隔开。

（4）采用木屑石灰作保温材料时，必须正确掌握木屑与石灰的掺和比。生石灰与其他易燃材料（木屑、稻草、麻刀等）隔离存放，以防引起自燃。

（5）实行爆破作业后，应指定专人进行周密的检查，以免残余的导火线等落入易燃物中引起火灾。

（6）电石应装在封闭的金属桶中，并存放在独立、不采暖、干燥和具有自然通风的仓库内。

（7）现场一切拆卸的模板、废弃的刨花、木屑、树皮、废油布及油丝绵等必须在工作完结后及时清理，并堆积在指定的地方。

（8）通往各建筑物、临时仓库及材料堆集处所的道路必须保持畅通，以保证消防车辆及消防人员的通行。

（9）各工地内应按不同的场所，设置合用的消防设备，对消防水箱、水管、水栓等应做好保温措施，以防冻结。

（二）防止触电

（1）电热法施工所用的一切电气设备，均应符合强电流电气设备装置规定的要求。

（2）使用电热法施工时，除检查电线、电极及测温工作外，禁止在已通电地区进行混凝土浇灌、浇水及拔电极等任何工作。

(3) 用电热法加热已浇灌的钢筋混凝土结构时，对于与加热地段相连接的钢筋应有良好的防护性接地装置。

(4) 供电热使用的各种电线，均应为绝缘线，并禁止将电线直接搭挂在钢筋或脚手架上。

(5) 电热地段应加设围栏，围栏与电热地段的距离至少应为三公尺，围栏的四周并应悬挂“注意危险”的标志，夜间应有红灯示警。

(6) 在每次挪动电热设备后，均应由现场的电气工作人员检查电线绝缘情况和设备的保护装置，如有破损应立即修理，在未修好前禁止再次使用。

(7) 在实行电热法施工前，对于一切参加电热法施工的工人及工程技术人员均应施以电气安全常识训练，使之熟悉有关的电器安全技术规程。施工中，并应有值班电工参加工作。

(三) 防止倒塌

(1) 在坑、沟的上方搭设暖棚时，应设法加强支撑，以防止冻土受热溶解后的塌方现象。

(2) 挖掘土方时，应注意土壤的稳定状态。临近解冻时，所有露天的坑道和地沟壁均应及时加固。

(3) 使用冻结法砌筑砖石结构时，应特别注意在砂浆解冻期间对砌体的检查及加固工作，以防结构的倾斜或倒塌。

(四) 防止烫伤

(1) 蒸汽加热用的蒸汽管、贮料槽或蒸汽套，均应有良好的隔热及防止漏气烫伤的措施，不得用临时的容器（如罐子、槽子、生铁管子等）实行通汽作业。

(2) 蒸汽针的顶端及与送汽胶管连接处必须良好牢固，并需注意保持气压的正常，最好能使用低气压。

(3) 负责开放蒸汽管道门阀的人员应戴能隔热的手套，非专责人员不得任意触及管道和放汽门阀。

（五）防止中毒

（1）进行装料、搅拌漂白粉溶液的操作室，应以不透气的墙壁与邻室隔开，并应有局部的抽风装置。

（2）调制漂白粉的水溶液的温度不应超过三十五摄氏度，以防止在调制氯化水的过程中，由于氯气的大量分解，引起工人中毒及其他意外事故，从事调制氯化水操作的工人应有良好的防毒用具。

（3）漂白粉应贮藏在密闭的器具内，并放置在干燥的场所中。

（4）在建筑物内部抹灰需用火炉或火盆烘干时，看管火炉的人员，禁止在室内睡眠或作长时间的逗留。

（六）预防冻伤病

（1）对露天作业工人，应适当供给有效的防冻油膏。

（2）工棚门口应增设避风防寒设备，以防止冷风侵袭，保持室内温度。

（3）发动职工做好工地及工棚的环境卫生，注意饮食卫生。

各地城市建设局（建筑工程局）、劳动局、卫生局及建筑工会、建筑工程部各管理总局、专业总局、直属公司、洛阳工程局，可按照上述要求，结合当地具体情况，发布冬季施工安全卫生工作的具体部署，在冬季施工准备工作期间及施工过程中，组成一般性的和专门性的检查组，对冬季施工中的安全卫生工作进行督促检查，总结经验和及时推广经验，以做好今年冬季施工安全卫生工作，并须于一九五六年三月底分别向上级主管机关作总结报告。

附：

一九五四年关于做好冬季施工中安全卫生工作的通知

1954 年 11 月 8 日

为逐步改变建筑工业的季节性，争取全年作业，加快工程进展速度，今年将有许多重点工程进行紧张的冬季施工。但是冬季气候严寒，工人的操作条件和现场的施工管理均较其他季节复杂和困难，如果不能在防寒、防火，防止伤亡、疾病、中毒等方面采取有效措施，不仅要危害到工人生命与国家财产的安全，甚至可能影响到工程建设任务的全面完成。因此，各建筑安装单位必须根据下列各点在进行冬季施工准备工作的同时做好安全卫生的准备工作，并须注意加强施工管理中的安全卫生工作。

（一）一切工作棚、宿舍、仓库、脚手架、高压电线等临时设备，均应在进入冬季施工前进行一次检查，对折裂、腐朽、缺损等不合规格、不能保证安全的设备，应即进行修补、加固或更换。

（二）凡施工使用的脚手板、盘道板、跳板与交通运输道路，均应随时清扫积雪，并采取必要的防滑措施。

（三）各寒冷地区应视当地寒冷程度发给露天作业工人以必要的防寒用品，对露天作业场所设置挡风墙及暖棚等设备，并在工作地区附近设置有取暖设备的休息处所。

（四）冬季天气阴暗，昼短夜长，应加强施工作业场所和交通运输道路的照明设备。

（五）爆破冻土时，应设置明显标志和必要的防护设备。在解冻期到来前，土方工程应按土壤性质保留一定的边坡或加设支撑，以防解冻时发生塌方事故。

（六）在严寒气候下应加强机械设备的经常维护与检查，以防止机油冻结和机件在受到震动或较大应力时发生折断现象。

（七）火药储藏地点应保持一定的温度，以防火药冻结，并严禁用火烘烤冻结的火药。

（八）为预防：乙炔发生器安全装置（保险壶）受冻时失去防止气焊（气割）因回火而发生爆炸的效用，该装置内可使用氯化钠（食盐）或氯化钙的水溶液（氯化物有腐蚀性，应注意检查“保险壶”内因受腐蚀而发生的漏气现象）。气瓶减压器冻结时，应用热水或蒸汽解冻，严禁用火烘烤。

（九）为防止施工现场使用的绝缘胶皮、绝缘电线等因受严寒侵袭而发生破损现象，必须加强维护和检查。

（十）在进行电热法施工时，必须指派熟练的电气技工参加操作，禁止与电热工作无关的人员进入工作地段。电热区工作人员均应着用绝缘胶鞋及胶皮手套。在电热施工地段，应规定送电信号和悬挂通电标志。

（十一）进行汽热法施工时，应采取必要的措施，以防止工人被蒸汽或配汽设备烫伤。

（十二）使用氯化钙时，工人应戴防护眼镜及手套。

（十三）室内、室外取暖设备及电气设备的安置均应合乎安全要求。一切火炉、火墙、电气设备等与易燃物品之间，应保持适当距离或加以防护。

（十四）凡室内外或工棚使用的火炉、火墙等设备均应装设烟囱或其他排烟装置，并应经常清除或检查，防止烟道、炕洞堵塞或漏烟等，引起中毒。

（十五）气焊、电焊机铆钉作业场所的周围，应清除易燃物品或设铁板、接火盘等防护设备。

（十六）各工地现场应根据需要建立和加强消防组织，订立健全的防火制度，检修或增添消防设备，防止消防用水冻结。并加强职工及其家属的防寒、防火、防止煤气（一氧化碳）中毒的教育。

（十七）各施工单位应做到使工人吃得热、睡得暖，并有足够的开水喝。

（十八）加强施工现场、宿舍及工人个人的清洁卫生工作，注意防止感冒的流行，做好灭虱工作以防止斑疹伤寒、回归热等疫病的发生。

一切建筑单位在编制冬季施工组织设计时，应参照上述要求，根据工程特点、施工进度、施工方法和平面配置等，全面的考虑安全问题，并编制出安全措施项目。对冬季施工中一般性的属于吃喝住及工人个人生活中的安全卫生问题，应列入单独的安全卫生工作计划。通过逐级负责、健全安全卫生制度，注意经常检查，做好依靠群众、发动群众、教育群众的工作，使全体职工充分认识到冬季施工安全技术工作的重要性，严格遵守安全操作规程和安全制度，做到安全施工，保证工程任务的顺利完成。

各地建筑工程局、劳动局、卫生局、建筑工会等部门，可结合当地气候及建筑特点，发布本地的冬季施工安全卫生办法，并应在冬季施工开始以前和冬季施工中间，组成一般的或专门的检查组，对建筑工地的冬季施工准备工作和安全卫生措施计划执行情况进行督促检查。

中央人民政府建筑工程部
中央人民政府劳动部
中央人民政府卫生部
中国建筑工会筹备委员会
一九五四年十一月八日

12. 中华人民共和国劳动部 中华人民共和国卫生部　中华全国总工会 关于做好冬季安全卫生工作保证冬季安全生产的联合通知

1955 年 11 月 16 日

做好企业的冬季安全卫生工作，建立安全卫生的劳动条件，是可以避免冬季伤亡事故和疾病，以利于胜利完成国家生产计划的，这已为历年的经验所证明。去年冬天大多数厂矿企业按照上级机关的布置，发动群众进行了安全卫生检查，积极的解决检查出来的问题，对防止事故和疾病、保证安全生产起了很大作用。但少数厂矿企业中，还有的对此认识不够，轻视季节性安全卫生工作，没有认真地及时地进行检查；有的则满足于已有成绩，对冬季安全卫生工作估计不足，以致天气骤冷后，才忙着开始准备。由于过冬工作没有做好，因而疾病增加，影响生产，今年必须加以纠正。目前，有些地方和产业部门已及时对今冬厂矿企业安全卫生工作做了布置，但大多数地方和产业部门仍未动手准备。因此，希未进行准备的产业主管部门根据本通知的要求，结合本产业的特点，抓紧时间向所属厂矿布置冬季安全卫生工作；厂矿企业应发动与依靠职工群众开展工作，检查中注意解决下列问题：

一、严防火灾及爆炸事故。冬季物干风烈，取暖火源增加，稍疏防范，容易发生火灾和爆炸事故，因此，厂矿企业除应检修生火设备，建立和健全防火制度外，对破旧电线应进行检修，易燃物与电线须保持适当距离，如电线必须从易燃物通过时，应加设磁管装置；加强对临时供电的管理和检查制度，以防发生短路、过负荷等现象而引起火灾。清除气焊作业场所周围的易燃物，由于工作需要不能移动者应加适当遮蔽；高空焊接时应设接火盘等防火设备。冬季在露天进行焊接、切割工作时，氧气瓶的截门和减压器的活门如被冻结，应用浸有热水的布或热水解冻，禁止用火烘烤；严寒地区可在减压器前安装预热器。对储存雷管、炸药等爆破材料的仓库尤应注意其是否合乎安全要求，此种仓库内冬季温度不得低于十摄氏度，并应有水热或汽热等设备保温，禁用明火设备（如火炉）取暖；冻结的火药严禁用明火烘烤，对仓库的管理人员应进行专门训练或安全教育。此外，建立爆破材料的保管、试验、领发、搬运、使用、加工和销毁等制度；已建立制度的单位应检查执行情况，发现问题后迅即加以改进和解决。

二、防止一氧化碳中毒。检修瓦斯发生装置及瓦斯管道，勿使漏泄瓦斯；生产过程中有一氧化碳产生的设备部分应尽量密闭，并在生产场所上部开设出气口，以利一氧化碳排出。车间、职工宿舍如用火炉取暖，应安设通达室外的烟筒，并经常清扫疏通烟道；不能安装烟筒的火炉，在生火与炉火将灭时，应移置室外，避免在室内散放一氧化碳，同时仍须注意室内的通风换气。此外，更重要的是大力向职工及其家属进行防止一氧化碳中毒的宣传教育，使其懂得如何防止中毒事故的发生。

三、预防感冒。冬季气候容易发生感冒，故在寒冷季节感冒患者每较其他疾病为多，特别是流行性感冒传染更快，因而影响职工健康，对出勤率的影响也最大。为防止这种现象产生，厂矿企业应做好防寒工作，对车间、职工宿舍及其他生活用室进行一次检查，修缮门窗，杜绝隙风；为保持室内适当温度，可按需要与可能的原则增设外室、棉门帘或其他挡风门窗；对严寒地区野外与露天作业的工人应配发工作服等防寒用品或设置暖棚作为间歇休息取暖之用。此外尤须注意改进食堂管理和饮食卫生；对流行性感冒病人应早期进行隔离治疗。企业并应分配出适当的时间，大力向职工及其家属进行防止感冒的宣传教育，使职工能自动的做好预防工作。

各省（市）劳动、卫生部门及工会组织应本上述要求，结合当地具体情况进行监督检查，切实加以贯彻，并于明年二月底以前将这工作总结上报。

13. 劳动部《关于防止沥青中毒的办法》

(56)中劳护字0024号

1956年1月31日

兹将国务院一九五六年一月二十六日（56）国密曾字第10号批复同意的《关于防止沥青中毒的办法》公布施行。

附一：

关于防止沥青中毒的办法

经国务院一九五六年一月二十六日批准，劳动部一九五六年一月三十一日公布：

第一条　为了预防沥青的装卸、搬运和使用中的中毒事故，保障工人的安全和健康，提高工作效率，特制定本办法。

第二条　本办法的适用范围：

（一）沥青（煤焦沥青、石油沥青）的装卸和搬运；

（二）含有沥青的制品（油浸的枕木、电杆和涂沥青的钢铁管等）的装卸和搬运；

（三）基本建设中使用沥青的工作（建筑物的防水处理、柏油路的铺垫、沥青的熬炒等）。

第三条　待运的沥青应由生产单位根据具体情况，分别采用铁桶、条筐或竹筐内衬纸、双层草袋包装。或采用其他经试验有效由当地劳动行政部门报请中华人民共和国劳动部批准的包装。

第四条　凡用机械装卸、搬运并能保证工人不与沥青直接接触时，可采用散装。

第五条　沥青的各种包装必须完整牢固，不使粉末散漏。包装外面应标明“煤焦沥青”或“石油沥青”。

第六条　托运沥青部门在托运前，承运部门在承运时，应检查沥青的包装：如有不合上述规定者，应由托运部门设法改善后，方可办理托运；如托运部门对改善包括装有困难时，承运部门应在可能条件下予以协助，其费用由托运部门负担。

第七条　托运部门应于托运前，将沥青或含有沥青的制品名称、数量、性质、包装方法及应注意的防护事项用书面通知承运部门。

第八条　装卸、搬运及使用沥青的单位应于每次工作开始前，将沥青工作的注意事项向工人说明并随时检查防护用品佩戴情况。在工作现场应有专人负责指导工作的进行。

第九条　装卸、搬运沥青或含有沥青的制品应尽量使用工具（如货车、手推车等）或机械。装卸、搬运的全部过程中，如有散漏粉末的情况，必须洒水湿润。

第十条　船舱、仓库及其他通风不良的操作场所，须在排除沥青的粉尘、蒸汽并保持经常通风的情况下，始得进行沥青工作。

第十一条　煤焦沥青的装卸、搬运应在夜间或无阳光照射下进行。石油沥青及铁桶装的煤焦沥青的装卸、搬运一般可在白天进行，但在炎热的中午时间内应停止工作。

第十二条　火车、轮船的装卸，用机械的装卸、搬运以及基本建设中使用沥青的时间，在加强防护措施并确有保证的情况下，可不受第十一条规定的限制。

第十三条　对从事装卸、搬运和使用沥青及含有沥青制品工作的工人，应根据季节、气候与作业条件给予适当的间歇时间；间歇时间应按工作时间计算。

第十四条　对从事装卸、搬运、使用沥青及含有沥青制品工作的工人，应由其隶属的行政方面供给下列防护用品：

（一）坚实的棉布或麻布的工作服，其式样应适合于防止沥青粉尘的侵入；

（二）带有披肩的头盔（供装卸工人使用）；

（三）防护眼镜；

（四）帆布手套及帆布鞋盖（常穿草鞋的地区应加发布鞋）；

（五）防护口罩（沥青熬炒工人应有过滤式呼吸器）。

上述防护用品，应由行政方面经常洗涤检查，保持洁净完整。

第十五条　工人从事沥青工作时，应着用全副防护用品；对外露皮肤和脸部、颈部，应遍涂防护药膏；工作完毕，必须洗澡。

第十六条　凡经常进行沥青工作的现场，必须设置足够的温水淋浴；对于偶尔进行沥青工作的现场，可准备简单的洗澡用具，并均须备有洗脸肥皂与毛巾。

第十七条　工人的便服和防护用品，应分别存放。

第十八条　经常装卸沥青和含有沥青制品的城市，可成立专门装卸沥青队或小组，并指定装卸沥青的专用地点（如月台、趸船等）。

第十九条　凡皮肤病患者或结膜疾患者，以及对沥青过分敏感的工人，不得从事沥青工作。

第二十条　凡装卸过沥青及含有沥青制品的车辆（专用车辆除外）、船舱，均应施以彻底的清扫与刷洗。

第二十一条　本办法自公布之日起施行，解释权属于中华人民共和国劳动部。自施行之日起，中央人民政府劳动部一九五二年十二月十七日公布的《关于防止沥青中毒办法》即行废止。

附二：

劳动部关于修改《关于防止沥青中毒的办法》的说明

一九五三年以前，沥青中毒的事故经常发生，其中搬运中事故最为严重。这主要是由于当时沥青的包装不良、供工人使用的防护用品和卫生设备缺乏以及搬运部门忽视对工人进行经常的安全教育等原因所造成的……

为了改变这一严重情况，前政务院于一九五二年十二月十七日发布了《关于防止沥青中毒事故的指示》，批准并公布了中央劳动部草拟的《关于防止沥青中毒办法》。两年多以来，由于各有关部门的努力以及各地劳动、卫生行政部门和工会组织的检查督促，该办法的推行，已收到显著的成效。根据现有材料，搬运沥青中毒的人数逐年减少，如一九五三年比一九五二年减少百分之六十七。一九五四年又比一九五三年减少百分之八十一，这对保障工人的安全和健康，完成沥青的运输任务，均起了积极作用。

但由于原订办法的某些条文规定得过严，对各方面的具体情况考虑不足，未能根据煤焦沥青、石油沥青和含有沥青制品的毒性轻重分别提出不同的要求，因而造成了贯彻执行中的一些困难，如在包装规格、工作时间、搬运方法、防护用品等方面的规定有些不够恰当，提高了沥青的成本，甚至影响了沥青的及时装运。这说明了前所公布的《关于防止沥青中毒办法》已不能完全适应实际工作的需要，应做必要的修正。

为此，我部根据中央各有关部门的意见，结合了两年多来各地施行中的经验，并参照"……一九五三年关于沥青工作劳动保护办法"，对原办法进行了修改。兹将修改内容摘要说明如下：

一、原办法系适用于沥青的生产、装卸、搬运和使用四个方面，但鉴于沥青及含有沥青制品的生产均系在专门的工厂中进行，其生产过程中安全卫生的要求，已有《工厂安全卫生条例》作出总的规定，此类工厂亦应受该条例的管束，因之，新办法中就不再包括沥青及含有沥青制品的生产，而将其适用范围明确规定为沥青及含有沥青制品的装卸、搬运和使用的三个方面（第二条）。

二、原办法中对沥青，仅规定采用"铁桶、条筐内衬蒲席（或草袋）和纸的包装，近途运送得适当采用双层草袋"，没有考虑到各地还有其他的包装材料：如西南、江浙的竹筐、北方的麻袋、华南的席包、蒲包等，均为良好的包装材料，价格亦较低廉。为了便于生产部门就地取材，新办法中除将几年来行之有效的几种包装（如铁桶、条筐或竹筐内衬纸、双层草袋）明确规定外，还规定了可以根据就地取材的原则，采用经生产部门试验有效的包装，但为防止对包装的简陋处理，避免托运承运双方发生纠纷，此类包装须经当地劳动行政部门报请中华人民共和国劳动部批准。鉴于石油沥青所含毒性较煤焦沥青轻微，根据节约与不使粉末散漏的原则，其包装可根据较煤焦沥青适当简化的原则进行试验，报请核定，以降低沥青的成本（第三条）；同时，根据目前有的车站、码头已在逐步采用机械装卸、搬运情况，新办法中又作了“凡用机械装卸、搬运并能保证工人不与沥青直接接触时，可采用散装”的规定（第四条）。

三、沥青受光感作用时能影响人体健康，因而沥青的装卸、搬运一般应在不受日光照射的时间内进行。原办法中曾规定了春秋两季的工作时间在早六时前，晚八时后；夏季在早五时前，晚九时后。但由于我国地区辽阔，同一季节各地气温相差很大；另一方面，石油沥青与煤焦沥青毒性程度不同，在工作时间上作统一的规定，是不切合实际的。为此，新办法中规定“煤焦沥青的装卸、搬运应在夜间或无阳光照射下进行。石油沥青及铁桶装的煤焦沥青的装卸、搬运一般可在白天进行，但在炎热的中午时间内应停止工作。”这样，既便于各地灵活掌握，又利于沥青的顺利运送（第十一条）。

同时，为了不影响火车、轮船的“快装、快卸、快运”以及基本建设工作的正常进行，新办法中规定，火车、轮船装卸沥青的时间，基本建设中使用沥青的时间，在加强防护措施并确有保证的情况下，可以不受限制。这样的规定，是符合实际需要的（第十二条）。

四、沥青的烟气与粉尘能刺激皮肤及呼吸器官，因而规定工人必须穿戴防护用品，保证不与工人身体直接接触是完全必要的。但原办法中对防护用品的规定，有的要求偏高（如规定供给工作服外，又发专用衬衣）；有的不切实用（如皮靴不适于登高作业）；有的因购买不易（如过滤式呼吸器）或缺乏标准，各地执行不一，如有用胶皮衣裤者，有用防毒面具者，均闷热难受，工人多不愿使用。为此，我们参照……的经验，在新办法中规定了防护用品的最低要求；对于其质料、式样亦作了较明确的规定。这样既容易购置，又可达到防护目的（第十四条）。

五、关于沥青的装运，均系机械操作。我国目前主要用人力。原办法“严禁一人肩扛”的规定，旨在利用工具搬运或两人抬运，以免工人与沥青直接接触。

但鉴于我国现有站台、码头、仓库、堆栈，有的地点拥挤，有的通路狭窄，抬运均多不便，单人肩运的情况相当普遍；而另一方面，有的装卸、搬运作业场所又在逐步采用小型机械，因此，新办法中进一步明确规定“应尽量使用工具或机械”(第九条)；同时，为了照顾因场地限制、使用工具或机械确有困难的情况，就不再作“严禁一人肩扛”的规定。但为防止单人肩扛时沥青粉末可能与人体接触，在防护用品的规定中增添了“带有披肩的头盔”（第十四条)，以加强防护。

六、此外，新办法中对托运手续、操作环境以及工人工作后的卫生要求亦根据实际需要，作了必要的修改和补充（第六条、第七条、第十五条、第十六条)。

附：

怎样防止沥青中毒

劳动部劳动保护司

为了配合劳动部修改的《关于防止沥青中毒的办法》的公布，我们汇集了这篇材料，供大家参考，但以时间所限，研究不够成熟，还希望大家提出补充、修改的意见。

沥青是什么

沥青主要可以分为煤焦沥青、石油沥青和天然沥青三种；

一、煤焦沥青：煤焦沥青是炼焦的副产品，即焦油蒸馏后残留在蒸馏釜内的黑色物质。它与精制焦油只是物理性质有分别，没有明显的界限，一般的划分方法是规定软化点在二十六点七摄氏度（立方块法）以下的为焦油，二十六点七摄氏度以上的为沥青。煤焦沥青中主要含有难挥发的蒽、菲、芘等。这些物质具有毒性，由于这些成分的含量不同，煤焦沥青的性质也因而不同。温度的变化对煤焦沥青的影响很大，冬季容易脆裂，夏季容易软化。加热时有特殊气味；加热到二百六十摄氏度在五小时以后，其所含的蒽、菲、芘等成分就会挥发出来。

二、石油沥青：石油沥青是原油蒸馏后的残渣。根据提炼程度的不同，在常温下成液体、半固体或固体。石油沥青色黑而有光泽，具有较高的感温性。由于它在生产过程中曾经蒸馏至四百摄氏度以上，因而所含挥发成分甚少，但仍可能有高分子的碳氢化合物未经挥发出来，这些物质或多或少对人体健康是有害的。

三、天然沥青：天然沥青储藏在地下，有的形成矿层或在地壳表面堆积。这种沥青大都经过天然蒸发、氧化，一般已不含有任何毒素。

煤焦沥青和石油沥青中既在不同程度上对人体有毒害，所以就必须加以防范。中华人民共和国劳动部公布的《关于防止沥青中毒的办法》中所讲的沥青，即系指上述两种沥青而言。

沥青的用途：沥青大量应用于铺垫马路与建筑物的防水处理，如敷造屋顶，制造油毡、枕木、电杆的防腐，钢铁管的防水薄层等。特硬沥青也用作电气绝缘材料及橡胶产品的填充剂。

沥青为什么会使人中毒

由于沥青中含有各种有机挥发物，这些物质能刺激人体与皮肤。其中对人体危害性较大的有以下几种：

一、吖啶：吖啶对皮肤及黏膜均有刺激性。其尘粒及气体极易使人打喷嚏，皮肤与之接触时有发痒及烧灼感；吖啶是光感作用的重要因素，故在阳光下接触时症状更加剧烈，这种物质在石油沥青中几乎不存在。

二、酚类：主要是石碳酸，对人体组织有强烈的腐蚀作用，与皮肤、黏膜接触时，能造成严重的烧伤，引起皮肤及黏膜发炎。

三、苯：苯是煤焦油的一种重要成分。苯的蒸汽可使人发生头痛、晕眩、抽搐及昏迷等症状。

四、吡啶：对皮肤有较强的干燥作用，易引起皮肤炎及眼炎。甚至使人呼吸及脉搏增快、头痛、恶心等。

五、萘：萘是煤焦沥青的一种主要成分。其气体能引起头痛、恶心、呕吐并且损害角膜上皮；刺激皮肤时引起皮肤炎。

上述挥发性物质，经过一定的时间，在一定的温度下就会自然地、逐渐地从沥青中挥发出来，凝留在沥青表面上或混在空气中。如果包装不良或防护不周，就会使人中毒。

煤焦沥青由于提炼不完善（大多由炼焦炉出来而不再经严格蒸馏），其中所含上述挥发性物质甚多故其毒性较大。石油沥青因在泵油中含上述成分就很少，加之经过近代化石油精炼厂的严格蒸馏后，能挥发的物质就极少。故一般来讲，石油沥青的毒性要比煤焦沥青轻微得多。但其中仍可能有其他碳氢化合物存在，对人体健康仍有妨碍。因此，对这两种沥青均应注意防护。

沥青如何使人中毒

在一般的情况下，沥青（煤焦沥青和石油沥青）中毒是通过以下三种方式引起的：

一、由于沥青中的挥发性物质在常温下的挥发，以及因沥青加热所发出的烟气接触人体表皮或黏膜，便会引起中毒。在油毡的制造过程或熬炒沥青时，易发生此类中毒。

二、沥青（特别是较硬沥青）的粉尘附着在人体表皮上，便会堵塞皮肤的毛囊而引起皮肤中毒。在碎沥青的堆积或包装过程中，易发生此类中毒。

三、沥青（特别是软沥青或熔融的沥青）直接粘附在皮肤或黏膜上而引起中毒。

沥青中毒的症状：

一、急性中毒：急性中毒的作用，即光感作用。光感作用是由于某种物质与光的照射共同作用于人身体时，能使人体发生特异的疾患。这种因光能的病原作用就叫作光感作用。

沥青的光感作用主要决定于沥青中含吖啶的多少。煤焦沥青含有吖啶，其光感作用较强；石油沥青中似不存在吖啶，故其光感作用极小。

例如，工人在太阳光的直接照射下做数小时的沥青（尤其是煤焦沥青）工作，身体裸露部分沾染了沥青粉尘或烟气，因光感作用的结果，即易发生急性中毒。急性中毒的一般症状是：急性红斑、皮肤炎及眼炎，或引起全身症状（如头痛、恶心、倦怠、体温上升等）。如一九五一年八月，上海工人在卸运船舱内的沥青时，因舱内温度高，工人多摘下了防护用具。工作中经太阳曝晒的结果造成三十八人的中毒事故。中毒的工人有的两眼红肿。患急性眼炎，面部、脖颈以及手、腿等外露部分的皮肤也显出红肿、痛痒及烧灼感；重者除患皮肤炎外，还有口渴、恶心，甚至呈虚脱现象。

二、慢性中毒：经常与沥青接触的工人，虽然是少量的接触，或者在开始时并没有明显的中毒现象，但是长时间以后，由于毒物的继发性作用，便形成慢性中毒。在此种工人（如焦油车间工人）的皮肤上常常出现粉刺、黑痣、毛囊炎、落屑及脓包等现象，甚或引起角化症、乳头瘤及上皮肤癌等症状。由于接触沥青所引起的“皮肤瘤”发病很慢，往往容易被人忽略，但这正是职业病的预防上所应注意的问题。

怎样防止沥青中毒

沥青虽然对工人身体健康有害，但只要能找出发生中毒的原因，采取有效的预防措施，是完全可以防止中毒的。预防沥青中毒应从以下几个方面着手：

一、操作过程的机械化是预防沥青中毒的根本措施。因之，企业部门为使工作人员不接触或少接触沥青及含有沥青制品，就应当在装卸、搬运、使用、堆装等操作过程中，尽可能使其机械化或以其他机械代替人力作业。如鞍钢焦厂以前把熔融的沥青直接通入露天的沥青池中，让它冷却后，再用铁锹铲出来包装或者以人力扛上火车。这样，不仅需要的工人多、花费的时间大，同时在通入池中进行冷却时有很浓的沥青蒸汽发散；在用铁锹将固体沥青铲起时，又有许多沥青粉尘飞扬起来。后来他们将熔融的沥青先冷却成块状，用履带运输机把沥青直接装入火车，再由专用车直运使用地点。由于整个装运过程的机械化，就避免了沥青中毒事故的发生，而且也提高了工作效率。

在熬炒粉碎沥青以及将沥青与别种物品混拌等操作过程，也应该利用机械和工具，并须使用密闭的装置。

二、在沥青加热过程中应在通风不良的场所安装局部通风、抽气装置，以消除沥青的烟气与粉尘。轮船的货舱中温度较高，容易使沥青熔化，蒸发出来的气体会使人中毒。如一九五一年某轮到达上海起卸沥青时，发现原来堆放在货舱中的沥青已熔成一片“柏油路”，工人只好用镐、锹来铲，造成沥青粉尘，加之舱内温度高，原来已有大量沥青烟气聚集，结果造成个别中毒事故。如果能在存放沥青的舱内安设通风装置，就可以避免那次中毒事故的发生。在熬炒沥青时，应将锅的上方安设一个抽气罩。使沥青蒸汽经过管子排除出去，操作的工人也就不致因气体的聚集而发生中毒了。

三、为了避免沥青与人体直接接触，除了用机械装卸以外，还应当注意沥青的适当包装。根据几年来的经验，液态沥青用铁桶，固态沥青用竹筐或荆条筐内衬牛皮纸（牛皮纸的多少可根据运送远近、软硬程度、气候情况决定）或双层草袋包装比较好。当然，各地还可以就地取材采用其他的包装，如席包、蒲包等，但采用新的包装应该经过劳动部门批准。由于石油沥青毒性较轻，可将上述包装简化一些。

对于沥青的包装，应要求完整牢固，不使沥青粉末散漏。如有少量的包装不严密，发生散漏粉末的情况时，可将沥青表层洒水，使其润湿后再进行搬运。这样，也就能消除沥青粉尘的飞扬。

四、沥青中毒的发生和太阳光的照射有密切关系。工人在太阳光下操作，出汗多，沥青粉尘极易粘附在工人身上，特别是煤焦沥青，因光感作用较大，工人在烈日曝晒之下工作，极易造成中毒事故。因之，煤焦沥青的装卸搬运时间，应该放在无阳光照射的时间（如放在夜晚或无雨的阴天内进行）但铁桶装的煤焦沥青，因为包装比较严密，沥青渗漏的可能也比较少，所以其装卸、搬运工作可以在白天进行，石油沥青因光感作用较小，在常温之下，各种包装的石油沥青都可以在白天进行。但是在炎热季节的中午时间，极易挥发沥青烟气，所以在这段时间内应该停止沥青的装卸、搬运工作。

为了不影响火车、轮船的快装、快卸、快运以及基本建设中使用沥青工作的进行，在防护措施确有保证的情况下，在白天的任何时间内也可以进行沥青工作。

五、对从事沥青及含有沥青制成品的搬运、装卸、堆积等工作的工人应该给予适当的间歇时间。如果是在仓库、地下室、船舱等通风不良的地区内做人力搬运沥青的工作，或在熬煮、搅拌熔融的沥青以及铺垫柏油时，均应增加工人休息时间，或者实行轮班作业。

六、除采取以上措施外，还应发给工人足够的防护用具：

（甲）对担任沥青或含沥青制成品的装卸、搬运工作的工人，应发给以下的防护用品：1. 工作服，应具备的条件是：（1）为了不使粉尘侵入，应该用坚实的棉布或麻布制作；（2）工作服上应该有头巾，以便把头、颈、上胸部全部覆盖。最好是上下身连在一起，并能紧束袖口和裤管的，以防沥青粉尘侵入。2. 防护眼镜，能防止粉尘侵入眼睛。3. 防尘口罩，为防止沥青粉尘侵入口鼻，可以用五层以上的细纱布制成。4. 手套，最好是用帆布做的。5. 工人应当穿着鞋子工作，不得赤足，为了避免沥青粉尘从鞋口灌入，应发给帆布鞋盖。

（乙）熬炒、混拌沥青以及在加热情况下使用沥青的工人，应发给以下防护用品：1. 工作服，应能防止液体飞沫的沾染及粉尘的侵入。2. 防护眼镜，不应使用遇热即易熔解的化学玻璃片；为了防止厚玻璃表面遭受灼热沥青飞沫的损坏而影响视力，应在其前方嵌一层薄玻璃。3. 过滤式呼吸器，以防沥青挥发出的气体吸入口、鼻。4. 帆布做的长手套。5. 帆布鞋盖。铺垫柏油路面的工人最好穿木底靴，以防足底为热沥青烫伤。

所有的防护用具都应该保证有效、轻便和实用。过去有些单位备置的防护用具有的用胶皮衣裤、有全部用防毒面具，结果工人不愿穿，不仅不能起到应有的防护作用，反而造成浪费。这些都是今后应该注意的。

企业行政应该有专人负责对工作服及其他防护用具的分发、保管与检修工作。每次发给工人的服装等物应该是经过洗濯或消毒的，不然，下一班工人穿带上染有沥青粉尘、飞沫的工作服和其他用具时，也可能发生中毒。

其次，在卫生辅助设施方面，企业行政应该根据工人的多少设置够用的洗脸盆、软毛巾、洗脸肥皂及洗澡设备。

七、采用防护性软膏对预防沥青中毒是有很大作用的。

……工人常用而极为有效的一种软膏，叫作“XNOT-6”软膏。其成分为：食用胶百分之二点四，小麦（或马铃薯）淀粉百分之五点六，医用甘油百分之七十二，布洛夫液（即百分之八盐基性醋酸铝的水溶液）百分之二十。

配制方法：将2.4份食用胶放入20份冷水中静置半小时，使其膨胀，然后放入温度在五十至六十摄氏度的水槽中使其溶化。同时，将60份甘油放在另一容器中加热到一百摄氏度，加入胶溶液。另外用15份水和12份甘油与5.6份淀粉混合均匀，边搅拌边把这一溶液慢慢倒入上述甘油和胶的溶液中。在搅拌这些混合物时，须将温度逐渐增加到一百摄氏度直到它成为均匀的无色透明的物质为止。再将温度降低到八十至九十摄氏度，逐渐拌入布洛夫液。当这种混合物渐渐变稠时，可趁热倒入玻璃的木制的或铝制的容器中备用。

使用软膏时，应注意以下几点：1. 开始工作之前，须将软膏轻轻地擦在易受沥青侵害的皮肤上（如双手、前膊、颈项、面部）。2. 在工作中，如软膏被擦掉，须再次涂抹。3. 工作完了以后，用干净冷水和洗脸肥皂将软膏洗掉。4. 防护软膏应该在医生的指导下正确地使用。5. 各种软膏均应保存在普通室温下，密闭的玻璃或有瓷釉的器皿中，以防失效。

八、在教育和管理方面应注意以下问题：

首先，企业部门在布置沥青工作之前，应做好一切准备工作。如在运输沥青前，托运部门应将沥青或含有沥青成分制品的名称、数量、性质、包装方法以及应该注意的防护事项，用书面通知（不是仅用口头通知）承运单位，以便承运者事先有所准备。

其次，当企业行政在调配劳动力时，应该考虑到不叫患有皮肤病、结膜病以及对沥青刺激有过分敏感的工人参加沥青工作。在经常装卸、搬运沥青及其制品的地区，可以根据工人身体状况，把对沥青熟悉的工人组织一些专门做沥青工作的装卸队或小组。工人工作中，如有因沥青的刺激而发现皮肤潮红或皮肤炎时，应即停止工作，而调做其他的工作。

再次，企业领导应注意工人的安全教育工作，要在工人中间经常灌输一些防毒知识，制订安全操作规则。事实证明，凡装卸、搬运及使用沥青的单位，能在每次开始工作之前，把注意事项向工人讲解清楚，就会大大避免因工人不懂或疏忽大意而造成的中毒事故。

此外，在工作现场还应派有通晓沥青工作的专人负责指导，并随时检查工人佩戴防护用具的情况。

九、在工人方面，应该做到以下几件事：

第一，工作前，对应穿戴的防护用具都要细心正确地穿戴齐全，使每一种防护用品均能发挥它应有的作用。这样，才能完全避免沥青与皮肤的接触，达到防毒的目的。

在工作进行中，不要随便脱掉任何防护品，以防人体的某一器官受到侵害。更不能裸体赤胸地进行工作，因为这样是极易造成中毒事故的。如果因某种原因（如眼镜戴久了玻璃片上出现蒸汽影响眼睛看物）必须把防护品取下揩拭时，应请求旁人用清洁的手代作或重新佩戴。

第二，工人在工作以前，要把脸、颈、前膊等露在外面的皮肤普遍涂上防护软膏。使用软膏时先把手洗干净，用小木匙取出少量药膏，用手轻轻地擦在外露的皮肤上，直到皮肤上有了一层均匀的薄油层为止。皮肤上涂好了软膏以后，在工作中就不要随便揉擦了，因为这样就会破坏薄膜的完整性，从而减弱它的防护效能。如在工作中进餐或因其他原因将软膏洗掉时，则应在重新开始工作前再次敷涂。

第三，如果工人在装卸、搬运沥青或在露天熬炒沥青中遇到了刮风的天气，就应该站在上风头工作；如果风势过大，使沥青粉尘四处弥漫时，则应暂时停止此项工作。

第四，凡是接触沥青的工作，应该考虑是否有条件使用工具操作（如以筐抬、以棍、勺代替人的手搅拌等），而不直接用人体或手接触沥青。这样，可减少中毒机会。

第五，工作完毕后，先用清水（勿用热水）洗去软膏，再用洗脸肥皂（不要用洗衣肥皂）洗澡，并用软毛巾擦干身体，然后涂上一点润泽皮肤的油膏（如凡士林），换上自己的衣服回家，不要把工作服和其他防护用具带到家里去，以免家人受到沥青沾染而中毒。

14. 劳动部关于装卸、搬运作业劳动条件的规定

中劳护字第144号

1956年7月24日

一、为防止装卸、搬运作业中的伤害事故，保护工人的安全和健康，提高劳动效率，特制订本规定。

二、本规定适用于交通运输、工厂矿山及基本建设等企业单位。

三、企业单位应根据工人的技术、经验、体力及其特殊生理情况，调配工人与分配其工作。

四、企业单位应指派有经验的人员在现场负责指导装卸、搬运工作的进行。

五、女工以及年龄在十六周岁至十八周岁的未成年男工，其单位的负重量一般的不得超过二十五公斤；两人抬运的总重量不得超过五十公斤。

六、男工单人的负重量，最高不得超过八十公斤。

七、五十公斤以上的单位件货物，由一个人搬运时，应有人搭肩，必要时应有人卸肩。

八、八十公斤以上至五百公斤以下的单件货物，应使用手推车、滑板等搬运工具进行搬运。

九、五百公斤以上的单位件货物，应使用绞车、滑车、起重机等机械设备进行搬运。

十、装卸、搬运超过八十公斤的单件货物，如按第八条和第九条执行确有困难时，应组织多人抬运。

多人抬运时应在抬运工人中指定专人统一指挥。

两人抬运时，每人的平均负重量不得超过七十公斤；抬运的人数增多，其平均负重量应适当递减。

十一、单人负重五十公斤以上的货物，在平地上的搬运距离最远不得超过七十公尺；超过七十公尺时，须有人接替或用工具搬运。

在斜坡上（如跳板、楼梯、坡道等）进行搬运时，其搬运重量或搬运距离应适当缩减。

十二、装卸、搬运作业场所应保持整洁，道路应平坦；夜间应有足够的照明。

十三、供装卸、搬运使用的跳板应坚实牢固，搭设跳板的坡度不应大于一比三，并根据需要设置来回跳板和防护、防滑等设备。

十四、供装卸、搬运使用的工具和机械应由企业单位经常检查，保养，随时保持其完好状态。吊车、起重机等机械应由受过专门训练并经考核合格的人员担任驾驶。

十五、企业单位应根据工作需要，供给工人以披肩、垫肩、手套、口罩、眼镜、面具等防护用品。

十六、经常进行装卸、搬运作业的场所，应设有工人休息的处所和供给足够的饮水，并应备有简单的医药和急救设备。

十七、从事装卸、搬运工作的工人每次连续工作两小时后，应有不少于十分钟的间歇时间，间歇时间按工作时间计算。

十八、危险性物品的装卸、搬运，除遵照上述各项规定外，应该严格执行关于危险性物品的有关规定。

十九、企业单位可根据本规定结合具体情况，制订装卸、搬运作业的操作规程，并负责贯彻执行。

15. 卫生部　劳动部
关于实行《职业中毒和职业病报告试行办法》的
联合通知

(56)卫防齐字第873号

1956年10月5日

目前厂矿企业中的职业中毒和职业病的发生状况还是比较严重，为了及时掌握发病情况，进行防治，卫生部制订了《职业中毒和职业病报告试行办法》，自一九五七年一月一日起在全国直辖市、省（自治区）辖市试行（铁道部卫生局可参照本办法另行制订报告办法颁布施行），希望按下列几项要求在本年内作好试行的准备工作。

一、各省（自治区）卫生厅应首先确定试行本办法的城市，并督促做好准备工作，试行市卫生局应会同有关部门确定试行的厂矿，将名单报告卫生厅，抄报卫生部备案（直辖市报送卫生部）；同时要组织试行厂矿的医疗卫生人员和卫生防疫站的人员学习本办法和职业中毒与职业病的诊断、防治方法，并对厂矿的行政、工会和工人群众宣传解释实行本办法的意义，以保证本办法的顺利施行。

各省（自治区）市劳动部门应督促企业行政做好试行工作。

二、为使本办法和国务院发布的《工人职员伤亡事故报告规程》中规定的急性中毒调查办法在调查中不发生重复，再作以下补充规定：

1. 试行本办法的企业遇有工人职员因急性职业中毒事故丧失劳动能力满一个工作日和超过一个工作日的时候所进行的调查，应尽量会同市卫生防疫站共同调查，调查后分别填写“工人职员伤亡事故登记书”和“职业中毒和职业病调查报告书”，并分别按原规定报告程序报告。

2. 同时发生三人和三人以上的急性职业中毒，成为残废的急性职业中毒或中毒患者死亡时，试行本办法的企业行政也应将事故概况通知市卫生防疫站，由市卫生防疫站派员参加调查，调查后企业行政并应将“工人职员伤亡事故调查报告书”分送市卫生防疫站一份。此时市卫生防疫站应按上述调查报告书的有关各项填入“职业中毒和职业病调查报告书”内，并按原规定程序报告。

各省（自治区）市卫生部门和劳动部门，在试行本办法中遇有问题时应随时提出意见报知卫生部、劳动部，以便作为将来修改时的参考。

附：

职业中毒和职业病报告试行办法

（一）为及时了解和研究工业企业中职业中毒和职业病发生情况，以便采取必要的防治措施，保护工人健康，提高劳动生产率，特制订本办法。

（二）本办法暂在全国直辖市和省（自治区）辖市选择医疗机构比较健全的厂矿重点试行（如目前确无条件试行的市可暂缓试行）。

（三）最初进行诊断的厂矿医疗机构或其指定医疗机构（以下简称医疗机构），遇有下列病例发生时，应在发生后二十四小时以内，按附录格式向市卫生防疫站发出“急性职业中毒和急性职业病发病通知书”，以便采取紧急措施，消灭发病原因：1. 一切急性职业中毒；2. 热射病、热痉挛；3. 电光性眼炎；4. 潜函病；5. 职业性炭疽。

（四）遇有每一发生死亡或同时发生三名和三名以上的急性职业中毒病例，以及每一职业性炭疽病例发生时，医疗机构除发出“急性职业中毒和急性职业病发病通知书”外，还应立即用电话通知市卫生防疫站。

（五）市卫生防疫站接到通知（或电话）后，应在二十四小时内会同医疗机构医师（士）、厂矿企业行政、技术安全部门、工会等有关方面进行调查，并将调查结果及处理意见，按附录格式编制“职业中毒和职业病调查报告书”，以便按期督促厂矿企业进一步做好预防职业病的工作，防止同样事件的发生。

（六）医疗机构应将每月发现的慢性职业中毒、矽肺、慢性职业性皮肤病的新病例，按附录格式编写“慢性职业中毒和慢性职业病患者名单”，向市卫生防疫站报告。市卫生防疫站收到名单后应在七天内会同医疗机构医师（士）、厂矿企业行政、技术安全部门、工会等有关方面进行调查，并填写“职业中毒和职业病调查报告书”。

（七）医疗机构应根据调查报告的材料，按附录格式，对一切经过调查证实的职业中毒和职业病填写“职业中毒和职业病患者登记卡片”，以便经常掌握和研究职业中毒和职业病的动态，制订消灭的措施。

（八）市卫生防疫站应按医疗机构送来的登记卡片，按附录格式编制“职业中毒和职业病季报表”，将每季职业中毒和职业病发生情况向市卫生局报告，并按一定程序报送省（自治区）卫生厅和中华人民共和国卫生部。

（九）省（自治区）市卫生厅、局负责督促检查对本办法的认真贯彻和执行，省（自治区）市卫生防疫站应负责对各卫生防疫站的业务指导。

（十）各市可根据本办法制订实施细则，直辖市报送中华人民共和国卫生部备案，省（自治区）辖市报送省（自治区）卫生厅备案。

（十一）本办法由中华人民共和国卫生部公布实行。

16. 劳动部《关于保证新安装的蒸汽锅炉的安全运行的通知》

(57)中劳锅字第12号

劳动和社会保障部(原劳动部)

1957年2月27日

兹将劳动部《关于保证新安装的蒸汽锅炉的安全运行的通知》发给你们。请各产业部，各地方工业厅、局转告所属企业执行。各地劳动厅、局应监督当地企业执行，并将执行情况报部。

附：

关于保证新安装的蒸汽锅炉的安全运行的通知

锅通字第1号

劳动部锅炉检查总局去年曾检查了若干新建企业的蒸汽锅炉的运行情况，发现不少新安装的锅炉在保证安全运行的必要设备尚未具备，安装尚未竣工以及未经必要的检查及试验以前即投入运行，以致发生很多设备事故，造成设备的损坏，给国家财产造成了不应有的严重损失。例如：

1. 第二机械工业部所属七一八厂新安装的民主德国制Ⅱ型单气包水管锅炉(工作压力四十二公斤/平方公分，蒸发量二十五吨/小时)，于一九五六年十一月二十六日投入运行，因没有使用水位警报器，锅炉内有油，未进行试验并违反安全规程，使用仅二十天即发生了严重的设备事故，使设备遭到严重的破坏，全厂供暖中断，生产试制工作几乎全部停顿，据估计，仅锅炉本身损失即达五万六千元。

2. 青岛发电厂的捷克制九号水管锅炉，已于一九五五年投入运行，既无水位警报器，受热面管子、蒸汽管道及给水管道的焊接质量也未经检查，由于省煤器管子的焊接质量不良，到一九五六年初为止即已先后发生了六次设备事故。

3. 石家庄热电厂的锅炉的自动给水器及水位警报器尚未安装完竣即投入运行，联箱管子的焊接质量也未经检查，由于开始运行的前半个月内没有使用除氧器，遂使省煤器的蛇形管腐蚀达零点五公厘，若非及时采取了措施，将造成更大的损失。此外如炉墙温度高达一百一十摄氏度，没有水除灰等，都是应该在投入运行以前解决的。

4. 石家庄第二棉纺厂锅炉的蒸汽汇集器及蒸汽管道的弯管均使用有缝钢管(应为无缝钢管)，如发生破裂即须停炉而影响全厂生产，也可能使锅炉受到损坏。尽管存在以上缺点，仍投入了运行。

根据以上情况，为了保证新安装的蒸汽锅炉的安全运行，避免给国家财产造成不应有的损失。希望有关单位注意以下事项：

1. 新安装的蒸汽锅炉必须经过严格的验收，建立安装资料。设备必须完全符合设计上的要求，并且具备保证安全运行的必要设备（例如，水位警报器、自动给水器、电动联锁装置等)。

2. 新安装的锅炉，凡受热面管子、蒸汽管道及给水管道的焊接质量未经检查和未曾进行超压水压试验的，均不得投入运行。

17. 中华人民共和国打捞沉船管理办法

交通部

1957 年 10 月 11 日

第一条　为保证航行安全，加强沉船的打捞和管理工作，制定本办法。

第二条　除军事舰艇和木帆船外，在中华人民共和国领海和内河的沉船，包括沉船本体、船上器物以及货物都适用本办法。

第三条　下列沉船应当进行打捞：

（一）妨碍船舶航行、航道整治或者工程建筑的沉船；

（二）有修复使用价值的沉船；

（三）虽无修复使用价值而有拆卸利用价值的沉船。

第四条　严重危害船舶安全航行的沉船，有关港（航）务主管机关有权立即进行打捞或者解体清除，但是所采取措施应即通知沉船所有人，如果沉船所有人不明或者无法通知时，应当在当地和中央报纸上公告。

第五条　妨碍船舶航行、航道整治或者工程建筑的沉船，有关港（航）务主管机关应当根据具体情况规定申请期限和打捞期限，通知或公告沉船所有人。

沉船所有人必须在规定期限以内提出申请和进行打捞；否则，有关港（航）务主管机关可以进行打捞或者予以解体清除。

第六条　其他不属于第五条规定范围的沉船，沉船所有人应当自船舶沉没之日起一年以内提出打捞计划和完工期限，经有关港（航）务主管机关批准后进行打捞。

第七条　沉船所有人除遇有特殊情况向有关港（航）务主管机关申请延期并经核准外，在下列情况下即丧失各该沉船的所有权：

（一）妨碍船舶航行、航道整治或者工程建筑的沉船，在申请期限以内没有申请或者声明放弃；或者打捞期限届满，而没有完成打捞；

（二）其他不属于第五条规定范围的沉船自沉没之日起一年以内没有申请打捞；或者完工期限已经届满，而没有打捞。

第八条　有关港（航）务主管机关根据第四条规定所捞起的船体、船用器物、货物或者解体所得的钢材、机件等，在无法或者不易保管的情况下，可以作价处理。

沉船所有人自船舶沉没之日起一年以内，可以申请发还捞起的原物或者处理原物所得的价款，过期如不申请即丧失其所有权。

沉船所有人在领回原物或者价款时，应当偿还有关打捞、保管和处理等费用。

第九条　打捞和解体清除沉船必须经过批准，批准权限如下：

（一）五百总吨以上或者三百匹指示马力以上的沉船由交通部批准；

（二）不满前项规定的沉船，由有关港（航）务主管机关批准，并由各该港（航）务主管机关依其行政系统分别报请交通部或者有关省人民委员会备案。

第十条　未经过批准，任何人都不得擅自打捞或拆除沉船。偶然捞获的沉没物资应当送当地港（航）务主管机关处理，由各该机关酌情给予奖励。

第十一条　有修复价值而不严重妨碍航行安全的沉船，不得解体。申请解体沉船必须提出该沉船确无修复价值的可靠勘测资料。解体打捞或者清除机动船舶，不得在水下破坏主副机、锅炉等物，应当尽量完整捞起，并经有关港（航）务主管机关鉴定后，才可以处理。

第十二条　全国各地沉船勘测工作，由交通部打捞专业机构负责进行，但是有关港（航）务主管机关因业务上的需要，也可以自行勘测。其他机关、企业、个人必须经有关港（航）务主管机关批准才可以进行沉船勘测工作，并应将勘测结果抄送原批准机关。

第十三条　本办法经国务院批准由交通部发布施行。

18. 卫生部　劳动部　全国总工会
公布有关防止矽尘危害工作的四个“办法”的通知

(58)卫防齐字第169号

1958年3月19日

《矿山防止矽尘危害技术措施暂行办法》《工厂防止矽尘危害技术措施暂行办法》《矽尘作业工人医疗预防措施暂行办法》和《产生矽尘的厂矿企业防痨工作暂行办法》在防止矽尘危害工作会议上已经讨论通过，现在予以公布实行。

这四个“办法”是根据国务院《关于防止厂、矿企业中矽尘危害的决定》并参考几年来各方面在工作中所积累的经验制定的。

各部门应通知所属单位组织有关人员进行学习和讨论。企业部门并应根据“办法”的规定，对本企业当前的矽肺防治工作进行一次检查，再结合各个单位的具体情况制定实施细则，同时应建立各项制度，加强宣传教育，使今后的工作能够经常地、有所依据地开展，以便尽快消除矽尘的危害。各地劳动、卫生部门工会组织应对企业执行四个“办法”的情况经常进行督促检查和业务指导。

附：

工厂防止矽尘危害技术措施暂行办法

一、总则

1. 为了贯彻国务院《关于防止厂、矿企业中矽尘危害的决定》，根据几年来工厂中防止矽尘危害工作的经验，制定本办法。

2. 本办法适用于石英粉厂、玻璃制品厂、耐火材料厂、砂轮制造厂、陶瓷厂、搪瓷厂、电瓷厂、选矿厂、机械制造厂（翻砂、喷砂车间）和其他生产过程中产生游离二氧化矽粉尘的各种作业。

3. 工厂防止矽尘危害技术措施的根本任务是防止含游离二氧化矽的粉尘在空气中飞扬，使车间每一立方公尺空气中含游离二氧化矽百分之十以上的粉尘含量不超过二毫克，含百分之十以下的含量不超过十毫克，以保障职工的健康。

4. 工厂防止矽尘危害工作必须采用技术、组织和卫生等综合措施才能充分收到效果。最基本的技术措施有下述各项：

（1）在产生含游离二氧化矽粉尘的破碎、运输、过筛、混料、投料等生产过程中，尽可能以机械来代替人力进行操作，以避免工人和矽尘接触。

（2）使用不含游离二氧化矽或含量较低的物质作为原材料，以代替含有大量游离二氧化矽的材料，同时在某些生产过程中，应尽量采用颗粒较大的矽砂（大于十五微米）代替危害性大细粉。

（3）原材料加工和使用过程，采取洒水湿润，甚至将全部生产过程改用湿法，并辅以喷雾等措施，以防止粉尘飞扬。

（4）对含矽原料的破碎、混合、运输、过筛、包装等过程和机械厂的喷砂过程等生产设备应最大限度做到密闭，并须装设排风除尘设备，以防止矽尘飞扬。

（5）结合生产特点，加强车间的通风换气，采用自然或机械通风的方法，把新鲜空气送到工人工作地点，以降低空气中含尘量，但须注意不应把已沉集的粉尘吹起或从室外吸入含尘量很大的空气。

（6）加强对厂房和机械设备的清洁维护工作，对职工进行个人防护及防尘教育。

5. 从密闭设备或从产生粉尘的车间中排出的含尘空气，应经过除尘处理，并送往高空稀释，以达到大气卫生防护的要求（粉尘含有游离二氧化矽百分之十以上时送入高空后每一立方公尺空气中矽尘含量不得超过二十毫克）。

6. 一切新建、扩建或改建的企业中，产生粉尘的厂房建筑，应符合《工业企业设计暂行卫生标准》的规定，使厂房与其他车间及工厂办公室保持一定距离，厂房结构、门、窗、天花板及地面便于洒水清扫和防止粉尘堆积。现在产生粉尘的厂房应尽可能使门、窗、天花板及地面符合上述要求，并注意机械设备的合理布置，以防止在厂房中积尘并便于洒水清扫。

7. 较大的防尘技术设备必须经过技术设计并经过有关单位审核鉴定后再施工安装。

8. 企业中的防尘设备安装后，应经过验收测定，并须制定设备的维护管理制度，指定有关部门或专人贯彻执行。

二、湿式作业

9. 在生产条件许可下，应首先采用湿式作业，以防止矽尘危害。

10. 生产石英砂粉的工艺过程在条件许可下，应全部改为湿式作业，但须注意下列要求：

（1）原料在搬运前应先洒水湿润，以免石块上附着细粉或因撞击而发生粉尘。

（2）在破碎机下料口和出料口等处，应安装喷雾或喷水装置，使石块在初碎过程中绝大部分保持湿润。

（3）经流槽泄水后的初碎石块，尽量直接与提升机相衔接。

（4）初碎后石块的储料库必须有盖，并在进料口处加装喷雾装置。

（5）普通磨机必须具有便于检修的挡水板，以免在生产进行时发生水浆四溅现象。

（6）用碾轮磨机进行研磨石粉时，应按生产情况而加水湿磨。使用具有筛板型的碾轮磨机时可向磨盘浇水，或随着碾轮加水；使用槽盘或碾轮磨机可把原料及水一起加入，加水量须视具体情况而定，在用连续生产方法时，原料与水的重量比一般以一比四至一比五为宜。所有已破碎石块需全部湿润。

（7）湿润的砂粉，以在水中进行筛分为宜，既可保证不产生粉尘，又可增加筛分效力。

(8) 应尽可能用水进行分级洗涤石英粉，以尽量排除危害性较大的细粉(如零点一至十五微米的细粉)。

(9) 制成湿砂粉，一般仅进行自然泄水，以符合一定含水量即可。

(10) 由于生产上的原因，必须把石英砂粒进行烘干时（小于一百五十目的细粉，则绝对不能进行烘干）须具备下列技术条件：

① 先将砂粉进行洗涤，尽量除去危害性较大的细粉；

② 烘干过程中应避免撞击，使砂粒破碎而产生粉尘；自制的烘干设备不宜采用刮板或有撞击型式的烘炉；

③ 温度不可过高，以免砂粒破裂而发生粉尘，一般以一百六十五摄氏度以下为宜；

④ 干燥程度以适应生产需要为限，一般含水量以不低于百分之五为宜；

⑤ 在上述措施尚不能防止矽尘飞扬时，必须装设排风和除尘设备。

(11) 生产废水必须先进行沉淀后再行排出，以免淤塞下水道和影响环境卫生。

(12) 生产过程中必须防止水浆外溅，如有水浆外溅必须将粉迹洗去。包装用品应避免受水浆溅滴。

(13) 车间地面必须用混凝土地面，以便经常冲洗。

(14) 车间要有足够自然通风，以免车间的湿度过高。

11. 以矽石作原料的玻璃厂，在原料的粉碎、过筛、运输过程中应参照上一条所述各项采用湿式操作或加水湿润。

12. 在耐火材料厂中使用含游离二氧化矽的物料时，在破碎前应用水将物料洗涤（如用洗石机或其他办法)。在破碎、运输、粉碎搅拌等工艺过程中，可以采用喷嘴加水湿润。至于湿润的程度应根据各企业具体情况加以确定。

13. 中小型玻璃、陶瓷、电瓷等厂用矽石粉作原料时应尽量采用湿粉。如采用干粉则应先把干粉湿润待渗透后方可使用。

14. 机械厂喷砂车间应研究采用砂浆以代替压缩空气喷砂。

三、密闭和除尘

15. 对产生矽尘的破碎机、运输装置、筛分设备、贮料库、混合机（拌料机）、投料机、研磨包装设备等处和机械厂的喷砂设备等在无法采用湿式作业或是采用湿式作业而仍不能达到卫生要求时，应采取严密封闭的方法，以防止矽尘逸出。

16. 对各种设备进行密封时应注意经济、简便、坚固耐用，不碍操作，并须保证达到防尘要求。

17. 为使各种设备的密闭能收效，应注意以下几点：

（1）工艺过程中产生矽尘的机械设备及其衔接部分均应严加密闭；机械设备的传动装置要尽可能放在密闭装置外。

（2）尽可能缩小密闭设备的体积，少占空间位置，以便节省材料和减少抽风量，但同时也应注意到便于观察、加油、操作和在检修时易于拆卸和安装。

（3）设备的飞轮、皮带轮转动时，易使矽尘飞扬，必须安装具有挡风作用的防护罩。

（4）密闭设备、流槽及贮料库的螺丝应加弹簧垫圈，以防螺丝震松而逸出矽尘。

（5）在密闭设备上，如留有查看生产情况的小门，均应严加密封，防止矽尘外逸。

（6）密闭设备一般应有抽风装置，以保证内部保持一定的负压。如密闭设备上没有孔口，应保持一定控制风速，以保证粉尘不向外逸。

18. 不能全部密闭的设备，可以装设防尘罩，但应注意以下几点：

（1）尽可能使防尘罩将产生粉尘区域全部罩住。因此，防尘罩要按生产特点及矽尘逸出情况而设计。

（2）防尘罩不能妨碍工人的操作，但也不能使操作工人处于罩口与尘源之间。

（3）为了保证粉尘不向罩口外逸，罩口与尘源间的控制距离应尽量缩短。

罩口并应有一定控制风速。

19. 皮带运输机过长不能全部密闭时，在装卸料处，必须安装防尘罩。皮带出入口处，必须安装由软质耐磨材料制成的密封挡板。

20. 密闭设备和防尘罩材料的选择应根据工艺过程特点和矽尘飞扬情况来确定，如一般磨耗量大和剧烈震动的机械应利用薄铁板、稍厚的铁板密闭；磨耗量不大，震动力不大的机械和温度不高的含尘气体可以利用木板、胶合板、帆布或其他密制材料密闭。

21. 一般密闭设备的抽尘，一定要有排风除尘系统（排尘管道、风扇及除尘器)。安装排风、除尘系统时，应注意以下几点：

（1）应根据具体情况确定安装一个排风除尘系统或两个以上排风除尘系统；不应将过长或弯管过多的管道勉强连接为一个庞大的排风除尘系统。

（2）排风管道应尽可能与水平线成五十五度以上的角度，以防止管道中积尘。如果管道系统过长，不能达到上述倾斜角时，可以在管道改变方向处开设可密闭的清扫小门，并设置清扫设备。

（3）流槽的粉料须顺着皮带运行方向落下，避免装成垂直的流槽，否则易增加粉尘飞扬。

（4）不能任意在管道上切割或接支管，否则会影响排风量。

（5）排风量的确定主要是要使密闭设备内部保持经常的负压，并在抽尘罩的罩口保持必要的抽风风速。

（6）安设管道不应妨碍工人操作、检修和走路。

（7）扇风机应合乎抽尘要求，如克服阻力、耐磨和便于检修等，并须在机器设备停歇后十至二十分钟方能停止运转。

（8）常用的除尘设备有旋风除尘器、布袋过滤器、水洗除尘器、惯性除尘器及其他各种混合使用的除尘系统。目前在石粉厂中除尘效果较好的即是二级除尘，首先经过旋风除尘器将较大尘粒收集，然后再由布袋式除尘器将微小的颗粒滤除，最后再将排出空气送往高空稀释。为了使除尘器发挥其效能应注意以下几点：

① 布袋除尘器不适合过滤含有水分过多的粉尘；

② 收集式滤除的粉尘不能直接落在地面上，应有密闭的容器式输送装置；

③ 袋内的积尘不用人力拍打，应该安设机械震动装置；

④ 除尘器的布袋不准露在室外，应将其密闭在室内滤过的空气另经管道排出；

⑤ 工厂自行制造除尘器或改装原有的除尘器必须经过详细的计算和设计，以免防尘效果不高而造成浪费。

22. 处理带有水分的含尘气体时，对管道及除尘设备应加保温，以免粉尘粘附或冻结。

23. 检修工人在检修完毕后，须将机器设备上的原有的密闭、通风设备核复完好，并不得擅自改动、拆毁。

四、清洁卫生、个人防护措施

24. 车间内外应经常保持清洁状态，对生产设备、防尘设备、照明装置及厂房各部分应经常实行洒水清扫制度，并随时打扫整个厂院。

25. 生产过程中剩余或废置的粉料，必须放入密闭容器内或保持湿润状态，并应及时处理，严禁任意散放。

26. 接触矽尘作业的人员，必须戴防尘率高而又不闷气的口罩，并须每天清洗和保持干燥。

27. 接触矽尘作业的人员，应将工作服、帽、鞋等保持清洁，不应带进食堂或带回家去。

28. 采用全部湿式生产时，工人应穿用防水靴等防水用品。

29. 为了作好防尘工作，应经常教育工人注意个人卫生与遵守防尘制度，要求工人爱护防尘设备和学习防尘知识。

30. 一切防尘设备，均应保持良好状态，并须建立操作、维护、检修和管理制度。

五、附则

31. 本办法由中华人民共和国卫生部、劳动部联合公布。

32. 各企业主管部门和企业单位可根据本办法结合本单位具体情况制定实施细则。

19. 中华人民共和国非机动船舶海上安全航行暂行规则

交通部　水产部

1958 年 4 月 19 日

国务院批准一九五八年四月十九日交通部、水产部发布，一九五八年七月一日起施行。

第一条　凡使用人力、风力、拖力的非机动船，在海上从事运输、捕鱼或者其他工作，都应当遵守本规则。

在港区内航行的时候，应当遵守各该港港章的规定。

第二条　非机动船在夜间航行、锚泊的时候，应当在容易被看见的地方，悬挂明亮的白光环照灯一盏。如果因为天气恶劣或者受设备的限制，不能固定悬挂白光环照灯，必须将灯点好放在手边，以备应用；在与他船接近的时候，应当及早显示灯光或者手电筒的白色闪光或者火光，以防碰撞。

非机动船已经设置红绿舷灯、尾灯或者使用合色灯的，仍应继续使用。

第三条　非机动渔船，在白昼捕鱼的时候，应当在容易被看见的地方，悬挂竹篮一只，当发现他船驶近的时候，应当用适当信号指示渔具延伸方向；使用流网的渔船，还要在流网延伸末端的浮子上，系小红旗一面；在夜间捕鱼的时候，应当在容易被看见的地方，悬挂明亮的白光环照灯一盏，当发现他船驶近的时候，向渔具延伸方向，显示另一白光。

第四条　非机动船在有雾、下雪、暴风雨或者其他任何视线不清楚的情况下，不论白昼或者夜间，都应当执行下列规定：

（1）在航行的时候，应当每隔约一分钟，连续发放雾号响声（如敲锣、敲梆、敲煤油桶、吹螺、吹雾角、吹喇叭等）约五秒钟；

（2）在锚泊的时候，如果听到来船雾号响声，应当有间隔地、急促地发放响声，以引起来船注意，直到驶过为止；

（3）在捕鱼的时候，也应当依照前两项的规定执行。

第五条　两艘帆船相互驶近，如有碰撞的危险，应当依照下列规定避让：

（1）顺风船应当避让逆风打抢、掉抢的船；

（2）左舷受风打抢的船应当避让右舷受风打抢的船；

（3）两船都是顺风，而在不同的船舷受风的时候左舷受风的船应当避让右舷受风的船；

（4）两船都是顺风，而在同一船舷受风的时候，上风船应当避让下风船；

（5）船尾受风的船应当避让其他船舷受风的船。

第六条　在航行中的非机动船，应当避让用网、曳绳钓或者拖网进行捕鱼作业的非机动渔船。

第七条　非机动船应当避让下列的机动船：

（1）从事起捞、安放海底电线或者航行标志的机动船；

（2）从事测量或者水下工作的机动船；

（3）操纵失灵的机动船；

（4）用拖网捕鱼的机动船；

（5）被追越的机动船。

第八条　非机动船与机动船相互驶近，如有碰撞危险，机动船应当避让非机动船。

第九条　非机动船在海上遇难，需要他船或者岸上援救的时候，应当显示下列信号：

（1）用任何雾号器具连续不断发放响声；

（2）连续不断燃放火光；

（3）将衣服张开，挂上桅顶。

第十条　本规则经国务院批准后，由交通部、水产部联合发布施行。

20. 交通部关于加强船舶安全监督的决定

交海督(58)孙字第180号

1958年8月13日

为了加强对船舶安全的监督，以确保航行的安全，有关单位、船舶和人员应当分别做到以下各点：

一、各航运单位或者其他船舶所有单位，应当对所属船舶的航行安全负完全责任，并且做到：

1. 在船舶上备齐规定的有效的船舶文件；

2. 保证船舶经常处于适航状态和配备足够的安全救生设备；

3. 在船舶上配备符合安全定额的船员和合格的高级船员；

4. 严格执行乘客定额，以及载重线规定或者载重定额；

5. 拖轮应当规定拖驳数量和拖驳载重量，并且严格执行。

二、各港业务部门应当做到：

1. 各客运站应当严格掌握船舶乘客定额和分配额，不得超额售票；

2. 各货运部门和装卸作业区应当按照船舶性能，以及载重线规定或者载货定额，适当配载；并且取得船长或者指定在船舶上负责的人员的同意后，进行装载，不得超载。

三、各个船舶的船长或者指定在船舶上负责的人员应当做到：

1. 每次出航前应当进行一次船舶文件、客货装载、船舶拖带、安全救生设备等保证安全的检查；

2. 通过上述检查，如果发现问题，应当立即采取措施，必要时应当停止出航。

四、各港必须加强监督部门的工作，应当做到：

1. 进行现场监督，对于在港船舶特别是即将开航的船舶，进行必要的抽查；

2. 通过上述抽查，如果发现问题，应当要求船长或者指定在船舶上负责的人员立即采取措施或者纠正，在没有采取措施或者纠正以前，必要时可以禁止船舶出航，并将检查出的问题通报各轮注意。

五、在特殊情况下，个别船舶需要变更有关保证船舶航行安全的定额或者规定时，航运单位或者其他船舶所有单位，应当事先取得所在港监督部门的同意后办理；航运单位或者其他船舶所有单位，不可自行单独变更。

六、为了使各港监督部门能够适时掌握本港口内船舶的动态，船舶的所属单位、管理单位、代理单位或者船长，应当在船舶进港后和出港前，将船舶进出港的动态通知该港监督部门。在一个港进出口船舶较多的单位，也可以采取向该港监督部门每日汇报一次的方法。

七、对于违反本决定各项规定的单位、船舶和人员，主管机关应给予必要的处理。本决定执行日期，由你们自己考虑决定，并报备。

21. 走群众路线　为生产服务

——在第三次全国劳动保护工作会议上的总结发言

劳动部副部长　毛齐华

1958 年 9 月 19 日

(一)

同志们：

这次全国劳动保护工作会议共开了十多天，大家一致认为召开这次会议是必要的，适时的。自“大跃进”以来，在我们工作中出现了许多新的问题，有些老的做法已不适应新的情况了。这次会议，做到了破旧立新，并且对一些原则性问题取得了一致认识，这对今后的工作是有益的。有人说，这个会议能更早点开，如在“大跃进”以前开就好了！其实在“大跃进”以前，许多问题还没有像今天这样看得清楚和体会得深刻，经验也不成熟，真在那时开，倒不一定开得好。

这次会议开得很好，它总结了几年来的劳动保护工作，肯定了成绩，指出了缺点，明确了今后的工作方向和方法。到会同志都认为：几年来我们贯彻了党的安全生产方针，安全生产思想已深入人心，劳动保护工作的群众基础正在日益扩大；我们制订了一些规章制度；根本改善了劳动条件；大大减轻了伤亡事故和职业病。这些成就对于完成第一个五年计划是起了积极作用的。会议检查了工作中的缺点，主要是为生产服务和走群众路线的思想还不够明确，经过讨论，大家都有了进一步的认识。

这次会议是以整风的精神，以虚带实的方法进行的，多数同志在会议中做了自我检查，既谈政策思想，又有经验介绍。在大会上有省、市、专区的，有产业部门的，有大型厂矿的，也有中小企业的代表发言，这些发言对我们启发很大。会议开始时，有的同志认为过去为生产服务的思想是明确的，仅是方法上有缺点。听了天津市及其他单位的经验介绍，再联系到自己地区的情况，就感到过去不仅是方法上有缺点，而且思想认识也是不够明确的。有的同志听了经验介绍后说："人家工作成绩大，是因为工作路线正确；工作路线正确，是因为政策思想对头；回去后，要组织基层干部整风补课。"所以，这次会议也可以说是整风的继续。也有的同志感到：对企业中某些生产干部存在的片面生产观点批判太少。这种片面观点确实是存在的，也是应当批判的。但应认识他们的这种片面性同我们某些同志的片面性一样，都是对安全生产的方针缺乏全面的认识所致，有一些也与经验不足有关。这次会是整风性的会议，所以我们应着重地检查自己，对于他们的缺点，应以同志的态度去帮助他们克服。

这次会议，进一步明确了在贯彻党的安全生产方针中，劳动部门所起的作用。关于劳动部门要不要管劳动保护工作和能不能管劳动保护工作，过去曾经有过争论，当时思想上未能彻底解决。现在用几年来的事实回答了这个问题，劳动部门进行劳动保护工作是必要的和可能的。企业部门对于做好劳动保护工作固然责无旁贷，但是，劳动部门是劳动工作的综合管理部门，是党在劳动工作方面的助手，它对劳动保护工作进行规划，提出方针、政策，对企业的劳动保护工作进行必要的督促检查，帮助改进，这对于劳动保护工作的开展是有重要作用的。如果只由企业管，不要综合部门管，大家各搞一套，就会引起混乱，或者形成自流，对生产建设不利。随着生产的发展，劳动部门对劳动保护工作，更不是可有可无，相反的，劳动部门的任务和作用是更日益加重了。

这次会议和第二次全国劳动保护工作会议时的情况不同。那次会议是在一九五二年末开的，当时确定了安全生产的方针。经过六年以后，我们对于劳动保护工作，已经有了比较成熟的经验，通过这次会议加以总结和提高，在今后工作中，就可以从方针政策、工作路线、规章制度和技术措施等方面摸索出一套中国型的劳动保护工作来。因此，这次会议也可以说是标志着我国劳动保护工作进入了新的历史阶段，对于今后的工作，是一次重要的促进会议。

这次会议的缺点，主要是准备不足，时间短，还有些好的经验未能介绍，对于一些具体问题，讨论得还不深不透。

（二）

目前，我国生产建设正进入新的高潮，数千万劳动大军正为夺取一千零七十万吨钢而奋斗。这是各地压倒一切的中心任务。自中央政治局扩大会就公报发表以后，各地区以钢为纲，在各方面开展“大跃进”，全党全民办工业的局面已真正形成了。职工（劳动）的概念已不是过去原有的工业交通方面的工人了，因而劳动保护工作的业务范围也将随之扩大到各个劳动大军方面。

随着全国农业合作社迅速转变为人民公社，工农兵学商五位一体，明年的农业生产将有更大的跃进，因而农业对工业的需要将会大大增加，这就必然促使工业加速发展。明年工农业的生产任务会更大，这是决定性的战役。明年的钢铁产量将有更大的跃进，大、中、小型的高、平、转炉将会更多地建立；围绕钢铁生产“大跃进”，机械、电力、煤炭、化工、纺织等一系列的工业，都将有更大的跃进；基建投资将等于第一个五年计划期间的总和，交通运输任务也会相应地增大；而目前中小企业及中小矿窑的劳动条件还是较差的。这就说明劳动保护工作的任务也随之增大了。近几个月来，有些地区事故增多，这是值得注意的，事故最多的是煤矿、化工、基建、铁路、林业、冶金及交通运输业。在这种大规模的建设中，固然有些事故是难以避免的，不应因此而大惊小怪，但也不应麻痹大意，应从事故中寻找原因和规律，根据中央指示，加强各项必要的措施，力争避免一切可以避免的伤亡事故。在完成国家的伟大建设计划中，我们负有保障职工安全健康的艰巨任务。

（三）

关于劳动保护工作的方针政策，再讲几点意见：

第一，必须从生产出发，为生产服务。

实践证明：安全生产方针是完全正确的。生产是社会发展中决定性的因素，安全是指生产中的安全，做保护工作是为了搞好生产而讲安全的，不是脱离生产去讲安全。所以，做劳动保护工作应以生产为主体，要对生产起积极作用。对于这一点，过去在思想上还不大明确，因而在进行劳动保护工作中，对生产所起的效果，有时总结得不够。在提出保护工作的要求时，有时只考虑了必要性，而对可能性考虑较少。对于企业劳动保护工作中的缺点，有的只是简单地指责，积极帮助很差。今后做劳动保护工作，不仅要注意安全效果，同时一定要注意生产效果。例如，煤矿做好了防尘工作，不仅制止了矽尘对工人的危害，而且提高了生产效率百分之十至百分之十五；天津食品加工厂多年来未解决的冷库电梯，工人们却在跃进中用废料安装成功，不仅大大减轻了劳动强度，消灭了职业病的危害，而且大大提高了劳动生产率。天津原麻厂解决了粉尘问题，减轻劳动强度百分之六十，提高生产效率百分之五十。事实证明，只要对劳动保护采取适当的措施，是能提高生产的，是对生产有利的，而且它就一定是能够行得通的。如果强调安全，忽视生产，不仅是片面的，而且其措施也是难以行得通的。有的同志也有另一种片面性，即只强调生产，忽视安全。事实证明，这也是不对的。例如，煤矿瓦斯的含量超过了一定浓度，如不及时采取措施，就会引起重大伤亡和对生产的破坏。所以凡是有死人伤人危险的，必须采取紧急措施，这既是为了安全，也是为了生产。当然有些企业中存在着高温、粉尘、劳动强度过重等等问题，一时又无法解决，那就只有先行生产，在生产发展中逐步地加以解决。我们要安全生产，但不要把它绝对化，绝对的安全是没有的，应当注意到时间、地点和条件，力争安全生产。

关于安全生产有无矛盾，小组讨论中有一些争论。依我看，意见基本上是一致的，只是提法上有所不同，这是个理论问题，以后还可以在实际工作中进一步研究。劳动生产是人类向自然界进行斗争，在斗争的过程中，就有不安全因素存在，有发生事故和职业病的可能，这就是安全与生产的矛盾，我们进行劳动保护工作，就是要克服不安全因素，达到安全生产的目的以解决这个矛盾。同时还要看到矛盾经常存在，老的克服了，新的矛盾又发生。比如，水力采煤较之过去老的采煤法安全得多了，但水力采煤又带来了新的问题，容易发生关节炎，又需要研究新的安全技术措施。所以说生产是长期存在，矛盾也经常发生（当然矛盾有大小、有主次），从而也决定了劳动保护工作的长期性；忽视和取消劳动保护工作的思想，只会使矛盾扩大，对生产、对人身的安全都是有害的。

在社会主义社会中，生产是为着全体人民的利益的，发展生产和保护劳动者的安全和健康是一致的，党的安全生产方针正是体现了这种精神。所以这种矛盾是可以解决的。在资本主义社会中，他们的矛盾是无法解决的，因为资本家生产的目的是为了利润，资本家对劳动保护工作不感兴趣，他们只有在事故损害到他的利润或者引起工人斗争以及激起社会舆论的压力下，才不得不做一点改良工作。在社会主义制度下的新中国，改善劳动条件，保护劳动者在生产中的安全和健康，则是党和国家的一项重要政策，也是提高劳动生产率的一项重要措施。

第二，必须依靠群众，走群众路线。

过去劳动保护工作有两种不同的做法，有两种不同的结果。一种是依靠党的领导，发动群众起来动手。一种是单纯依靠行政命令和规章制度办事。我们过去曾经强调过规章制度，强调过自上而下的监督检查，想以“尚方宝剑”治人，其结果是与企业关系不协调，与群众关系不正常，越强调、越孤立，有些同志甚至因而产生了消极思想。另一种是政治挂帅、群众路线的做法。如对安全卫生大检查、制订和修改规章制度、改进安技措施、整顿防护用品等工作，均采取了发动和依靠群众的做法，使几年来难以解决的问题得到了解决。例如粉尘问题，内蒙古有的工厂，过去花几千元未能解决，一走群众路线，没有花多少钱就解决了，牡丹江有的工厂，群众苦战三天，就解决了。有的地方对整顿防护用品也是采取群众鸣放的方法解决了。其结果，是作保护工作的干部到处受欢迎，工作越干越有劲。

群众路线是阶级路线，是我们党的优良传统。毛主席经常教导我们要“从群众中来，到群众中去”，但我们领会不深，其思想根源是受了资产阶级思想的影响和官僚主义作风在作怪。我们今后必须克服脱离实际，脱离群众的观点。但是依靠党、依靠群众，绝不是说只依靠别人去做而可以放松自己的工作。我们是专业部门，是党的助手，我们要向党委请示报告，首先要反映情况、提问题、提办法；我们要走群众路线，但不是去作群众的尾巴；我们应该深入实际，总结经验，搞试验田，开现场会议，进行竞赛评比，积极引导群众加强劳动保护工作，不能靠少数人冷冷清清的去办。大会上有辽宁、黑龙江等地好几个厂矿介绍“人人管生产，人人管安全”的经验值得大家效法。

第三，制订规章制度要适应生产的发展。

我们过去的规章制度大部分是适合生产发展的要求的，但也有某些部分不适合生产发展的要求。制订规章制度是为了促进生产的发展，但是单纯靠规章制度办事是不行的。生产是不断发展的，规章制度在一定时间内是比较固定的东西。所以，规章制度如果不随着生产的发展加以修改和补充，就会落后于生产的发展。目前的情况是生产“大跃进”，各方面变动性很大、很快，如大中小结合、土洋并举、多种经营，综合利用，亦工亦农，工农兵学商结合，工人参加管理，干部参加劳动，等等。在这种变动不定的形势下，统一制订规章制度是有困难的。我们要看到这种特点，不要事事希望中央作规定。我们过去作了很多事情，但不都是依靠规章制度来办的，目前更可以采取发指示、决定，总结经验，通报，写文章，社论，写请示报告由上级批转等方式，都可以起指导工作的作用，也可以说是起着法规作用。这样就可以因地制宜，发挥地方积极性，自行创造经验，不仅地方主动，中央也主动。但这样说，绝不是说今后不要规章制度，而是应该多摸索、多研究，发挥大家的积极性，同时也为制订某些规章制度准备条件。我们要破除迷信，不要受什么“国际标准”的思想束缚；要有远大的眼光，不仅要看见目前的情况，也要看到“苦战几年”后，进入到建设共产主义社会的远景，这样就不会把自己束缚在狭小的圈子里。对原有规章制度要认真检查，不适合的要作修改、补充或者废除。总之，在规章制度上，必须打破资产阶级的法权观念。

第四，做好督促检查，协助企业改进工作。

监督检查机构是上层建筑，安全生产的监督检查工作必须对生产发展有利。生产是群众性的，安全生产的监督检查工作必须依靠群众动手。生产是由企业领导的，安全生产的监督检查工作必须依靠企业进行。这几点，是我们为了贯彻国家的劳动保护政策法令，对企业的保护工作进行督促检查时必须注意的。这也是生产观点和群众观点的具体表现。死人伤人，不仅我们不乐意，企业干部和工人也是不乐意的。主要问题是，在一定条件下，彼此间对某些问题的认识有出入，可是我们与企业干部是同志关系，都是为了把社会主义建设好，因此某些认识上的不一致是可以通过互相交换意见、说服教育的方法，可以通过同志式的批评与自我批评的方法取得一致的。所以，我们应当相信企业领导干部，依靠他们来做劳动保护工作，而不是抱着挑毛病、找岔子的对立态度去生硬地批评人。应当是积极的协助，而不是消极的指责。天津市及其他单位在这方面所介绍的经验，就是要政治挂帅、要做好人的思想工作，要调查研究、宣传教育，要相信企业并多商量，要组织社会技术力量互相协作。监督检查工作主要依靠群众来做，因此，劳动部门、企业安技部门的机构不一定很大，人要少而精，方法是多交流经验、多表扬好的，批评只能作为辅助方式，处分应尽量少，非处分不可时才给以处分，而处分的目的也为了教育。我们应该和卫生部门、产业主管部门和工会组织建立密切关系，共同做好这个工作。劳动部门和卫生部门在工业卫生方面要有所分工。如关于测定工作、制订标准和要求方面，卫生部门要多管些，关于组织力量，技术措施方面，劳动部门要多管些。

第五，依靠企业，做好锅炉检验工作。

劳动部门作锅炉检验工作时间不长，但却有不少成绩。这方面，苏联专家和上级劳动局对我们的帮助很大。过去我们曾想过在中央建立锅炉检查总局，地方设置分局，从上而下的搞。这实际上是主观主义，行不通的，因为这样不能发挥地方的积极性，这种想法不久也就改变了。目前到处搞发电厂，各地锅炉增多，提出了新的问题和要求。在做法上，有的是由劳动部门的检验员包起来。有的是由企业管理部门自己解决，碰到困难时再找劳动部门。有的地方是组织社会力量，发动群众来做锅炉检验工作。有的劳动部门正开始搞检验工作，准备依靠自己的检验员统管起来。究竟采取哪种做法为好？经过这次会议，明确了锅炉检验工作同样是要依靠企业依靠群众，因此劳动部门的检验工作必须和企业的检验工作相结合。不能单靠我们少数人搞检验工作，应以企业为主，企业解决不了的问题由劳动部门帮助解决，或者是由劳动部门组织力量“会诊”，予以解决。采用这种方针，就不是现在一个检验人员要检验一、二百台锅炉的情况，而是一台锅炉可以有几个人检验。这样，做锅炉检验工作的力量就更雄厚，这不是“推出去”而是更负责。为此，劳动部门应当培养企业的检验人员，把劳动部门的积极性和企业的积极性结合起来。

劳动部门在这方面的任务是：调查研究和制订有关锅炉安全监察工作的方针政策、规章制度；定期检查企业锅炉使用情况；组织社会力量研究解决锅炉安全技术上的重大问题；培养企业的锅炉检验人员和司炉工人；总结交流经验，进行日常工作指导。各地劳动部门应当注意掌握本地区检验锅炉的资料，对于那些技术力量薄弱的企业，应当有重点地加以协助，调查研究锅炉方面的工伤事故和设备事故，并提出预防措施。

这样，是否会影响劳动部门干部积极钻研技术呢？不会的，相反地，因为企业的要求更高，需要我们更深的钻研。同时也必须指出，我们要有技术观点，但要反对单纯的技术观点，要“政治挂帅”“又红又专”。要改变少数人管锅炉的想法，不要把技术神秘化，我们相信企业中许多司炉和技术人员是可以培养出来的。天津、成都、山东采取组织技术小组或技术委员会的办法，沈阳采取建立通讯员的办法，这些方法都很好，可以结合起来采用。我们与旧社会技术私有制不同，我们有必要和完全可能发扬共产主义协作精神。

(四)

对一些具体工作问题，根据大家的讨论，提出以下意见。

专、县劳动部门有的尚未设置，有的正在建立，已有的也是人少、事多，管的面宽。要做好劳动保护工作，应该组织多方面的力量，如组织大厂带小厂，老厂带新厂，以共产主义的协作精神，解决小厂和新厂在劳动保护工作上存在的技术、设备困难问题。要抓季节性的劳动保护工作，配合有关部门进行安全卫生大检查或专业性的检查。可以召开现场会议，总结交流经验。也可以仿效天津的方法，轮训厂矿企业的生产管理干部或者工人，但时间不宜过长。

中、小型企业，由于和农村比较接近，工作时间一般不要机械地实行八小时，（有些地方大厂也突破了八小时）有的实行九至十小时，必要时，还可随当地农村的习惯办理。如果在生产任务紧张时，延长了工时，进行苦战，不以加班加点论。每月可休息两三天，以便工人有必要的休息时间处理私事。法定假日原则上应执行，使工人有机会参加必要的社会、政治活动。应当结合技术革命改善劳动条件。注意解决机器设备上的防护装置，所需材料也可采用代用品，以防止发生伤亡事故。对特别繁重的劳动，要发动群众向半机械化和机械化的技术革新方面发展。

中、小型企业，应注意对女工的保护。产前、产后的假日以四十至五十天为宜。产假期间的工资，可依照企业的不同经济情况，按本人基本工资发给一部分或全部。劳动强度可按不同的工种的劳动条件，当地风俗习惯及妇女生理特点而决定，但对怀孕女工要适当照顾。从事有害健康工作的怀孕、哺乳女工，在企业未采取预防措施以前，为保证母子身体健康，应尽可能地调动工作。

勤工俭学、半工半读是一种良好的制度，在推广这种制度时，也应当注意加强劳动保护工作，例如，学校应设置劳动保护课程，工矿企业应对勤工俭学的学生负责进行现场安全技术教育，对于必要的防护用品，也应由校方和企业协商解决。勤工俭学的学生如果发生伤亡事故，应上报当地劳动部门。

自从“大跃进”以来，许多企业的职工群众，为了提前和超额完成生产任务，自动延长工作时间，劳动不计较报酬，这是共产主义精神的表现。我们应当加以鼓励和表扬。同时，领导者在组织生产过程中，还必须注意“苦战”与“休整”相结合，有劳有逸地进行有节奏的生产，并引导工人“干劲”加“钻劲”，从改革工具，革新技术，改善操作方法，改进劳动组织等方面，来减轻劳动强度，提高生产效率。把劳动精神与创造精神结合起来。

在整顿平衡防护用品时，应注意改进管理制度，取消不合理的规定。由于生产条件各有不同，故对同一工种可做到大体相同，但不要强求一致。整顿时，应该以块块为主，因为块块影响面大；但对于某些产业的特殊工种，也可由产业自已考虑平衡。在必要时，也可召开地区协作会议，取得大体平衡。要注意政治挂帅，克服平均主义思想；但也要注意不要扣得太紧。

中央和地方产业部门在劳动保护方面的任务，大家认为应该是：根据中央既定的方针、政策、规划，提出在本产业中贯彻执行的方案和要求，并组织推动企业执行；研究解决本产业各部门中重大的专业性的劳动保护工作问题，组织推动本产业的劳动保护科学研究活动，多研究本产业的伤亡事故，提出改进意见和要求，检查、指导所属企业的劳动保护工作，总结和推广专业性的劳动保护工作经验。各产业部门根据这些任务部署工作。

（五）

劳动保护工作总的方针是：在党的领导下，依靠群众，大力贯彻安全生产方针，为多、快、好、省地建设社会主义的总路线服务。在目前来说，应该“以钢为纲”，为生产一千零七十万吨钢为中心，加强劳动保护工作。我们应想尽一切方法，采取各种措施，实现中央提出的：力争避免一切可以避免的伤亡事故和职业病，以促进生产发展，为生产“大跃进”服务。

今、明年主要应抓下列工作：

（1）应以完成钢铁任务为中心，加强对冶金、煤炭、电力、交通运输、基本建设等方面的劳动保护工作，尤其在民办工业中，必须加紧对新工人的安全操作教育。

（2）研究新企业、总结老企业的劳动保护工作制度，如管生产的管好安全的责任制、安全教育制以及工时休假、防护用品和保健食品，等等。要求各省市在今冬明春研究总结出一两个典型厂矿的经验，以便考虑订出一套新的办法。

通过实行“两参一改”，总结推广“人人管生产，人人管安全”的制度。

（3）协助企业建立锅炉检验制度，对现有的锅炉进行一次技术鉴定，并组织社会力量帮助企业培养锅炉检验和司炉人员。

（4）明年第一季度前，应完成检查和修订劳动保护规章制度的工作。地方公布的由地方自己修订，对中央颁布的，各地也应提出修改意见。

(5) 防护用品和保健食品，根据当前情况应逐步整顿，整顿的方针是保证需要，避免浪费，加强团结。整顿防护用品的工作，各省市应在明年上半年完成。整顿保健食品的工作，视各地情况而定。

(6) 贯彻防尘会议精神，总结推广工厂、矿山的防尘经验，争取明年基本上解决这个问题。

(7) 加强防止火药爆炸事故的工作，劳动部门应会同有关部门采取一些安全措施。关于放射性元素的防护问题，应积极培养干部，准备开展工作。电气安全会议，计划在明年夏季以前召开。

(8) 结合技术革命和文化革命，解决安全生产方面的一些重要问题，并总结经验推广。要会同有关部门组织技术力量进行劳动保护科学研究工作。

同志们，在“大跃进”的新形势下，劳动保护工作的任务是艰巨的，但是进行工作的有利条件比过去更多了。我们有党的领导，有广大群众的拥护和支持，我们有了几年的工作经验，经过整风和这次会议，干部思想水平又有了提高，加上工人参加管理，干部参加劳动和技术革命、文化革命的开展，使劳动条件的改善有了更大的可能。第二个五年计划胜利完成后，劳动时间将大为缩短(不是八小时将是六小时，使大家能有更多的时间进行学习，为消灭体力劳动和脑力劳动的差别创造条件)，劳动条件将会有更大的改进，劳动保护科学研究将由一般性的安全卫生防护问题发展到新的较高的科学研究，劳动保护工作主要的任务将不只是向伤亡事故作斗争，而是创造更好的劳动条件，使人们的劳动从累赘变成“生活的第一需要”（马克思)，使“劳动从沉重的负担变成一种快乐”(恩格斯)，使人感到“劳动是健康身体的自然需要”（列宁)。当然，这些还是远景，有待于我们大家在今后工作中努力实现。

最后，同志们回去应向地方党委和行政领导汇报请示，根据会议精神结合当地情况提出贯彻意见，并把你们的计划抄送劳动部一份。

这次会议能够开好，主要是靠大家的努力。同时，天津市委、市人委、劳动局和各有关部门给我们的帮助，天津市各企业职工对我们的鼓舞，都是促使会议开好的原因。对上述有关单位表示谢意。

22. 把锅炉安全工作向前推进一步

——在全国锅炉安全工作经验交流会议上的总结发言

劳动部副部长　毛齐华

1959 年 4 月

全国锅炉安全工作经验交流会于四月六日开幕，历时八天，到今天就要结束了。现在，我仅就这次会议中的若干问题，作一次发言，供同志们研究参考。

一、关于这次会议的召开和收获

全国锅炉安全工作经验交流会议的召开，这在我国历史上还是第一次。为什么我们有必要、同时也有条件来召开这样一次专业性的会议呢？

1. 是由于锅炉安全工作在我国生产建设和广大工人的日常劳动中占有重要的地位，起着重要的作用。大家知道，锅炉是目前提供动力和热力的主要设备，它能否经济而又安全地运行，对于国民经济的发展和职工的安全，关系至为重大。特别是由于我国工业生产、基本建设、交通运输等生产建设事业的飞跃发展，对于动力和热力的需要量大大增加，同时，为了不断降低生产运输成本，提高劳动生产率，也必须充分发挥锅炉设备的工作效率。但是，锅炉设备的运行，特别是提高它的工作压力或蒸发量的时候，也容易带来不安全的因素。因此，为了最大限度地发挥锅炉设备的效率，保证安全运行，必须大力做好锅炉安全工作。

2. 是由于生产建设“大跃进”以来，锅炉设备的数量大大增加，结构形式也比过去更加复杂。目前我国锅炉设备的情况，归结起来是：①数量增长得很快。在一九五八年的一年之内，压力在零点七公斤/平方公分以上的锅炉增加了一万台左右；压力在零点七公斤/平方公分以下的小型锅炉，增加得更多。锅炉制造单位也有迅速地增加，例如，沈阳市由原来的三个发展到现在的一百个，武汉市由二个发展到二十二个。②新装置了一批大型锅炉。例如，一百一十个大气压的锅炉过去很少，甚至没有（上海解放前最大的锅炉不过八十六个大气压），现在已经在不少地方装置起来了。以蒸发量来说，过去最大的每小时为一百多吨，现在达到二百三十吨，甚至还在试制更大型的。这些大型锅炉的结构形式都是近代化的。③不少中、小型厂制造了大批“半土半洋”的锅炉。这些锅炉多数是适用的。但是，有些厂由于技术水平较低或者由于制造时缺乏图纸作根据，以及所用的材料不合规格，因而锅炉的质量比较差，有的并且存在着关键性的缺陷（如焊接结构不良）。④在原有的锅炉中，有很大一部分是旧时代遗留下来的。我们对这些锅炉虽然已经做了不少改进，但因设备基础较差，仍旧存在着不少问题（如腐蚀、变形等）。还有相当数量的锅炉，存在着检修不彻底，水垢烟灰多，安全附件不准不灵等问题。

此外，在锅炉使用方面也存在不少问题：有的有潜力尚未充分发挥；但也有些企业缺乏科学分析和根据，盲目加大压力和提高蒸发量。同时，由于锅炉突然增加、熟练工人不足，新司炉工人大量增多，还不能准确地掌握操作方法。有些必要的规章制度也还不够完备。

以上这些情况，大大增加了我们工作的复杂性和艰巨性。但是，保证各种各样的锅炉经济而又安全地运行以适应和促进国民经济的飞跃发展，也正是当前锅炉安全工作的重大任务。

3. 几年来，在党的领导下，经过产业主管部门、劳动部门以及厂矿企业的广大职工群众的共同努力，锅炉安全工作已经有了初步的基础，建立了不少的机构，培训了相当数量的干部；锅炉设备安全附件残缺不全和锅炉作业劳动条件恶劣的情况有了很大的改善；草拟了一些锅炉安全运行的规章制度，研究解决了某些锅炉安全运行的重要技术问题；特别是锅炉安全工作引起了大家的重视，取得了不少的工作经验。所有这些，都是更能多、快、好、省地开展锅炉安全工作的有利条件。这也正是我们这次会议能够召开的原因。大家可以想象得到，在去年以前，要召开这样一次专业会议，还是相当困难的。

这次会议中，大家听了局长章萍的报告，苏联专家季托夫同志的报告，还有二十五位同志在大会上的发言，并且进行了小组讨论，互相交谈以及现场参观，收获是很大的。首先是提高了认识，在政策思想上和工作路线上取得了一致的意见。其次，介绍了许多先进经验，这些经验无论在组织管理和技术措施方面，都是从实际工作中来的，是比较成熟的，可以推广的（还有一些经验，因为时间关系未能在会上介绍，已印发给大家参考）。最后，确定了今后工作方向，有了奋斗目标。大家认为，这次会议有思想、有实际、有原则、有办法，是一个促进的大会，成功的大会。

这次会议能够开好，是由于大家的重视和共同努力，也由于苏联专家的帮助，更由于辽宁省、沈阳市党委、人委和劳动厅、局的热情支持以及这里的企业领导和职工同志给我们很大的鼓舞，我们应该对他们表示衷心的感谢。

这次会议还有一些缺点：时间比较短促，很多好的经验没有充分的时间进行交流，小组活动少了一些，去现场参观的时间也紧了一些。值得我们今后注意。

二、关于进一步开展锅炉安全工作在思想认识上必须明确的几个问题

第一，从事技术工作必须政治挂帅。政治挂帅这一条，对于从事锅炉安全工作的干部说来是否同样适用呢？我想丝毫也不例外。

应该肯定，锅炉安全工作是一个技术性较强的工作。举凡锅炉的设计、制造、安装、运行、维护保养、检验等，都涉及许多复杂的技术问题，从事锅炉安全工作的干部，如果不懂得这方面的必要的技术知识，是很难甚至是不可能进行工作的。而且，一般说来，现在我们干部在这方面的技术知识还是非常不够的，远不能适应工作的需要；许多干部虽然具有钻研技术的愿望和决心，但实际上还没有钻进去。因此，我们要求大家努力学习有关的科学技术知识，提高自己的业务能力，真正成为这门工作的内行。

但是，决不应该认为，我们从事锅炉安全工作的干部可以只搞技术，不问政治。政治是统帅，是灵魂，离开了它便会迷失方向。在我们国家里，技术必须在

无产阶级的正确的政治原则指导下，为无产阶级的政治服务，也只有这样，技术才能够充分发挥它的作用。事情很明显，在我国建国短短的十年中，各项生产建设事业之所以能够取得这样伟大的成就，不正是因为有了党的领导，有了社会主义的政治制度，加强了政治思想工作，不断提高了人们的社会主义和共产主义觉悟，从而大大发挥了群众干劲的结果吗？就以锅炉来说，旧中国的锅炉数量是少得可怜的，那个时候，搞锅炉检验的人也是屈指可数的，而今天，我们的锅炉台数已经大大增加，锅炉安全工作人员的增加已不是几倍，而是几十倍几百倍，当然更不要说过去所谓锅炉“检验”和我们今天锅炉安全工作的本质区别了。目前在我们从事锅炉安全工作的某些同志中，存在着这样一种看法：解决锅炉安全方面的技术问题是分内的事，而且“非我不行”；至于锅炉安全的组织工作则是行政干部，特别是党政领导干部的责任，自己可以不管。这种看法，实际上是单纯技术观点的一种反映，是必须加以克服的。应该指出，锅炉安全不仅是一个技术问题，同时也是一个重大的政治问题，因为它直接关系到国家的生产建设，关系到职工的安全。如果把锅炉安全工作简单地看成技术问题，实际上就是贬低了这一工作的重要意义，而且从这种单纯的技术观点出发，就会离开党的领导，不能很好依靠群众，也就不可能把这一工作做好。

为了把我国建设成为一个具有现代工业、现代农业和现代文化科学技术的伟大的社会主义国家，必须造就一支庞大的“红透专深”的干部队伍。

在中共中央向八大第二会议的工作报告中指出：“在社会主义建设时期，在技术革命和文化革命时期，党的干部为了做好领导工作，必须真正懂得建设业务，懂得必要的科学和技术知识。……当然，在注意技术和业务工作的时候，决不能忽略政治。我们既不要作不懂业务的空头政治家，也不能作迷失方向的实际家。又红又专，这是全国知识分子和技术人员的前进道路，也是我们全党各级干部的前进道路。”对于锅炉安全工作干部来说，也不能有任何例外，而且由于这些干部接触技术问题较多，容易忽略政治，所以更有特别强调政治挂帅、经常注意政治锻炼的必要。

第二，从生产出发，为生产服务。锅炉的安全运行与经济效果的关系问题，也就是安全与生产的关系问题。我们的方针是“安全生产”。高速度地发展生产，不断地提高劳动生产率，这是我们社会主义建设的特点和根本要求。锅炉安全工作，也必须“从生产出发，为生产服务”。但是，既要保证安全运行，又要充分发挥锅炉设备的工作效能，这当中是存在着矛盾的。锅炉安全工作的任务，就是要解决这个矛盾，达到统一，做到在保证锅炉安全运行的同时，最大限度地发挥锅炉设备的工作效能；在最大限度地发挥锅炉设备的工作效能的同时，保证锅炉的安全运行。两者不可偏废。

当前，技术革新和技术革命运动正在蓬勃开展，我们必须重视这个运动，积极参加这个运动。“大跃进”以来的事实证明，我国锅炉设备的潜力是很大的。不少企业领导者和职工群众，解放了思想，破除了迷信，敢想敢干，在改进设备，采取有效措施的基础上，大挖锅炉设备的潜力，获得了很大成果。有的单位，锅炉的蒸发量提高了一倍至一倍半，同时做到了安全运行。可见挖掘锅炉设备的潜力是大有可为的。我国现有三万台工业锅炉，按照锅炉的平均蒸发量计算，如果提高蒸发量百分之十，等于增加三千台锅炉；提高百分之二十，等于增加六千台锅炉，因此经济意义也是很大的。

当前锅炉的技术革新应该以提高锅炉蒸发量、省煤、节约蒸汽、节约钢材，安全卫生、减轻劳动强度等为主要内容。劳动部门对锅炉技术革新的经验，应该积极研究，组织推广，不能认为发挥锅炉效能，不是我们锅炉安全工作的任务。张家口市、齐齐哈尔市劳动局协助企业改进设备、提高锅炉效能的做法，值得提倡。

但是也应该看到，有个别单位盲目加大压力和提高蒸发量，忽视安全运行，以致造成事故的情况，结果既不安全，又不经济。所以，我们必须把破除迷信与科学分析结合起来，把发挥锅炉效能放在稳妥可靠的基础上，避免遭到不应有的损失。

第三，依靠企业、依靠群众，做好锅炉安全工作。为什么我们要突出地、反复地强调这个问题呢？因为这是在锅炉安全工作中贯彻群众路线的问题，是进一步做好锅炉安全工作的关键性问题。

群众路线是党的根本的政治路线，是一切工作取得胜利的可靠保证。但是，过去我们曾经有过把企业的锅炉检验工作由劳动部门自上而下的“包下来”的想法和做法，对锅炉安全工作如何贯彻群众路线考虑不够。这是由于历史原因以及我们缺乏经验和存有某些权力思想所致。这个问题经过伟大的整风运动和第三次全国劳动保护工作会议，才在思想上明确起来。工业战线上大搞群众运动的经验群众路线是完全正确的，必要的。

为什么我们要改变劳动部门的自上而下的“包下来”的做法，提出劳动部门的监督检查要和企业自行检验相结合的做法呢？因为锅炉设备的安全运行，是企业管理的一个重要内容，而锅炉的检验工作又是保证锅炉安全运行的一个重要组成部分，所以应当由企业管起来，而且企业也是可以管好的。这是因为企业行政和管理锅炉的职工最了解和最熟悉锅炉的设备和运行的情况，所以也更便于及时地发现问题和解决问题。特别是“大跃进”以来，“全民办工业”，锅炉的数量增加很快，因而少数人员包办锅炉检验，实际上也是包不下来的。我们必须相信企业、相信群众，打破对于锅炉安全工作的神秘观点，改变少数人搞检验的那种冷冷清清的局面。

企业本身对于锅炉安全工作的管理，应该贯彻“三结合”——领导干部、技术人员、工人相结合的工作方法，依靠群众、发挥群众的智慧。如上海锅炉厂由于领导干部、技术人员、工人相结合，“人人献妙计，个个显神通”，因而大大节约了工时，节约了用电，也节省了钢材。这次会上介绍的用加装外砌炉膛、水冷壁管，提高锅炉蒸发量的经验，以及用柞木、烟梗、向日葵杆处理锅炉用水的经验等，也都是职工群众创造的。同时，我们的专家和工程师也必须与广大群众相结合，才能更好地发挥作用。

只要依靠企业、依靠群众，充分发挥他们的积极性和创造性，锅炉安全工作就一定能够做得更好。

在推行企业自行检验的同时，劳动部门的锅炉安全机构和工作人员，是否就没有作用了呢？当然不是。我们不是主张只要自行检验不要劳动部门的专业检查，而是要把企业的自行检验与劳动部门锅炉安全机构的监督检查结合起来。同时也只有实行企业自行检验，劳动部门的专业机构才能摆脱琐碎的事务工作，更加主动地推动锅炉安全工作的全面开展。决不应该有“卸包袱”或者“我管你不管、你管我不管”的“只此一家，别无分店”的思想。这种思想，实际上是资产阶级思想的一种反映，是必须加以防止和克服的。

当然，在具体实行中应该根据企业的不同情况，区别对待。对于技术力量比较强的单位，应该向他们提出较高的要求，这些单位不仅应当做到自行检验，还应当支持劳动部门和帮助兄弟企业。对于技术力量比较薄弱的单位，劳动部门要组织技术力量较强的企业单位给予协助，也要帮助他们培养技术力量，积极准备条件，逐步做到能够自行检验。

第四，组织企业之间的协作，发扬共产主义协作精神。组织企业协作，是搞好锅炉安全工作的重要方法，也是贯彻群众路线的一种很好的形式和实现企业自行检验的有效措施。一般说来，我国企业的锅炉检验力量是很不足的，仅有的这些技术力量在企业间的分布情况也是不平衡的。同时，企业总有大、中、小之别，锅炉检验力量总有强弱之分，企业之间的经验也有多少的不同，一句话，不平衡的情况是永远存在的。因此，不应该把组织企业协作看成是一种临时性的措施，而应该认识到这是搞好锅炉安全工作的长期的、经常的重要方法。今后随着生产的发展与管理水平的提高，协作的内容和要求也要逐步增加和提高。

组织企业协作是否能够办到呢？经验证明是可以办到的。因为我国社会主义企业之间并不存在根本性质的矛盾，大家都是为了建设社会主义和共产主义这个伟大的共同的目的而努力工作着。不像在资本主义企业，资本家之间存在着根本的利害冲突，总是把技术垄断起来，作为自己的专利和战胜其他资本家的法宝。在旧中国，这种资本主义思想的影响是相当深的。目前我们某些干部中存在的技术神秘化的观点，就是这种思想残余的反映。应该对这些干部进行教育，使他们克服这种落后的不利于社会主义建设的思想。但是，也应该看到，协作已经成为我国社会主义企业之间的良好风气，特别是全民整风以来，社会主义和共产主义的协作精神已经得到大大的发扬，这就为我们组织企业在锅炉安全工作上进行协作创造了良好的条件。沈阳市以及其他不少地区的劳动部门组织企业力量，开展互助协作的经验，就是一个鲜明的例证。

我们的任务，就是要通过各种组织形式，采取有效的措施，建立、推动和加强企业之间的协作。现在，有些地区已经出现了行之有效的“技术委员会”“顾问小组”“互检组”等组织形式，应该大力推广，并且注意不断地创造新的经验，新的组织形式。总之，要使得企业在锅炉安全工作上的协作巩固地、有效地建立起来，实现大帮小、强帮弱，集思广益、取长补短，共同前进，达到保证锅炉安全运行，保证生产顺利进行的目的。

明确以上的一些思想认识，澄清一些模糊观念，是为了使我们解放思想，正确贯彻这次会议的精神，推动锅炉安全工作大跃进。

三、关于今后的工作再谈几点意见

第一，大力培训锅炉管理人员和司炉工人。目前全国约有锅炉管理人员和司炉工人二十万人左右（还不包括小锅炉的司炉工人），其中受过训练的不到十分之一。不少锅炉管理人员尚未掌握必要的安全技术知识，缺乏管理经验；而新的司炉工人增加很快，他们中大部分来自农村，一部分是城市居民或学生，往往没有起码的锅炉安全运行的知识。因此，加强培训工作是保证锅炉安全运行的迫切任务，也是实现企业自行检验的必要条件。

培训内容应该以安全操作、维护保养、检验技术为主，其中应该包括锅炉结构、水处理、操作方法以及物理、化学等基本知识。培训的方式可以多种多样，例如短期训练班、专题讲座等。

对于司炉工人，经验证明，按照炉型组织训练，教学容易，效果良好。

各地劳动部门应该积极协助企业主管部门开展培训工作，有的地方也可以在科学普及协会等有关部门和企业的协助之下，直接进行训练。当前应以普及为主，希望能够做到在一两年之内把现有的锅炉管理人员和司炉工人普遍轮训一次，在普及的基础上逐步加以提高。

第二，组织力量抓紧锅炉登记工作。为了充分发挥锅炉的工作效能，保证锅炉的安全运行，必须掌握基本的技术资料，了解锅炉的情况。对新锅炉在出厂时就必须有完备的资料，对于原有炉龄的技术资料也必须积极设法掌握起来。掌握锅炉情况的办法，是通过检验，把锅炉的炉型、炉龄、结构以及尽可能把金属性能等登记起来。锅炉的详细资料应该保存在企业，锅炉转移的时候，资料也必须随着转移。劳动部门应该掌握锅炉的基本情况，建立卡片制度，并且还应该进行关于新锅炉投入生产，旧锅炉的改装和转移等情况的登记工作。锅炉的登记方法，可以督促企业自行登记，或组织技术力量，经过短期训练以后，进行全面登记（如齐齐哈尔市等劳动局的做法）。这一工作应该在一年至两年内进行完毕，可以根据这个要求做出规划，分期分批地实行。

第三，制订必要的规章制度。现在有关锅炉安全的规章制度虽然有了一些，但还很不完备，必须积极进行这方面的工作。对企业来说，应该按照炉型制订安全操作规程，运行管理制度（如交接班制度），保养检验制度等。对企业主管部门和劳动部门来说，应该制订锅炉管理办法、检验规程、事故登记报告制度以及对有关锅炉的设计、制造、安装的安全要求的规定等。对于规章制度的制订，应该做到有科学根据，切合实际，简单明了，不要盲目照搬。

制订规章制度应该以谁为主？我想，劳动部搞一些综合性的规章制度是必要的，但基本上应该以地方为主。因为这样搞起来比较容易，更能切合实际。大家知道，全国锅炉情况很复杂，而我们的经验又不多，一下子搞一个普遍适用的规章制度也是很困难的。希望大家抓紧这一工作，不要等待。

第四，工作范围与组织机构问题。在工作范围上，从国家对我们的要求以及从工作需要上来说，要管锅炉，也要管受压容器（如气瓶、蒸缸、蒸球、蒸锅、反应罐、瓦斯管道等），大的要管，小的也要管；洋的要管，土的也要管。应该管锅炉的安全运行，也要对锅炉的设计、制造和安装进行安全监察工作。当然，管时要看需要，还要看可能。就当前的情况说来，应该把管的重点放在压力在零点七公斤/平方公分以上的锅炉设备上。但是，应该积极创造条件，逐步做到把应该管的工作，都管起来。那种不看主观力量，企图一下子都管起来的想法和做法，是行不通的。但是不看客观需要，拘守于现有业务范围的保守观点，也是不正确的。随着新形势下锅炉安全工作任务的加重，这一工作只应加强，不能削弱。

有的地区提出，可否将锅炉安全工作机构和劳动保护机构合并起来？我认为，主要应视是否对开展锅炉安全工作有利而定。具体安排问题，可由各地自行决定。但是，从事锅炉安全工作的干部，应该尽可能地固定下来，以便钻研业务，积累经验，提高工作能力。因为整个说来，从事这项工作的干部不是多了，而是不足，还应该适当地配备和积极培养。

第五，组织技术力量，研究解决那些较大的技术问题。过去几年来，各地组织了“技术委员会”“顾问小组”等，在研究解决锅炉安全工作中的重大技术问题和提高锅炉安全技术水平上，收到了显著的成效。今后还要更好地发挥这些组织的作用。这一组织的成员，应该根据“三结合”的精神，包括行政管理人员、教授、科学研究人员、工程师等，还要有老工人参加。研究问题的时候，必须鼓励大家发挥敢想敢说敢干的风格，组织鸣放辩论，开展“百家争鸣”，取长补短，做到理论和实际经验相结合。在积极组织发挥技术人员作用的同时，特别应该热情地帮助他们提高政治思想觉悟，使他们鼓足干劲，朝着正确的方向前进。

最后，我们大家必须认真学习，学习政治理论，学习党和政府的政策方针，学习有关的科学技术知识。苏联的锅炉技术是头等的，最先进的，应该特别向苏联学习。同时，我们还要相互学习，共同提高，努力向“又红又专，红透专深”的方向前进。知识是没有止境的，思想改造也是没有止境的，决不能骄傲自满，也不能因循保守。在我们国家里，任何工作都是大有可为的，任何才能都有充分发挥的机会，“英雄”完全有用武之地。希望大家在经过若干年的刻苦锻炼之后，能够成为锅炉安全工作上的“又红又专”的专家。应该时刻记住政治挂帅，依靠群众，技术必须为无产阶级的政治服务，这样才不至于迷失方向，误入歧途，才能对人民的伟大事业做出贡献。

这次会议标志着我们的工作已进入了一个新的阶段，工作条件更为有利了，但是应该看到，任务还是很繁重、很艰巨的。我们应该鼓足干劲，力争上游，本着苦干、实干、巧干的精神，千方百计开展锅炉安全工作，切实贯彻安全生产方针，保证锅炉安全运行，为生产建设的继续跃进服务，为完成和超额完成钢、煤、粮、棉四大指标做出更大的贡献。

23. 为贯彻党的安全生产方针而奋斗

——劳动部副部长毛齐华在全国第二次小型煤矿工作会议上的讲话

1959 年

同志们：

在党的鼓足干劲、力争上游、“多快好省”地建设社会主义总路线的光辉照耀下，我国煤炭的年产量去年一年即超过了英国的水平。今年我国煤炭工业继续快步前进，特别是党的八届八中全会发出反右倾、鼓干劲，厉行增产节约的号召以后，更出现了一个新的跃进局面，高产、优质、低耗、安全的群众性的劳动竞赛运动正在全国煤炭企业中蓬勃开展，生产按月、按旬、按日地节节上升，做到了月月红、日日红、满堂红，呈现一片空前繁荣业兴盛的景象。在这个时候，国家计委、国家经委、国家建委、煤炭部、劳动部、公安部和全国总工会联合召开这次会议，专门研究地方小型煤矿的工作，无疑将对我国煤炭工业继续跃进有着重大作用。我完全同意副部长贺秉章的报告，现在我就小型煤矿中的劳动保护方面的问题，发表一些意见。

（一）

去年，党的八大二次会议制订了“鼓足干劲、力争上游、‘多快好省’地建设社会主义”的总路线，制订了在重工业优先发展的条件下，工业和农业同时并举、重工业和轻工业同时并举、中央工业和地方工业同时并举、大型企业和中小型企业同时并举、洋法生产和土法生产同时并举等一整套两条腿走路的方针。煤炭工业与钢铁工业一样，出现了“星罗棋布、遍地开花”的形势，土法生产的小型煤矿获得了空前迅速的发展。第一，为国家生产了五千一百多万吨煤炭，有力地支援了各地区钢铁工业和其他工业以及农业生产的发展，也为人民的生活需要提供了大量的燃料。第二，加快了我国煤炭工业的发展速度，我国第一个五年计划期间，煤炭产量增长了百分之九十六，而一九五八年一年即提高百分之一百零八。这是同小型煤矿迅速发展有密切关系的。第三，南方许多省、区，初步弄清了资源分布情况，并开始采掘，为改变过去煤炭生产集中在北方的不合理布局打下了基础。

地方小型煤矿的特点一般是：投资少，收效快；可以充分利用分散的资源和各地区的劳动力；可以就地或就近供应工农业生产和人民生活用煤的需要，节省运输力量和运输费用；由于民用燃料煤的增加，还可以腾出过去农村用作燃料的木料、草料安排到更有用的地方去。但是，另一方面，也存在着地质资源情况不甚清楚，采掘缺乏计划，生产不稳定；设备简陋、大部分是自然通风，劳动条件较差，事故时有发生；手工业土法生产，劳动效率较低，劳动强度较大；企业管理水平和技术水平低等缺点。必须充分认识当前小型煤矿的这些特点，并针对这些特点，巩固和发扬好的方面，克服缺点和不利的方面。我们这次会议，就是要做出全面的发展规划，制订技术改造方案、管理办法和安全生产技术要求，使地方小型煤矿能够在安全生产的基础上进一步地改造和提高。

（二）

“大跃进”以来，在地方各级党委统一领导下，煤炭、公安、劳动部门和工会组织，以及广大的职工群众共同努力下，在全国地方小型煤矿的劳动保护方面，做了许多工作，取得了很大成绩。

第一，发动群众，广泛深入地开展了安全生产大检查运动。群众性的安全生产大检查运动，是党的群众路线在劳动保护工作中的具体运用。通过放手发动群众，对企业中安全生产方面存在的各种问题开展大鸣大放大争大辩，揭发和解决了大量的问题，不少地区建立和健全了劳动保护组织机构以及安全生产规章制度，同时，也对全体职工进行了生动的安全生产教育，从而有效地减少了伤亡事故。以四川省为例，由于深入开展安全生产大检查运动，在全省第三季度煤炭产量逐月上升（八月比七月提高百分之五十一，九月比八月提高百分之二十四点八）的情况下，伤亡事故比第二季度减少了百分之五十一，其中瓦斯爆炸事故减少了百分之七十三，促进了安全生产。不少省份都有这样的类似情况。

第二，加强了安全生产的管理工作。不少地区在进行定点、定型、定员、定组织、定领导的“五定”工作中，加强了对安全工作的领导，建立了安全专职机构或人员，有的公社经营的矿，也有了兼职的负责安全工作的干部，有些地区普遍推行了群众性的安全员制度。湖南省涟源县煤炭局从县营和公社营的煤矿中抽出产值的百分之一作为经费，配备了若干专职干部，分片管理，巡回检查，进行生产技术和安全技术的指导，收到了良好的效果。河南郏县组织了“煤师网”，每十天互相检查一次，集体研究解决随时遇到的生产技术和安全技术方面的疑难问题。江西省各专区采取了组织巡回讲课、表演和召开现场会议等形式，加强安全生产的宣传教育工作，普及了安全技术知识。这些方法，无疑对于加强分散的小型煤矿的安全生产管理工作，有着很大的推动作用。

第三，通过技术改造，改善了企业的劳动条件。其中主要是改造独眼井、消灭带明火下井、改进采掘方法以及在通风、排水、运输、提升等方面实行土机械化、半机械化甚至机械化。例如，四川、湖南两省用许多方法做成土电瓶、土电灯，使大部分矿井消灭了明火；山西、河南、湖南大部分独眼井已经改为双眼井；不少矿井采用了土风机加强通风，有的还采用了蒸汽通风，有的矿井用土水泵、土绞车等土机械代替原来笨重的手工操作，有些矿则直接用洋法进行改造，机械化程度有了不少提高。这些，对于提高生产、减轻劳动强度、减少事故都起了积极作用。

第四，出现了许多安全生产的先进单位，总结和推广了他们的先进经验。小型煤矿虽然设备比较简陋、技术条件较差，如果认真重视了安全生产并采取有效的措施，同样可以避免伤亡事故。事实上，长时间保持安全生产的煤矿几乎各省各地区都有。如山西省阳城县桃迪煤矿、河北省青龙县缸窑沟煤矿、湖南省双峰县南塘煤矿和朝阳煤矿、涟源县荷塘煤矿、醴陵县石成金煤矿、陕西省邢县百子沟煤矿、江西省平乐县下冲乌煤矿等，都是从解放以后十年或十多年来从未发生重大伤亡事故的先进单位。老解放区的山西省兴县车家庄煤矿、灵丘县银厂煤矿、陕西省米脂县长顺煤矿更保持了解放二十年来安全生产的先进纪录。其他如保持几年无事故或自“大跃进”以来兴建后一直保持安全生产的矿就更多了。这些都是安全生产方面的红旗和标兵。他们积累了十分丰富的先进经验。总括说来，这些经验主要是：

（一）政治挂帅，领导重视。加强政治思想工作，坚决贯彻安全生产方针，及时纠正各种错误认识，在领导干部和工人中巩固地树立起安全生产的思想，并且反复地向工人进行安全生产教育。

（二）发动群众，开展了多种多样的群众性的安全活动，进行安全检查和竞赛评比，建立群众性的安全组织，大闹技术革新，并采取措施防止和消灭事故。

（三）建立和健全了安全组织机构，加强日常安全工作，认真建立并坚持贯彻安全生产的各项规章制度以及管生产必须管安全的安全生产责任制度。

（四）认真做好安全技术工作，研究和解决安全生产中的关键问题。如改善通风，消灭明火；健全顶板管理制度，坚持“敲帮问顶”，及时架支柱；弄清老窿积水情况，遇有水害区域坚持先探后采，有准备地进行安全放水等，避免了瓦斯、冒顶、透水等各项事故。

我们的任务就是要认真总结并大力推广这些安全生产的先进经验，树标兵，插红旗，开展学先进、比先进、赶先进的竞赛，使更多的单位和职工提高到先进水平，保证生产的不断跃进。

地方小型煤矿的劳动保护工作，如上所述，已经取得了很大的成绩，对于保证职工的安全和健康，对于促进生产的迅速发展发挥了积极的作用。但是发展还很不平衡，许多方面工作做得还不够。特别是去年“大跃进”以来，新建小矿如雨后春笋般地遍地开花，有些生产管理制度还不健全，安全工作还没有及时跟上去。据我们了解，当前存在的主要问题是：第一，安全生产管理比较薄弱，缺乏安全技术指导。第二，新工人、新干部多，缺乏安全生产的基本知识，加之有些矿安全教育工作赶不上。第三，由于设备和技术条件差，对于瓦斯、水害和冒顶等事故的防止、控制力量还较弱。

由于上述原因，必须十分重视地方小型煤矿的安全技术和劳动保护工作，尽量避免和减少事故，这是当前我们劳动保护工作的一个重点。

(三)

保护职工在生产中的安全和健康，是我们党和政府的一项重要政策，也是促进生产不断发展的重要条件。党的八届八中全会决议指出：所有企业都要加强管理，加强设备维修，保证安全生产。地方小型煤矿也必须在党的领导下，依靠群众，大力贯彻安全生产方针，“多快好省”地生产煤炭，供应地方工业和当地人民生活需要，并为农业的技术改造服务。

为了贯彻党的安全生产方针，我们必须认识到：人们的生产活动是同自然界作斗争，在人与自然界作斗争的过程中，客观上存在着一些不安全因素，因而有发生事故的可能性，但这只是问题的一个方面。另一方面也必须指出：自然界是可以被人认识和征服的。劳动保护工作的任务就是要发挥人们的主观能动性，积极采取有效措施，克服不安全因素，保证生产顺利进行。

“安全为了生产，生产必须安全”，就是在这个认识基础上提出来的。如果把安全工作和生产工作对立起来，只抓生产不管安全，只顾完成生产任务，不管工人的安全和健康，这是完全错误的。事实证明，做好安全工作，正是为了更好地生产。如果发生了事故，不仅人身将受到损害，而且生产也不能正常进行，甚至会遭到破坏。

煤炭生产主要是井下作业，水、火、瓦斯、顶板等不安全因素较多，特别是小煤矿的条件更差，这就需要我们充分地发挥主观能动作用，努力做好安全生产工作。

但是，目前在某些干部中，还有一种“事故难免”论者，他们认为搞煤矿就难免不出事故，所谓“石头缝里夹块肉，哪有不死人的道理”“常在水边站，怎能不湿鞋”。这是一种忽视了人的主观能动作用的右倾思想的表现。要知道，事物是有它发生、发展和消亡的规律的，只要我们经过不断地摸索和研究，是完全可以认识和掌握这种规律的，并由此采取相应措施，“对症下药”，就能够收到“药到病除”之效。前边谈的许多十年甚至廿年保持安全生产的例子就证明了这点。所以，“事故难免”论只能松懈人们与事故作斗争的意志，使人们屈服于不安全因素的作用，这显然是十分有害的。

另一种错误思想是强调小型煤矿“条件差”，不能保证安全生产。不错，小型煤矿条件是比较差些，这是客观事实，条件差给安全生产带来一定的困难。但是，条件差不一定就会发生事故。条件差的小型煤矿有的多年没有发生过事故，而条件好的大、中型煤矿有的却发生事故。问题的关键在于：人们的思想是否重视安全生产，是否能充分发挥主观能动作用，积极改变这些不安全的条件，而不是坐等条件变化。江西省公社经营的下冲鸟煤矿没有机械设备，也没有技术员和工程师，只有一名老工人技术比较高，却做到了十年没有发生死亡事故和重伤事故。四川省永川县同兴煤矿利用矿井水源作动力发电充制土电瓶（用碗口大的水冲动零点五千瓦发电机），从而消灭了由于明火照明引起瓦斯爆炸的危险。由此可见，只要处处警惕，时时想办法，人人动手，条件是可以改变的，事故也是可以避免的。

还有一种“大跃进就不能讲安全”的错误论调，这是把“多快”同“好省”对立起来，只要“多快”不要“好省”。党的八届八中全会以来，在全国掀起的生产新高潮，一般达到了高产、优质、低耗和安全的要求。如辽宁省许多地区的企业里就做到了生产、安全双跃进，生产增加了，伤亡事故降低了。这些事实充分地证明了，在“大跃进”中完全可以做到安全生产。

各地区和各企业应该结合反右倾、鼓干劲，认真批判这些与党的安全生产方针相违背的右倾思想和观点，提高广大干部和群众的认识，鼓足革命的干劲，在每个人的思想上牢牢地树立起安全生产的红旗。

（四）

根据地方小型煤矿的情况和特点，我们认为，当前小型煤矿劳动保护工作的主要任务是：在地方党委的统一领导下，充分发动群众，通过以“五改”为中心的“四比”红旗竞赛运动，有计划地改善劳动条件，大力防范自然灾害，减少伤亡事故，努力减轻笨重的体力劳动，保障职工的安全和健康，以提高劳动生产率，促进生产的大跃进。

为了实现上述任务，除了大力宣传贯彻党的安全生产方针，批判和纠正各种错误认识外，在具体工作中，还应做好下面几项工作：

第一，进行广泛深入的安全教育工作。

如前所述，地方小型煤矿中的干部和工人，技术水平较低，生产经验缺乏，特别是“大跃进”以来的新工人，不久以前还是农民，井下作业知识和经验更少，甚至有些人还存在迷信思想，说什么“挖煤如取宝，山神把我找”“生死由命，在劫难逃”。这就要求广泛地、深入地进行安全教育工作，特别是依靠老工人团结教育新工人，以提高他们的安全生产技术水平，增强他们同自然界作斗争的信心，提高他们同自然界作斗争的能力。安全教育的内容应包括思想教育、技术教育和纪律教育三方面，使他们巩固地树立起安全生产思想，具备必要的安全技术知识，严格遵守操作规程，避免盲目性，防止冒险作业。安全教育的方式方法应该多种多样，并且利用一切可以利用的机会和条件，如下井前的井口教育、现场操作指导、互相观摩座谈、训练班讲课、广播、黑板报以及总结事故原因、吸取教训等。安全教育要做到经常化。各地区和各行业主管部门应根据本地区和本系统的具体情况，编写一些安全教育的小册子、教材，帮助和督促所属各矿开展安全教育工作。普及安全技术知识是保证安全生产的一个重要方法，而在当前，尤为重要。

第二，加强安全生产组织管理，建立和健全各种必要的制度。

加强安全生产组织管理工作，建立、健全和贯彻执行安全生产规章制度是企业经常性的工作，可以随时发现和解决妨碍安全生产的各种问题，防止事故的发生和妥善处理事故发生后的善后工作。这里，首要的是规定定期的和不定期的安全生产大检查制度，开展群众性的安全活动和评比竞赛。各矿可以分别情况，规定具体指标，按班、按日、按旬、按月进行定期检查；同时，也可以根据情况，在一季、半年或一年内，开展全面的或专题的大检查，通过检查，树立标兵、红旗，推广先进经验，进行评比，以推动安全工作的深入开展。其次，要配备专管安全工作的机构或人员，在专县营煤矿应有专职机构或干部；在公社营煤矿应有专职干部或兼职干部（湖南省涟原县和河南省郏县对公社煤矿的管理方法，各地可以参考）。应建立安全生产责任制度，具体规定各级管理生产的人员对于安全所负的责任，在群众中建立安全网，形成“人人管生产、人人管安全”的良好局面。专职安全人员要协助领导研究情况，提出改进安全生产的措施和意见，并具体帮助矿坑、小组搞好安全生产工作。此外。还要认真贯彻国务院颁布的伤亡事故调查处理报告规程，认真总结事故的经验教训，避免以后发生类似事件。

在组织生产时，要根据工人的技术高低，经验多少，体质强弱，年龄大小，合理组织劳动力，使每班、每组、每个工作面都有安全生产的核心力量，这对保证安全生产也是很重要的。

制订必要的安全操作规程和安全技术措施，并根据生产条件的变化，及时修改规程制度，使之适应生产的发展。特别是要针对瓦斯、透水、片帮冒顶、火药爆炸等容易发生事故的情况，加强有关防水、防火、防止片帮冒顶、防止瓦斯和火药爆炸的技术措施。在防止片帮冒顶方面，要经常“敲帮问顶”，发现松动岩石，要分别采取撬落、支柱或支架等办法。要做到工作面直、支柱直、充填直。在防止透水方面，要进行社会调查，了解周围老窿积水情况与地质情况；如有水害危险，应当有掘必探，边探边进，如探出有水，一定要做好一切安全放水准备工作，再拔出钎子放水。在防止瓦斯事故方面，要加强通风管理，入风井口和出风井口要有一定的高低差，如出风井不够高，可筑烟囱加高，要根据要求设风门、风帘、风桥，巷道不可太小或弯曲太多，老窿、空巷要封闭以防止跑风、漏风。要严格禁止在井下吸烟，加强瓦斯的测定工作，瓦斯超过规定浓度，应按规定停采改进。在防止爆破事故方面，要有专存雷管、炸药的仓库，要有严格的领发清退制度，爆破前要警戒，爆破后要过一定时间再进入工作面，遇有拒爆，不能掏挖，必须打平行眼重新爆破等。

规章制度文字不宜太多，最好是编“顺口溜”，规定几条，“几要”“几不要”；“几好”“几不准”，使工人容易记忆背诵，能够真正贯彻到生产活动中去，做到安全生产。

技术措施和操作规程制度，在制订、执行和修改过程中，都必须贯彻群众路线，发动群众讨论制订和修改，依靠全体工人群众共同努力贯彻执行。迷信规章制度，把规章制度看成是一成不变，固然是不对的，但是没有科学和事实的依据，轻率否定或不执行规章制度也是不对的，这同党提倡的破除迷信、解放思想没有任何相同之处。要让群众养成自觉地遵守规章制度的习惯。对遵守规程制度好的应给予表扬，对违反规程的应予制止，对一贯违反规程冒险的作业，甚至造成重大损失的，应予以严肃处理。这样才能保持规程制度的严肃性，使其真正能够对安全生产起到保证作用。

第三，发扬共产主义的协作精神，大闹技术革新和技术革命，不断改善劳动条件。

我们知道，技术革新与技术革命对发展生产来说，有着极其重要的作用，是从根本上改造小型煤矿的关键；也是减轻体力劳动、节省劳动力、改善劳动条件、保证安全生产和提高劳动生产率的有效措施。因此我们的要求是：争取在一两年内，基本上消灭独眼井和明火灯，特别是对瓦斯矿井的明火灯，更应抓紧提前解决（非瓦斯矿可斟酌情况）；逐步改善通风管理和采煤方法；逐步实现通风、排水、运输、提升的土机械化、半机械化或机械化。实现了这个目标，将使我们可以初步控制井下自然灾害。这对提高生产、减少事故，保障工人在生产中的安全和健康会起到重要作用。因此，各地煤炭部门、劳动部门以及其他有关部门，应当把上述要求作为今后数年内，在小型煤矿中的劳动保护工作的一项重要奋斗目标。各地可根据当地的具体条件，做出规划，积极发动群众为实现这个目标而奋斗。

各地在规划时，应当先抓安全生产中的首要问题。在方法上，要尽量节省人力，充分利用畜力，争取利用动力。要注意因地制宜，就地取材，先土后洋，土洋结合。例如，消灭明火下井，暂时无条件用洋矿灯的，可以采取四川省和湖南省的办法，用土电瓶，土电灯；通风设备不可能全用电动通风机的，也可以用人力、畜力，以及水力带动的木风机和蒸汽通风；运输不可能都用蒸汽绞车的，可以用土绞车；排水不可能用洋水泵的，也可以用土水泵或解放式水车。总之，要注意依靠群众，自力更生，避免只伸手要洋设备，而不去想土办法。各矿领导人要善于根据本矿情况提出奋斗目标，引导群众大搞技术改造。各地煤矿主管部门和劳动部门，也应注意总结经验及时推广。在技术革新和技术革命过程中，要提倡领导干部、工程技术人员和工人团结合作，老工人和青年工人团结合作以及企业间和地区间的合作支援，大矿帮助小矿，老矿帮助新矿，先进帮助落后。总之，要充分依靠集体主义的力量，来完成这一伟大的历史任务。

第四，关心职工生活，劳逸结合。

党的八届六中全会决议指出："群众的干劲越大，党越要关心群众生活。党越是关心群众生活，群众的干劲也会越大。"最近全国工业会议指出：要组织职工有劳有逸地进行生产，避免加班加点。我们应该认真地贯彻这个精神，加强企业管理，既要鼓足干劲，又要使职工有必要的休息时间，这样才能使职工精力充沛地进行生产。只要我们认真地、有节奏地组织生产，职工在八小时的工作时间内可以发挥出更高的生产效率。如果过分地延长工作时间，效率会相对减低，劳动时间反而造成浪费。根据科学分析，一个劳动者每天在八小时以内工作，精力最充沛，超过八小时，精力会逐渐减弱。当然，这样说并不是完全禁止加班加点，必要的时候，如为了改进技术、改进工具和改进操作方法，需要认真钻研和反复试验，在这种情况下，延长一些工作时间是可以的，但事后应该给以适当的补休。

除了在工作和休息方面应该关心职工以外，还应该在日常生活方面，尽可能帮助安排妥帖。在当前，如井下喝水问题、洗澡问题、工作服和防护用品问题，都要尽可能适当解决。在可能的条件下，要组织群众搞些副食品生产，使副食品部分自给、半自给以至完全自给，以不断改善职工生活。现在有些矿已经做到了自给自足。这对于稳定职工生活，鼓舞职工生产情绪都起了积极作用。

这次会议很重要，它不仅预示着地方小型煤矿生产的进一步提高，而且也预示着劳动保护工作的进一步加强。通过技术改造将会改变小型煤矿的落后面貌，从而也将改进小型煤矿的安全生产状况。这是一个非常光荣的任务。我希望同志们认真地开好这次会议，担负起这个重大的任务。

24. 高举总路线红旗,大力加强劳动保护工作,为生产建设“大跃进”服务

——在第四次全国劳动保护工作会议上的报告

劳动部副部长　毛齐华

1960年4月10日

自从第三次全国劳动保护工作会议以来，已经有一年半的时间了。在过去的两年中间，我国人民在党中央和毛主席的领导下，实现了连续的“大跃进”，取得了提前三年完成第二个五年计划主要指标的伟大胜利。在“大跃进”中，劳动保护工作起了积极的促进作用，并且取得了许多宝贵的经验。这些经验应该加以总结，以便更好地指导今后的工作。一九六〇年，是我国在整个六十年代持续跃进中具有重要意义的一年，为了加快社会主义建设事业的发展，提前和超额完成今年的更好、更全面的跃进计划，一个全民性的以实现机械化、半机械化、自动化、半自动化为中心的技术革新和技术革命的群众运动，正在蓬勃开展。如何加强劳动保护工作，以适应和促进这个形式的发展，也是当前迫切需要解决的问题。我们这次会议是在这种大好形势之下召开的，他的任务就是要总结和交流第三次全国劳动保护工作会议以来劳动保护工作的经验，特别是开展安全生产大检查运动的经验，确定今后的劳动保护工作任务，以便使我们的工作更好地为生产建设的持续跃进服务。

一

安全生产大检查运动和安全生产竞赛，是劳动保护工作贯彻党的群众路线的具体表现形式，是广泛动员和组织职工群众做好劳动保护工作的有效方法。在解

放开头的几年中，通过安全生产大检查运动，在工矿企业中，大张旗鼓地宣传和贯彻了党的发展生产、保护劳动者的政策，检查出了大量不安全和不卫生的问题，并且做了及时处理，从而保证了安全生产，促进了生产建设事业的恢复和发展。同时，对于旧社会遗留下来的“只要工人干活，不顾工人死活”的资产阶级思想进行了强有力的批判，使安全生产方针深入人心，并且逐渐成为人们的习惯。多年来，我们一直继承并发展了这个优良的传统，去年一年，全国各地开展了规模空前巨大的群众性的安全生产大检查运动，在全国工矿、交通、基建企业中，有百分之八十至百分之九十的职工投入了这个运动。在这个运动中，各级党委书记亲自挂帅，抽调了大批干部，成立了专门的检查机构，领导运动的开展。许多省市还组织了千人、万人的检查团，中央和地方的许多产业部门，也组织了专业检查团（冶金系统组织的检查团规模最大），深入企业推动运动的开展。有的产业部门用电话会议形式，布置与指导安全生产大检查运动（铁道部开的次数最多）。黑龙江省召开了全省广播大会，听众有一百五十万职工，省长亲自布置了劳动保护工作。由于各级领导的决心大，群众发动得充分，因而，这个运动声势大，持续久，检查的范围广，解决的问题多，效果十分显著。

在安全生产大检查运动中，职工们揭发生产中大量的不安全和不卫生的问题，经过群众性的整改，这些问题大部分得到了解决。使企业的安全卫生状况进一步得到了改善。根据十五个省、市、自治区的统计，在安全生产大检查运动中，从思想上、设备上、制度上、措施上提出的意见、检查出的问题有九百二十四万多件，其中已经解决的占总数的百分之八十五点六。一时不能解决的问题，大多数也订出了规划，逐步加以解决，领导和群众心里也有数了。通过大检查，许多地区和产业（如河南、福建、安徽、浙江、辽宁、甘肃、广东、广西，煤炭、机械、水利电力、石油、林业等）的工伤事故都有下降。通过安全生产大检查运动，更加鼓舞了工人群众的生产热情，使他们进一步体会到党对他们的无限关怀。工人歌颂道：“过去做工真苦恼，穿不暖来吃不饱。老板只顾捞钞票，安全根本谈不到。新社会里真正好，工人生产天天高。人人感谢共产党，安全生产有保障。”

"大跃进"以来，全国工业、基本建设、交通运输、农林水利和城市公用事业方面增加了两千多万新职工，差不多相当于这些部门原有职工的一点五倍左右。新工人大量涌进生产战线，迫切需要安全生产的知识。在安全生产大检查运动中，通过群众的鸣放辩论，通过对各种错误认识、糊涂思想的分析和批判，通过对不安全和不卫生问题的揭发和处理，通过对职工群众特别是新职工进行了一次深刻、生动的安全生产教育，党的安全生产的方针已经为更多的群众所掌握。安徽省肥西县在安全生产大检查以后，工人中流传着这样的诗句："共产党像太阳，总路线放光芒，安全生产好主张，提高工效保安康。"运动中大量地揭发和解决问题，也无异于开设了一期训练班，使全体职工普遍地受到了训练，提高了思想认识，普及了安全生产知识。

一九五八年"大跃进"中，企业中破除了许多烦琐的、不合理的、束缚生产力发展的规章制度，其中有不少是属于安全生产方面的。吸取了"大跃进"以来的经验，在这次安全生产大检查运动中，除了继续破除那些落后的和不符合生产需要的安全规章制度以外，各地区和各产业部门着重进行了新建和修订安全规章制度的工作，把安全生产的先进经验和其他好的做法，从制度上巩固下来。一些新建企业原来缺乏安全规章制度的，也已陆续建立起来。据西安市统计，新建立的安全规章制度累计约有一万六千多个，修订的有一千三百多个，修订的安全公约近六万个。不论是新建立的或修订的安全规章制度，都是经过发动群众充分讨论，然后确定的，这就不仅使安全规章制度更符合实际情况，而且也使群众对于安全规章制度的目的和要求有清楚的了解，为以后自觉地贯彻执行奠定了基础。在组织建设中，许多企业建立、恢复和健全了安全技术职能机构，并且根据生产的需要，配备了适当的人员，确定了业务职责。据十五个省、市、自治区统计，现有安全技术干部六万九千多人。由于企业里有了专人管理劳动保护工作，这就便于企业领导干部考虑和研究生产安全中的问题，加强对这项工作的领导。在宣传教育工作方面，也有很大成绩。据十六个省、市、自治区统计，一年多来，通过各种训练班，训练了职工三十三万四千多人，培训锅炉检验人员三千多人，司炉工三万八千七百多人。在北京举办了全国性的劳动保护展览会；据十三个省、市、自治区统计，还举办了二千三百多次展览会；这对扩大安全生产的宣传教育，广泛交流劳动保护工作经验，起了很大作用。

在大检查运动的基础上，许多地区和企业在开展生产竞赛的同时，开展了安全生产竞赛的群众运动，这是巩固安全生产大检查的成果和把保护工作经常化、群众化的良好方法。竞赛的形式，比较普遍的有安全运动员、百日无事故运动、安全生产积极分子大会、安全生产誓师比武和技术表演赛中的安全表演赛等。通过竞赛评比，大树安全生产的红旗，广泛交流了先进经验，形成学先进、比先进、赶先进、帮后进的热潮，安全生产的先进人物越来越多。据十五个省、市、自治区的不完全统计，就评选出一万多个先进单位、十几万个先进人物。在石油系统中，荣获安全生产红旗的有十二个厂、七十九个车间和三百一十七个工段。建筑工程部所属的三个局和北京、上海、吉林、贵州等省、市的建筑企业，已有百分之八十至百分之九十的队组消灭了大小事故，做到了安全生产。去年许多地区和企业开展了高产、优质、低耗、安全的竞赛运动，这样，就把安全与生产更加紧密地结合起来，使安全生产竞赛的群众运动大大地前进了一步。

在安全生产大检查运动和安全生产竞赛中，结合企业的技术革新和技术革命运动，全国各地区和各企业的职工，发扬了敢想、敢说、敢做的风格，对于各项安全技术，进行了许多改进和革新，解决了很多安全生产的关键性问题，促进了生产的发展，保证了职工的安全和健康。这里，可以举一些具体事例。在煤矿方面，推行了水力采煤，大大减少了在采掘中的伤害；采用了攉煤运料联合机，使工人放下了铁锹，现在更进而研究试验“无人工作面”；湖南、四川小煤窑中推行了土电灯、土电瓶代替井下明火灯，防止了瓦斯事故。建筑方面，采用了自动升降台，代替了脚手架，大大减少了高空坠落事故。锅炉方面，推广了外砌炉膛，提高了出力，节省了钢材，并改善了原有的不安全的缺陷，加装了自动抛煤机后还大大减轻了劳动强度。装卸搬运方面，北京市广安门车站和沈阳市的装卸搬运机械化、半机械化程度大大提高了。天津市有六十多个单位实现了机械化、半机械化。太原市有一半工种、上海市有二十万工人摆脱了手工操作和笨重体力劳动。防止矽尘危害方面，在第三次全国劳动保护工作会议时的统计，全国有矽尘作业的企业，只有一百一十一个单位的粉尘浓度符合国家规定标准；“大跃进”以后，企业行政和职工采取许多办法，降低粉尘浓度，现在，仅据十二个省、市、自治区的统计，即有八百五十七个有矽尘作业的单位达到了国家标准。河北省有百分之八十五的作业场所达到了国家规定的标准。许多企业推广了单机自动化、生产联动线和生产自动线，大大减轻了劳动强度。哈尔滨猪鬃加工场，经过八十多天的苦战，就使百分之七十九的工序实现了机械化，使劳动生产率提高了百分之一百八十三，从根本上消除了繁重劳动和粉尘、恶臭以及各种病菌等对工人的危害。翻砂、浇铸实现了机械化和自动化，从而改善了劳动条件，消除或减少了烫伤事故，有的工人反映：“翻砂车间像医院，穿上白衣翻铸件，三天不换不要紧，过去从来没听见。”去年的防暑降温工作，由于各地认真地发动了群众，开展技术革新运动，加上动手早、准备好，因而取得了良好的效果。上海市结合技术革新运动，采取了许多降温办法，充分发挥了降温设备潜力，有效地控制了热源；武汉市三十三个企业中，由群众自己制造的风扇就有六七百台；重庆第三钢厂的职工，在短短的七天中，完成了一百五十一项防暑降温措施；长春陶瓷厂，采取了快速烧窑法以后，烧窑时间由六十六小时缩短到二十二小时，温度由八十摄氏度降低到三十五摄氏度，增加了凉窑时间。以上所举技术革新的事例，虽然有的主要是生产技术上的改革，但是，它们同时也改进了安全技术和劳动保护的状况，使职工在操作时更加安全了，笨重的体力劳动减轻了，环境卫生也得到很大的改善。

安全技术的革新和劳动条件的改善，并不是什么神秘莫测、难以捉摸的事情。一些安全生产红旗单位的经验表明，只要放手发动群众、破除迷信、解放思想、反复思考、苦心钻研、充分发挥人的主观能动作用，任何坚固的堡垒，都可以被职工群众的干劲和智慧所攻克。从全国劳动保护展览馆展出的实物、模型和图片，就可以看出我国工人阶级在为争取更高的生产效率和更良好的劳动条件而做出的努力的一斑。

如上所述，劳动保护工作有了很大的进展，获得了显著的成绩：职工的劳动条件有了很大的改善，一些笨重的体力劳动大大减轻了，许多地方和企业的工伤事故和职业病减少了。所有这些，保障了职工群众的安全和健康，促进了生产建设事业的跃进。这些成绩的取得，主要是党中央和各级党委对劳动保护工作的重视，并且加强了领导的结果；是各企业主管部门、卫生部门、公安部门、劳动部门、企业领导干部，以及各级工会组织和广大职工群众积极努力的结果；同时，也是第三次全国劳动保护工作会议根据总路线的精神和要求，规定了正确的方针和任务的结果。当然，在这段时间里，劳动保护工作还是存在着不少缺点和问题的。主要是在某些企业中还发生了一些本来可以避免的工伤事故；安全生产大检查运动发展得不平衡，个别地区和有些企业群众发动得不够深透，检查得不很细致；安全生产竞赛运动和经常性的工作结合不够；对于安全生产的先进经验，深入总结、及时推广的工作做得也不够等。这些，都需要我们在今后认真对待、努力改进。

二

保护劳动者的安全和健康，是我们党和国家的一项重要政策。几年来特别是“大跃进”以来的经验证明，党所确定的安全生产方针，和我们根据这个方针所采取的措施是正确的。同时，在思想建设工作上也取得了很大的成绩，这些成绩应当肯定下来。就其主要的方面说，有以下几点：

一、党的安全生产方针，是指导劳动保护工作的最基本的方针。这个方针是我们党和国家的性质所决定的，这不仅因为人是我们国家最宝贵的财富，必须保障职工在生产中的安全和健康，而且因为劳动者在生产过程中安全健康与否，是直接影响生产的一个重要因素。生产环境安全，劳动条件好，劳动者就安心致志地进行生产；反之，劳动条件不好，职工的安全和健康得不到保障，甚至发生工伤事故，生产就不能持续进行。党的安全生产方针，是把发展生产和保护劳动看成一个统一的整体。“生产必须安全，安全为了生产”，劳动保护工作“从生产出发，为生产服务”，都是根据这个方针而提出来的。在具体工作中，管生产的人员同时管安全工作，在编制生产技术措施计划的同时，编制安全技术措施计划，以及“高产、优质、低耗、安全”的劳动竞赛评比条件等，都是在安全生产方针指引下的产物。多年来的实践证明，这个方针是完全正确的，对生产建设事业的发展起了积极的促进作用，深受广大职工群众的拥护。可是，这个正确的方针，还不是已经被每一个人所了解，还需要不断地进行宣传教育。

有人说："事故难免。"不错，在生产活动中，是存在一些不安全的因素，有发生工伤事故的可能。但是，可能性和现实性终究是两回事情。人是自然界的主宰，而不是自然界的奴隶。人在生产活动中，同时有认识自然和改变自然的能力，只要凭借集体的智慧和力量，不断总结经验，并且采取相应措施，事故是可以避免的。持有"事故难免"这种错误观点的人，把发生事故的可能性看作现实性，忽视了人的主观能动作用。这种错误观点的害处是松懈人们的斗争意志，其结果必然让事故不断发生。劳动保护局曾经分析了一百件重大工伤事故的原因，其中属于麻痹大意的四十八件；冒险违章作业的二十四件；安全教育工作不够、缺乏安全生产知识和经验的二十件；采取安全技术措施不及时或建筑工程质量低劣的五件；事先难以预料而突然发生的事故只有三件。这个分析可能不十分确切，但是，总还可以看出，绝大部分的工伤事故，都不是不可以避免的。

还有人说："生产跃进不能讲安全。"生产建设任务加重了，向自然界斗争的广度和深度扩展了，不安全的因素会增多，这是事实。但是，正因为如此，为了保证生产的不断跃进，就必须认真地贯彻安全生产的方针，积极消除这些不安全的因素。工伤事故的多少并不是注定跟随生产任务的大小而转移的，"事在人为"，关键还是人们的主观努力问题。事实证明，哪里重视安全生产，哪里的工伤事故就少，生产跃进就有保证；哪里不重视安全生产，哪里的工伤事故就多，生产就不可能持续的跃进。大家知道，去年我国的生产建设中曾经出现了一个小小的马鞍形，就是在这个时候，工伤事故发生了不少；在反右倾、鼓干劲以后，生产月月上升，而工伤事故却月月减少。所以说，生产"大跃进"中工伤事故一定会增多的右倾论调，是站不住脚的。

有些人虽然没有唱反调，可是却没有把安全生产当作一回事情，他们不分析生产中的有利因素和危险因素，不采取必要的安全措施，盲目蛮干，冒险作业，因而往往造成严重的后果。所有这些错误的思想、行为，都应该进行批判，并且严格制止违反安全生产方针的做法。同时，必须加强对职工的安全生产知识的教育工作，使职工消除麻痹思想、侥幸心理，自觉地遵守安全技术操作规程，进行安全作业。

二、在党的领导下，大搞群众运动，是开展劳动保护工作、搞好安全生产、防止发生工伤事故的最根本的工作路线和工作方法。政治是一切工作的统帅，要做好劳动保护工作，也必须政治挂帅，依靠党的领导，否则就会迷失方向。有依靠党的领导，就应当主动地向党委请示报告，反映劳动保护工作的情况和问题，提出改进的意见，并且在党的领导下，大搞安全生产的群众运动。群众路线是党的根本路线，也是劳动保护工作的根本路线。数千万工人在广泛的生产战线上为征服自然而战，他们最熟悉各种漏洞和不安全因素；要保证他们在生产中的安全，就必须把他们发动起来，充分发挥他们的安全生产的积极性，让他们自己动手搞生产，保护自己。否则，这项工作就很难做好。第三次全国劳动保护工作会议批判了只依靠少数专业人员单干的思想以后，一年多来，劳动保护的群众工作有了很大发展，这就是大搞群众运动的结果，同时也说明了过去曾经一度有过的只依靠少数安全技术人员的冷冷清清的做法，是错误的。去年全国各地企业，开展了轰轰烈烈的安全生产大检查运动，通过群众大鸣、大放、大辩论和贴大字报，揭发了大量不安全、不卫生的问题，并且由群众自己动手来解决，这难道还不明显吗？可是，在我们的队伍中，却还有人歪曲事实，散播种种谬论，企图不要党的领导，不要群众运动。他们认为政治挂帅与技术无关，说什么“马列主义水平再高也看不出锅炉是否会爆炸”，把党政负责干部亲自检查工伤事故这种关心职工的有重大政治意义的行为，污蔑为“只是增加点压力而已”。这种只要技术、只依靠少数人员的右倾观点，是资产阶级思想在劳动保护工作上的反映，必须严肃批判。事实上，在去年的大检查中，正是因为不少企业的党政领导人亲自挂帅，组织了技术力量，才解决了重大的安全技术问题。正是因为依靠了广大群众的集体智慧和力量，才能“多快好省”地解决了不安全、不卫生的问题，如果只是依靠少数专业人员来解决这些问题，则肯定是会少慢差费。劳动保护方面的各种技术革新的成就，也都是广大群众智慧的结晶。锅炉检验工作，由于依靠了群众，提倡自检、互检和专业检验相结合的方法，现在据十五个省、市、自治区的不完全统计，能够自检的单位已在一千个以上，互检组也有四百多个，使锅炉检验工作有很大开展。一年多来，劳动保护工作大发展的成绩，完全驳倒了这种右倾言论。

三、加强经常性的劳动保护工作，是实现安全生产的重要保证。生产是不断发展的，不安全因素也是经常出现的，劳动保护工作不可能一劳永逸。旧的不安全因素消除了，又会出现新的不安全因素。如果麻痹大意，就可能引起事故。所以，应当使带有突击性的群众运动与经常性的劳动保护工作相结合，否则，就会出现运动来了事故下降，运动过后事故上升的情况。事实上，这种现象已经在有些地区和企业里出现过。要加强经常性的劳动保护工作，最重要的就是要经常有专人进行这项工作，不断地加强对职工的安全教育，研究、检查安全方面存在的问题，并积极设法解决，没有这一条，就很难保证经常的安全生产。为此，就需要设置一定的劳动保护专职机构，普遍地建立小组安全员。过去几年中，有些企业的劳动保护机构曾经设立、撤销，再设立、再撤销，几起几落，现在大多数又已经恢复、重建起来。经验证明，劳动保护同生产是分不开的，但它又是一项专门性的工作，没有专门的组织管理，总是不利于工作、不利于生产的，所以在企业中设立专职机构和人员（规模小的企业设立专职或兼职人员），作为企业领导的助手，管理日常的劳动保护工作，是十分重要的。目前，有些产业部门和企业的劳动保护机构尚不健全，应当设法予以加强。企业中建立“人人管生产，人人管安全”的小组安全员组织，一年多来有很大的发展，仅据十五个省、市、自治区的统计，小组安全员已达80万人，不少企业都做到了“哪里有生产，哪里就有安全员”。经验证明，只要广泛地建立起安全网，并充分发挥其作用，劳动保护工作就有了广泛的群众基础，这对于组织与推动经常性的劳动保护工作是有力的保证。要发挥小组安全员的作用，必须加强企业安全技术科对他们的教育和领导，使他们懂得做什么？如何做？为什么要这样做？要防止和克服安全员网建立以后，没人领导、放任自流的偏向。

四、为了加强企业管理，不断改进劳动保护工作，应该建立起必要的安全生产规章制度，使企业和职工有所遵循。新中国成立十年来，各地区、各产业主管部门和各企业单位，根据生产的需要，建立了许多有关安全生产的规章制度，对生产和对职工的安全与健康起了积极作用。一九五八年“大跃进”中，由于情况的变化，破除了大批过了时的、不适合生产需要的一些规章制度，这也是完全必要的。但是，在某些企业中曾有一度连科学的合理的规章制度也破除了，则是不对的。安全生产规章制度是人们与工伤事故作斗争的实践总结，我们应当认真贯彻执行，这是一方面；另一方面它又是服务于生产的，企业生产不断进步，技术水平和管理水平不断提高，安全规章制度就要相适应地调整和改进，以适合生产力发展的要求，不能一劳永逸、一成不变，否则会阻碍生产的继续前进。在技术革新和技术革命运动中，由于机械化、半自动化、自动化、半自动化的程度迅速提高，劳动条件有了很大改变，原来在旧技术基础上制定的、不符合今天生产需要的安全规章制度，还要继续破除。“破”的时候，要有领导，要经过必要的鉴定和批准程序，防止不加分析、全盘否定的现象。“破”旧必须“立”新，要尽可能及时地建立起适合当前生产情况的安全规章制度，特别是在采用新的技术设备、新的操作方法的时候，工人由于不熟悉，容易发生工伤事故，更需要安全规程来指导。有了必要的安全生产规章制度，才能建立起正常的生产秩序，促进生产的发展。新建企业更应该根据生产需要，多做一些“立”的工作。同时要教育群众树立对于安全规章制度的正确态度。总而言之，凡不适应生产发展的要废除，不盲目保留；适应生产发展的要严格遵守执行，不轻率否定。破除迷信和尊重科学实践，都是实事求是的态度。有人以为安全规章制度都是束缚生产的，一味破除，这是错误的。

此外，广泛运用各种宣传教育形式，进行安全生产教育；召开积极分子会议、现场会议，举办展览会，以广泛交流经验；加强各有关部门间的互相协作；加强检查督促等，都是做好劳动保护工作的重要形式和方法。

我们的劳动保护工作的经验十分丰富。这些经验是根据中国实际情况总结出来的，它是符合党的社会主义建设的总路线要求的。前边谈到的，只是几个基本的方面。归纳起来就是：党（党的领导）、群（群众路线）、革（革新技术和科学研究)、管(管理制度和组织机构)、教(宣传教育)、交(交流经验)、协(互相协作、企业内外三结合)、查(检查督促)等八个字。如果我们认真按照这八个字所提示的方向努力，劳动保护工作就会从胜利走向胜利。

三

我国社会主义建设事业已经进入了高速度发展的新阶段。为了高速度的发展国民经济，在工业战线上，要继续贯彻以钢为纲、全面跃进的方针，迅速发展工业生产，支援农业；努力发展高级、大型、精密、尖端和新的产品；继续进行大规模的基本建设；大力发展交通运输事业；大量兴办城市和乡村人民公社工业。一个具有广泛群众性的技术革新和技术革命运动，已经蓬勃开展起来，这是个大好的形势。劳动保护工作在这一新形势下，肩负着光荣而艰巨的任务，因此，要强调“一切企业都要加强劳动保护工作，贯彻安全生产的方针”，保障职工在生产中的安全和健康。

一九六〇年劳动保护工作的任务应该是：在党的领导下，高举毛泽东思想旗帜，贯彻党的总路线，充分发动群众，高度发挥主观能动性，结合技术革新和技术革命运动，以与工伤事故作斗争为中心，积极改善劳动条件，全面加强劳动保护工作，促进生产建设持续跃进。为此，应当做好以下几方面的工作：

一、通过大力开展技术革新和技术革命运动，积极改善条件。技术革新和技术革命运动不仅是提高劳动生产率，促进社会主义建设高速度发展的根本途径，而且是改善劳动条件、减轻劳动强度，保障职工的安全和健康的根本办法。我们要尽最大努力，动员并支持职工群众积极参加技术革新和技术革命运动，并且特别注意在安全技术、劳动保护方面的革新和改进。在安全技术、劳动保护上改革的重点应该是：通过实现机械化、半机械化、自动化、半自动化，解决井下、高空、高温、毒害、粉尘、电气、物体打击、易燃易爆物品及机械等方面的不安全问题，并且减轻装卸、搬运等方面的笨重体力劳动。

安全技术、劳动保护的革新和改进，要从实际情况出发，已有的先进经验，要及时推广，学来使用；没有的，就依靠群众的力量，集中领导人员、工人群众和技术人员的智慧，共同研究创造。在措施上，能洋就洋，不能洋就土，土法上马，然后逐步改进和提高。在材料设备上，主要依靠自力更生，争取可能的外援，防止单纯地伸手向上要的倾向，以免贻误时机。此外，还要加强企业间的协作，互相帮助，互通有无。

在技术革新和技术革命运动中，必须密切注意劳动保护方面出现的新问题，及时总结研究，采取措施，加以解决。这样，既可保证职工的安全和健康，又能促进新技术更臻完备。同时，应当根据技术革命运动开展的情况，修订必要的安全规程制度，加强对职工进行新技术和安全生产知识的教育。

二、开展安全生产大检查运动，积极与工伤事故作斗争。全国各地区、各产业主管部门和企业单位应该在各级党委的领导下迅速组织力量，立即开展一次安全生产大检查运动。在运动中必须广泛发动群众，展开鸣放辩论，在提高思想认识的基础上，激发和解决生产中不安全和不卫生的问题，特别要着重解决容易发生事故的关键问题。检查的方法应是一般检查与重点检查、专业检查相结合，既要解决一般的不安全、不卫生的问题，又要着重解决重点单位的问题和突出的问题；既要注意检查工作的质量、解决问题的方法，又要注意改进措施是否扎实、具体。为了推动大检查运动，广泛交流经验，做好劳动保护工作，今年应当在协作区范围内组织一次省市间的相互检查、评比，由中央有关部门和省市有关部门共同组成检查团，相互观摩，相互学习，共同提高。

为了积极与工伤事故作斗争，应该加强对工伤事故的分析研究工作，找出规律，采取对策。根据以往的经验，应该：（一）抓重点。从产业看，要着重抓煤炭、冶金、基本建设、森林采伐、交通运输；从事故种类看，要着重抓物体打击、冒顶、瓦斯、高空坠落、塌方、爆炸、触电、淹溺、火灾等。应该加强这些方面的工作，认真总结经验，通过技术革新和技术革命，采取各种防护措施，减少以至于消灭事故。除上述重点外，对于其他部门和一般的问题，也不应该有任何忽视。有些事故虽然比较小，工伤不很严重，但是集中起来，也是很大的数字，对于生产也是个不小的损失，也并不一定比重大事故轻微。当然，上面列举的重点，是就全国范围来说的，具体到一个产业、一个地区可能有所不同，各地区、各产业以及每个企业，都应该根据自己的情况，确定重点产业、企业和工种，给予更多的注意。（二）抓季节。季节气候对于劳动保护工作有不少影响，例如，第一季度土地解冻，容易发生塌方事故；第二、三季度霪雨较多，气候潮湿，洪水泛滥，容易发生触电、淹溺事故；第三季度盛夏季节，容易发生中暑事故；第四季度和第一季度气候寒冷干燥，不少地区要生火取暖，容易发生火灾、煤气中毒事故。应该根据气候的变化，开展季节性的劳动保护工作，及早采取措施，防止发生事故。（三）抓薄弱环节。所谓薄弱环节，一般是指工作基础较差、问题较多并且容易被人忽视的单位或事情，比如建筑工地施工紧张时和在收尾工程中，容易忽视安全，事故往往增多；新建企业由于新职工多，生产操作不熟练，安全知识较差，企业管理经验较少等，也容易发生工伤事故。（四）抓平时的监督检查工作。把经常性的检查和安全生产大检查运动结合起来，及时发现问题，及时解决，并且用平时的监督检查来巩固运动的成果，处理在运动中遗留下来的问题，避免运动过后产生松劲情绪，事故回升。（五）抓职工思想动态。及时了解职工在安全生产方面的思想情况，提高他们的安全生产技术知识，增强他们和事故作斗争的信心和能力。

另外，应当认真做好劳逸结合，克服浪费工时现象，力求提高单位时间的工效，避免不必要的加班加点。

三、加强工业卫生工作，积极预防各种职业病。预防工业中的各种职业病是劳动保护工作的一个重要方面，我们应当提出有效的安全技术措施，认真地解决粉尘，特别是矽尘的危害，各种化学中毒、放射性物质的危害，以及中暑和关节炎等职业病；积极提倡除四害讲卫生，文明生产，以移风易俗，提高工人的健康水平，保证职工的安全和健康。

防止矽尘危害和各种有毒物质的工作，近年来有了不少成绩。但是有些企业尚做得不够，应当结合技术革新和技术革命运动，大力贯彻国务院关于防止矽尘危害的决定，进一步控制矽尘危害；采取密闭、通风、抽气、排烟、个人防护等措施，防止各种职业中毒。在从事有毒物质生产的企业中，应当加强对有毒物质在空气中的浓度的测定工作，定期对职工进行健康检查和早期治疗工作。对于今年的防暑降温工作，现在应迅速准备，要求做到凡是高温操作场所，都有降温措施。各产业部门、各有关单位应当大力进行上述各方面的科学研究工作，总结和提出防止各种职业病的有效措施，努力做出显著成绩。

四、加强安全生产教育工作。随着生产的迅速发展，每年都会增加大量的新企业、新设备核心职工，特别是人民公社企业发展非常迅速。所有这些新建企业都缺乏劳动保护工作基础，新职工缺少安全生产知识，因此应该帮助新企业建立正常的工作秩序和必要的安全规章制度；加强对领导干部的安全生产思想教育和新职工的安全生产知识教育，使他们逐步认识并且自觉地掌握生产技术和安全技术中的各种规律，避免由于缺乏知识、经验而造成的工伤事故；对老工人也应该加强经常性的安全生产教育活动。教育的形式和内容应该多种多样，除了坚持三级教育制以外，还应利用“安全活动日”、展览会等形式。对于已经发生的工伤事故，要认真调查研究分析，找出事故发生的原因，采取措施，避免以后再度发生，并且用事故的教训对群众进行教育，把消极因素变为积极因素。对于重大事故的责任者，应该严肃处理，以教育本人和大家。

加强对工人和干部的安全技术教育的一个重要方式是设立离职的或者是业余的训练班，教授专业知识。各产业主管部门、各地区和企业，可以根据需要，尽可能地举办这样的训练班。学习期限可长可短，教学人员可从本单位或有关单位聘请兼任。对有些工种，如车船驾驶、锅炉运行、电气、焊接、爆破、起重等的工人，必须进行专业训练，并需经过考试合格后，才能参加生产。

五、锅炉安全技术检验工作，是劳动保护工作中的一个方面，要继续贯彻锅炉安全技术检验工作从生产出发，为生产服务的方针；大力推广企业自行检验、厂际互相检验和劳动部门专业检验相结合的方法；建立和健全规章制度。各地区要认真地总结去年的经验和分析事故的原因，提出改进措施，加强督促检查工作，推动锅炉安全技术的革新和革命运动，大力推进锅炉加装外砌炉膛及其他有效的先进经验，提高锅炉设备效率。但是，在锅炉方面的重大技术革新，同样必须经过技术鉴定，才能采用，以保障安全生产。

六、加强女工保护工作。随着生产的“大跃进”，女职工人数成倍增加，目前，仅全民所有制企业、事业单位的女职工即达八百多万人，这是社会主义建设中的一支强大力量。由于城市人民公社的发展，将会有更多的妇女参加生产建设。因此，必须加强女工保护工作，做好对女工怀孕期、生育期、哺乳期、月经期的保护，并根据她们的生理特点、身体健康情况，妥善安排她们的工作，以进一步鼓励妇女参加生产建设，更好地发挥她们在社会主义生产建设中的积极作用。

为了做好以上工作，必须大搞群众运动，开展安全竞赛评比，插红旗、树标兵，做到标兵成列、红旗成林、经验成套、竞赛成网，从而更好地贯彻党的安全生产方针，使劳动保护工作取得更大的跃进。关于安全生产评比的条件，有的地区提出：（一）安全地完成任务好；（二）执行安全生产的规章制度好；（三）遵守劳动纪律、团结互助好；（四）现场的清洁卫生好；（五）经常性的安全活动好；（六）执行安全措施计划好。各地区、各部门可根据自己的实际情况，提出评比条件、具体措施和奋斗目标。

目前的形势对于实现一九六〇年的劳动保护工作任务是非常有利的：全国各地广大职工群众干劲冲天，斗志昂扬，在生产战线上已经获得了第一季度的巨大成就，并满怀信心地为季季红、全年红、满堂红而热情奔放地劳动着；各级党委对劳动保护工作十分重视，加强了领导；广大干部和工人群众已经积累了丰富的经验；安全生产的方针已经深入人心；各部门的协作关系比以往更加密切了；由于生产建设事业的发展，安全生产也有了更好的物质条件等；特别是一个全面性的以机械化、半机械化、自动化、半自动化为中心的技术革新、技术革命的群众运动，正以燎原之势在全国工业、交通、基本建设各个战线上猛烈地开展起来。所有这些，都说明形势无限好。让我们一切企业管理人员、劳动保护工作人员和广大职工群众，一致行动起来，鼓起更大的革命干劲，在已经取得的成绩的基础上，进一步开展劳动保护工作，更好地为一九六〇年生产继续全面跃进服务。我们的任务是光荣的、艰巨的，困难也是有的，但是，只要紧紧依靠各级党委的领导和广大职工群众的共同努力，高举毛泽东思想旗帜，努力学习，提高思想政治和业务技术水平，发挥主观能动作用，就一定能够克服困难，胜利地完成劳动保护工作任务，促进生产建设持续跃进。

25. 鼓足干劲，积极做好劳动保护工作，促进生产建设持续跃进

——在第四次全国劳动保护工作会议上的总结发言摘要

劳动部部长　马文瑞

1960年4月20日

这一次劳动部同全国总工会召开的全国劳动保护工作会议，从开幕到今天，开了整十天。这次会议听了毛齐华同志、康永和同志和杨之华同志的报告，经过大会、小会的讨论和交流经验，使大家对于劳动保护工作提高了思想认识，弄清了一年多来的经验教训，明确了任务，更有了办法。所以这次会议是很有收获的，达到了预定的要求。我们相信，经过这次会议，一定可以把今年的劳动保护工作大大推动起来，做出显著成绩。

因为要求会解决的问题，已经得到解决，在今天会议结束的时候，我只再补充讲一些问题。

一、成绩巨大，问题还有

在党的一贯重视下，无论在“大跃进”以前和“大跃进”以来，我们对于企业职工的劳动保护，做了大量的工作，获得了巨大的成绩，概括地讲：一是工作基础更强了。党的安全生产方针在大多数企业中已经深入人心；制定和实行了许多保证安全生产的规章制度；创造了许多好的经验和工作方法；培养出一批劳动保护工作的干部（据十五个省、市、自治区的统计，有劳动保护干部近七万人，小组安全员八十多万人）。二是职工的劳动条件已经得到了根本性的改善。由于我们向来注意了在生产劳动中的通风、照明、降温、防寒、防水、防火、防

尘、防毒、防爆炸、防触电、防机械伤害、防高空坠落等，因而工伤事故和职业病的发病率在多数企业中日益减少，并且越来越多地出现全年无事故和多年无事故的单位，在克服矽尘危害方面，也取得了特别显著的效果；由于我们进行了许多改革生产工具的工作，特别是最近时期的大搞技术革新和技术革命，职工的劳动强度也大大减轻了。三是对于广大女职工根据其有别于男职工的特殊问题，实行了另外照顾的劳动保护措施。所有这些，不仅保证了职工的安全和健康，而且对于国家的生产建设事业，起了有力的促进作用。

我们做了很多工作，成绩巨大，但是决不应该只满足于已有的成绩，必须要求做得更好。为此，就应该严格地检查工作中还存在着问题。我们工作中还存在些什么问题呢？我认为主要的是有些企业对于预防工伤事故还注意得不够，以致发生了本来可以避免的工伤事故。此外，在某些企业中，职业病和职业中毒的情况仍然存在；某些企业对于劳逸结合的问题还没有完全解决；某些企业对于女工的特殊保护工作还注意得不够。这些问题，虽然只是存在于少数企业中，但是值得我们首先注意，迅速求得改进。

二、对于劳动保护工作应该如何看待

为了劳动人民的安全和健康，为了生产建设的持续跃进，都必须做好劳动保护工作。

大家知道，我们的党是工人阶级政党，我们的国家是社会主义国家。我们党和国家的这种性质，决定了我们要和劳动人民同呼吸、共命运，要处处注意为劳动人民打算，不允许有官僚主义。因此，就不能不关心广大职工的安全和健康。这也是我们和资本主义国家根本不同的标志之一。资本主义国家只重视保护资本家的财产（机器、设备）和最大的利润，不考虑保护劳动者，即使做一点子，归根到底也是从保护私有财产、取得更大利润出发的，他们的根本政策是压榨和摧残劳动者。所以，有的同志讲，漠视生产中的安全是资产阶级思想的反映，是阶级观点、群众观点问题，是有一定道理的。

那么，重视职工的安全和健康，是不是意味着把生产放在第二位呢？不是的。恰恰相反，重视和做好劳动保护工作，正是为了更好地发展生产，为了更好地跃进，为了贯彻执行党的鼓足干劲、力争上游、“多快好省”地建设社会主义的总路线。因为大家知道，生产建设是靠人搞的，再现代化的设备和技术，都是要靠人去创造和掌握的，所以，我们必须在政治挂帅的前提下，使广大职工有安全的工作条件，有卫生的工作环境，有健康的身体，这是鼓足干劲、搞好生产的重要条件。如果不注意劳动保护工作，就会损害职工的身体健康，使职工的生产积极性受到影响，经济上也要受到损失。这样，也就有碍于生产建设，有碍于“大跃进”，有碍于“多快好省”的贯彻实现。所以说，我们做好劳动保护工作，同时是为了职工的安全与健康和搞好生产、搞好“大跃进”。

三、劳动保护工作的任务和当前的工作重点

人在生产活动中，在和自然界作斗争中，会遇到不安全的因素和危害人身健康的因素，劳动保护工作的任务，就是要通过改善劳动条件和采取种种防护措施，克服这种不安全的和危害人身健康的因素，从而保障职工的安全和健康，以便能够顺利地进行生产，促进生产的发展。

劳动保护工作的主要内容是：①在发展生产和革新技术的基础上改善劳动条件，变笨重为轻便，变危险为安全，变有害为无害，变肮脏为清洁；②与工伤事故作斗争，减少和消灭工伤事故；③与职业病和职业中毒作斗争，防止以至消灭职业病和职业中毒；④做好劳逸结合，安排好职工的劳动和休息；⑤对女工进行特殊的保护，妥善地解决女职工在劳动中由于生理条件而引起的一些特殊问题。

我们进行劳动保护工作的许多办法，如做好思想教育和技术教育；开展安全生产大检查运动；进行竞赛评比和推广先进经验；制定和贯彻执行劳动保护规章制度；制定和实施安全技术措施计划，解决防护用品和设备；进行劳动保护的科学研究工作等，都是为了解决以上这些问题的。当然，工作办法是极端重要的，根据几年来的经验，最主要的是：在党委领导下，大搞群众运动并且和必需的经常工作相结合。

今年劳动保护工作的总的任务，就是毛齐华同志在报告中所提出的：在党的领导下，高举毛泽东思想旗帜，贯彻党的总路线的精神，充分发动群众，高度发挥主观能动性，结合技术革新和技术革命运动，以与工伤事故作斗争为中心，积极改善劳动条件，全面加强劳动保护工作，促进生产建设持续跃进。就是说，劳动保护工作，要为生产建设的持续跃进服务，必须结合党的中心工作，特别是结合当前的技术革新和技术革命运动去进行，而在劳动保护工作中，又应该以与工伤事故作斗争为中心。为什么要以与工伤事故作斗争为中心呢？这是因为目前在有些企业中，还在发生工伤事故，而这些工伤事故影响所及，对于“大跃进”是不利的。目前发生的一些工伤事故，大都是同类事故和重复事故，我们对于这类事故（如物体碰击、车辆挤压、冒顶、透水、瓦斯爆炸、高空坠落、塌方、触电等）都早已有了足以防止和消灭的办法，在很多厂、矿、工地也的确已经消灭了这类事故。因此可以肯定地说，发生工伤事故，不能只看到客观条件，而应该严格地检查主观方面的原因，一般的是由于麻痹大意、对工人安全教育不够、违章作业等造成的。只要我们能够充分发挥主观能动性，加强劳动保护工作的领导，千方百计地向工伤事故作斗争，工伤事故就可以避免或者减少发生。

防止工伤事故以及职业病，应该着重以下十个方面，即防止撞压（撞车翻车、物体打击、机器绞碾）、坍塌（冒顶、片邦、土石塌方、建筑物倒塌）、爆炸（瓦斯爆炸、火药爆炸、锅炉和受压容器爆炸）、触电、中毒（瓦斯中毒、炮药中毒、工业毒物中毒）、粉尘（矽尘及其他粉尘）、火灾、水淹（井下透水、淹溺、洪水冲淹）、烧烫和坠落（高空坠落、掉坑掉井）。这“十防”防好了，就可以达到“一灭”，即消灭工伤事故的目的，或者使工伤事故绝少发生。从每个企业来说，都应该力争消灭工伤事故，尤其是死亡事故。

在这次会议上，各部门、各地区的同志已经互相提出了做好今年的劳动保护工作的竞赛倡议，提出了鼓足干劲、力争上游的竞赛条件，希望会后迅速把这个竞赛运动广泛深入地开展起来，定期检查评比，使之有力地推动今年的劳动保护工作，使今年内我们在同工伤事故作斗争中获得更大的成就。

四、做好技术革新和技术革命运动中的劳动保护工作

以机械化、半机械化、自动化、半自动化为中心的技术革新和技术革命运动，已经在全国范围内开展起来，速度极快，效果极大。这是当前在我们国家社会主义建设持续跃进中有伟大历史意义的一件事情。这个运动必然还要更广泛地、更深入地继续开展下去。

就劳动保护工作而言，技术革新和技术革命运动为这项工作造成了空前有力的形势，最主要的是已经并且还要继续大大地改善劳动条件：一是变繁重劳动为轻便劳动，减轻劳动强度；二是消除许多影响职工安全和健康的危险因素，可以避免工伤事故和职业病（如矿山的无人工作面，就根本上避免了人体伤害；有粉尘、毒物的作业实现了密闭、遥控，工人不直接接触粉尘、毒物，就根本避免了患矽肺病和中毒）；三是劳逸结合更好办了，可以减少加班加点。这说明做好劳动保护工作的最主要的途径，是开展技术革新和技术革命，从根本上改善劳动条件。

但是，技术革新和技术革命运动也给劳动保护工作带来了一些新问题，例如：一些工人的技术水平一时跟不上，开始使用机器或者采用新工艺的时候，容易发生工伤事故；由于技术上的跃进，在企业中会出现过去少有甚至没有的一些劳动保护工作项目（如不断地出现新机器、新工艺，电力的使用更广泛了，工业毒物的种类和数量增多了，这些都需要采取新的保护措施。

前面说过，在当前，一切劳动保护工作必须紧密地结合技术革新和技术革命运动去进行，只有这样，才能使劳动保护工作跃进；离开了这个运动，劳动保护工作一定要落在形势的后面。在这个运动中，劳动保护工作的方针应该是：积极采取相应的措施，一方面巩固技术革新和技术革命的成果（包括改善劳动条件的成果），促进运动的更大发展；一方面力求避免和消灭工伤事故，并且把革新技术作为向工伤事故作斗争的主要环节。至于要做的具体事情，康永和同志讲得很好，大体上就是这样几条：

（1）结合技术革新和技术革命运动，开展安全生产大检查，把所发现的、

需要解决的问题纳入技术革新和技术革命的规划里，有计划地改善劳动条件，消灭各种危险、有害的因素。

（2）加强对职工的安全技术教育，提高职工的安全生产知识和技术水平，随时随地留神注意，预先造成避免发生工伤事故的条件，防患于未然。

（3）对于群众的创造和革新，必须以满腔的热情去欢迎和支持，同时对于每一种新机器、新工具、新工艺，在采用之前应该会同有关方面认真进行安全技术鉴定，在有安全保证的条件下再去采用和推广。新生事物必不可免会有这样或那样的不完备之处，应该帮助改进，不能轻易采取否定态度。

（4）技术革新和技术革命运动促进了生产力的迅速发展，必然要相应地引起生产关系和上层建筑的变革。劳动保护的规章制度要适应这种新情况，需要修改的及时修改，需要补充的及时补充，需要新订的及时拟定。这个工作各级劳动部门、各级企业主管部门和企业本身都要做，形式发展极快，不要等待全国统一的规定，全国统一的规定也是要由下而上地总结出来的。当然，修改或新订的规章制度，在一个地区、一个部门普遍实行的时候，应该经过必要的审批手续。

（5）在进行以上几项工作的时候，应该积极总结推广成功的经验和办法，越快越好。

五、关于劳逸结合

什么是劳逸结合？就是有劳有逸，有节奏地生产劳动。既有紧张的劳动，又有足够的休息（包括睡眠、娱乐等）和学习时间。

当前，保证生产建设持续“大跃进”是全国人民的根本利益。“大跃进”、高速度不可能是轻易得来的，必须付出巨大的劳动，必须要有紧张的劳动。我们劳动人民认识到自己的根本利益和美好的远景，自觉自愿地紧张劳动，干劲冲天，史无前例，这是十分可贵的。不能用四平八稳的老眼光来看新时代、新事物。在群众的冲天干劲、忘我劳动面前张皇失措，指手画脚，是右倾的表现。今天的紧张劳动，正是为了将来更轻松愉快的劳动，随着技术革新和技术革命运动的开展和劳动保护工作的加强，我们也正在大踏步地向这个目标前进。

在肯定了必须有紧张的劳动之后，紧跟着就要注意做好劳逸结合，才能保证职工有充沛的精力和持久、旺盛的干劲，才能保证更好地持续跃进。党的八届六中全会的决议指出："群众的干劲越大，党越要关心群众生活。党越是关心群众生活，群众的干劲也会越大。"党的这一指示，包括必须安排好群众在生产中的劳逸结合。目前，在有些企业中有加班加点的现象。加班加点是否就等于不是劳逸结合？这不能一概而论，要分析。加班加点有两种情况：一种是必要的突击，革命的突击，体现群众干劲的自觉自愿的突击，这是好的，可贵的，应该因势利导，加以组织，使之有劳有逸。另一种是生产组织得不好，本来可以不加班加点的，结果加了，浪费工时，妨碍职工的休息，不利于真正鼓足干劲，应该力求避免。

经验证明，劳逸结合是保证生产建设持续跃进的重要条件。只要把职工群众的冲天干劲和大闹技术革新、技术革命结合起来，同时加强企业管理，做好生产准备工作，改善劳动组织，这样就能充分地利用工时，提高单位时间的功效，做到劳逸结合，生产跃进。

六、关于女工保护

关于这个问题，杨之华同志已经专门讲过了，我认为大家就可以按照杨之华同志所讲的去做。

由于生产建设"大跃进"和城市人民公社运动的开展，女职工的人数必然还要迅速地增加。这次会议前的了解，连街道企业、事业在内，全国有女职工一千二百多万人，今年下来，必将更大量地增加。因此，必须更加注意女工保护工作，当前应该首先做好的是：

(1) 对孕妇、乳母以及妇女产期、经期，认真地根据现行的办法给予照顾。社办企业可以参考国营企业的办法规定适当的照顾措施。

(2) 在技术革新和技术革命运动中注意改善女职工的劳动条件。不适合妇女担负的一些繁重的体力劳动和对妇女生理上特别有害的工作，不要让女工去操作。

(3) 通过组织群众经济生活和大办城市人民公社，认真办好托儿所、幼儿园、公共食堂及其他服务事业，解决女职工在家务方面的一些困难，使她们能够无牵挂地参加社会劳动。

七、几个具体问题

1. 劳动保护工作的管理范围问题

原则上国营企业、社办企业的劳动保护工作都要管起来。社办企业发展很快，不能不管。当然，重点还是首先要管好国营企业的劳动保护工作。对于社办企业，当前重要的是组织力量（如附近的国营企业），帮助他们建立安全生产管理秩序，制订一些简要的安全规程或临时办法，进行安全知识的教育，使社办企业做好安全生产。县一级的劳动部门，由于县以下社办企业的比重大，应当把做好社办企业的劳动保护工作作为重点之一，并且把公社水利建设工地的安全工作也做好。

2. 劳动保护工作的组织结构问题

去年以来，由于各级领导的重视和工作发展的需要，企业中的劳动保护组织机构已经有所加强。但是有些企业主管部门和地方劳动部门的机构还过于薄弱，不能适应当前工作的需要，应该尽可能地加以充实和健全。在企业中，不论企业的规模大小，都必须有劳动保护工作机构、专职人员或者兼职人员管理这项工作。经验证明，厂矿一级建立安全生产委员会，车间建立安全小组，工段和生产小组普遍建立安全员，是加强企业劳动保护工作的重要办法，可以采用。

3. 劳动保护工作的分工协作问题

许多部门抓劳动保护工作和安全工作，是好现象，人多力量大。但是必须在当地党政统一领导之下进行，有关部门应该有适当分工，加强协作。劳动部门应该仍然和过去一样，负起综合管理的责任，这是国家规定的，责无旁贷。

4. 防护用品问题

防护用品是保护职工安全和健康所必不可少的东西，各地各部门应该采取群众路线，自力更生的办法，多方面地组织防护用品的生产，保证供应。

八、紧紧依靠党的领导，做好今年的劳动保护工作

党的领导，政治挂帅，是我们一切工作取得胜利的根本保证。劳动保护工作如果脱离党的领导，就不可能做好，而且会犯错误。我们的一切工作要做好，必须正确地掌握马列主义原则，高举毛泽东思想旗帜；必须正确地掌握党的方针、政策；必须加强政治思想教育，和错误的倾向作斗争；必须根据任务的轻重缓急来配置力量；必须开展群众运动。离开这几条，就不可能做好工作。如果不依靠党的领导，这些都谈不到，怎能做好工作呢？所以，劳动部门要更好地向党委反映情况，提出建议，重大问题都应该经过党委批示后布置执行。

这次会后，各地区、各部门、各企业应该及时规定具体贯彻执行的计划，向党委、党组汇报请示后，传达布置，马上行动起来，雷厉风行地开展工作，越快越好。

现在的形势好得很，党政各方面都十分重视劳动保护工作；技术革新和技术革命运动广泛地大踏步地开展；卫生运动也正在大规模开展；群众的觉悟程度、组织力量、技术水平也更高了；国家的物质条件比前几年更好了；我们的经验也比较丰富了。形式很好，条件很好，只要我们充分发挥主观能动性，用不断革命的精神，鼓足干劲、力争上游地去进行工作，今年的劳动保护工作一定能够取得空前的成绩。

26. 劳动部　总工会　妇联党组关于女工劳动保护工作的报告

1960 年 7 月 20 日

中共中央批转劳动部、总工会、妇联党组关于女工劳动保护工作的报告。

现把劳动部、全国总工会、全国妇联党组关于女工劳动保护工作的报告，发给你们参考。请你们注意并加强指导这项工作。

原报告附加。

一九六〇年七月二十日

附：

劳动部、总工会、全国妇联党组关于女工劳动保护工作的报告

（摘要）

中央：

……（略）

我们认为在当前形势下，有必要提请有关方面认真贯彻执行中央的有关指示，努力做好以下工作，积极加强女工保护：

一、目前正在开展的以“四化”为中心的技术革新和技术革命运动，是改善劳动条件、保护女工的安全健康的积极措施和根本方向，所以应该把改进女工的劳动条件的要求纳入技术革命规划，积极改变有损于女工和下一代安全健康的笨重的、有毒害的劳动条件和劳累的手工操作；公社企业进行技术革新和技术革命时，国营企业应该给予指导和帮助。对技术革新和技术革命发展中产生的新问

题，应该及时地采取新的保护措施。对于经过技术革命节省下来的女工，应该加以适当安排，或者组织她们学习，以适应生产发展的需要。

有些问题还没有通过技术革命予以解决以前，对从事井下采掘、支柱等笨重的体力劳动和接触特别有害妇女生理机能的有毒物质的女工，应该坚决调整她们的工作，并做好解释工作，做到既保证她们的安全健康，又不损伤她们的积极性。企业应该经常对女工进行安全技术教育，普及安全生产知识。

二、加强妇幼卫生保健工作，建立和健全女工在月经、怀孕、生育、哺乳期间的保护制度。为了保护孕妇和胎儿健康，防止因工流产等问题的发生，应该把从事笨重劳动和经常攀高、弯腰等工作的孕妇，暂时调做适宜的工作，对从事长久站立、蹲坐、行走等工作的怀孕七个月以上的女工，给以工间休息，有条件的，还应该不让她们作夜班。暂时没有条件的，也应该采取其他措施加以保护，由于女工有生理上的特点和操劳家务的负担，更应该切实执行中央“关于劳逸结合问题的指示”，使他们有必不可少的休息。国营企业的女工的生育（包括小产、难产）期间的待遇，应该切实按照劳动保险条例的规定办理，女学徒工在产假期间照发生活津贴，对所谓“家属工”（在国营企业车间生产的）的生育待遇应该按劳动保险条例中关于临时工生育待遇的规定办理。对哺乳的女工，婴儿不到一周岁的，应在工作中给予一次或两次哺乳时间，每次实际哺乳时间以二十分钟为宜，哺乳以及往返所费时间均应算作工作时间。对孕妇和哺乳女工，在伙食上，通过依靠群众搞好副食品生产，给以适当的照顾。推广孕妇、哺乳女工吃饭不排队的制度。同时应该进一步加强妇幼保健工作，普及卫生知识，定期进行健康检查，及时治疗各种疾病，根据需要和可能，设置妇女卫生箱、卫生室、淋浴等设备；并且大力教育青年工人要把事业放在第一位，努力学习政治、文化和生产技术，不要早婚，对已婚的男女职工，经常教育他们注意计划生育。

城市人民公社办的企业，应该参照上述精神，根据具体情况，建立保护女工的设施和制度。她们在生育期间，应该给四十五至五十六天的产假，并根据各个单位生产发展的具体情况，发给一定的产假工资，或给予一定的补助。有些地方已经创造了一些经验，应该加以总结推广。

三、大力发展和办好托儿事业。自“大跃进”和开展城市人民公社化运动以来，托儿事业发展很快，但还远远不能满足实际需要。因此，国营企业和城市人民公社应该加强协作，根据为生产服务、为群众服务的方针，发扬勤俭节约的精神，发动群众，大办托儿事业。同时，应该努力提高托儿事业的质量，加强卫生保健工作，对保教人员应该加强政治思想教育和业务训练，提高保教人员的政治觉悟和业务水平。此外，建议卫生部和教育部有计划地培训保育人员和具有幼儿师范毕业水平的教养员。

四、建议各地区、各企业结合贯彻执行中央关于劳逸结合问题的指示和全国第四次劳动保护会议的精神，结合安全生产大检查，认真检查女工保护工作，及时解决问题，总结推广经验。通过检查，针对各地区、各企业的实际情况，制定切实可行的女工保护制度。凡是有女工的单位，均应加强领导，确定专管或兼管人员。各地劳动部门、卫生部门和工会、妇联等组织，应该在党的统一领导下，密切协作，协助企业作好女工保护工作，促进社会主义建设的持续跃进。

27. 交通部关于颁发试行《公路渡口管理办法》(草案)的通知

交基公（62）于字第39号

1962年1月20日

各省、自治区交通厅（局、处），北京市市政工程局、上海市城市建设局：

关于公路渡口管理的章则制度，我部曾于一九五五年十一月二十一日以交公养55字第1735号文颁发了《公路渡口管理暂行办法》，对做好渡运工作，收到了一定效果，后鉴于某些条件规定不切合实际情况，乃于一九五八年十月十七日以交公办（58）晋字第81号文通知废止，迄今未建立新的办法。从几年来的公路渡口管理情况来看，部分地区的公路渡口，由于放松了管理，不断发生事故，对汽车运输和人民生命财产造成了一定损失。为了加强渡运管理确保渡运安全，提高渡运效率，兹将新制定《公路渡口管理办法》（草案）随文颁发，希即遵照试行。

附：

公路渡口管理办法（草案）

1962年1月20日

第一条　为了更好地贯彻执行安全生产的方针，加强公路渡口的管理，确保人民生命财产的安全，提高渡运效率，适应公路运输需要，特制定本办法。

本办法所称公路渡口，系指经常渡运汽车的渡口。

第二条　公路渡口应根据统一领导分级管理的原则，按照渡运任务繁简等条件，由县以下交通部门分别设置渡口管理机构专责管理，其编制由省（市、自治区）或专区（州市）交通部门核定。所需经费，本“以渡养渡”原则，由征收车辆过渡费内开支（已将渡费合并在养路费内征收的则由养路费开支）。

第三条　公路渡口管理单位应建立和健全责任制度，明确规定每个工作人员的分工和职责，克服和防止工作中的无人负责和瞎指挥的现象。

公路渡口管理单位应遵守节约原则，逐步推行班组核算，尽可能地节约人力和物资消耗，降低成本。并依靠群众，积极进行技术革新，改善劳动组织，不断提高渡运效率。

第四条　公路渡口设备如渡轮（包括机动船），码头设备（包括趸船，码头架、升降跳板、引渡便桥等）、缆索、练系桩、标志等，应根据运量、河流情况，和汽车拖挂运输的要求，予以适当配置，有关安全消防、救生和其他必要设备等也应配置齐全。河面宽阔的渡口，两岸得酌设通话设备和候渡室（亭）、停车场等。

第五条　公路渡口工作人员对渡口各种设备，应爱护使用，经常进行检查保养，定期检修，并应及时进行必要的加固、更换和改善，以保证安全渡运。在航行前，必须对各种安全措施，做好检查。

第六条　公路渡口两岸码头引道应加强经常养护、冬季随时消除冰雪，汛期（或潮汛）水退后随时清除淤积泥沙，以免车辆溜滑肇事。

不符合技术标准的码头引道，应逐步改善提高其技术状况。

第七条　机动船和渡船须按照有关船舶检验规定，核定其载重、车数和乘客人员，经检验后认为不合使用条件的渡运船舶应立即停驶修理。

第八条　渡船应标明载重限制的吃水线，不准超载，渡口工作人员应对渡船所载车辆人员的载重分布严加控制，务求航行平稳。

第九条　机动船驾驶和渡船的工作人员，必须身体健康，具有一定技术水平并熟习内河航行规则（如信号、灯号、声号等）机动船驾驶人员须经航运管理部门（或交通部门）考试合格，持有驾驶执照者，始得充任。

第十条　运输繁忙或重要国防线路上的渡口，在两岸和渡船上须装有照明设备，昼夜渡运。一般渡口应根据当地情况和季节，规定每天渡运起讫时间，力争做到车辆随到随渡，夜间如不能保证渡运安全的渡口，应一律停渡。

第十一条　遇有浓雾、大风、暴雨、水流过急等情况，航行有危险时，公路渡口管理单位应即公告停渡，严禁强迫或汛情渡运，情况好转后，立即恢复渡运。

第十二条　候渡车辆均应按到达先后依次过渡，不得争先抢渡，但有紧急任务的军运车、消防车、救护车、工程抢险车、警备车、公务小座车、客运班车和邮政车等得优先过渡。

第十三条　车辆和乘客上、下渡船和渡船航行时应服从渡口工作人员的指挥，指挥人员须配备红绿旗，工作人员须佩戴符号，上下渡船应遵守下列次序：上船时先车辆后人畜；下船时先人畜后车辆。车上乘客除伤病员等外，一律下车过渡。过渡时汽车驾驶人员不得擅离驾驶室；畜力车驾驶员应照管好牲畜。

在一般情况下，畜力车不应与客车、小座车同船过渡，以免影响安全。

第十四条　车辆载运易燃或爆炸等危险品时，车辆负责人员应于过渡前，向渡口管理单位报告，以便采取适当的安全措施，渡口工作人员有权查验渡运物资。过渡时严禁煤炭车在船上清除炉渣，以免发生火灾。

第十五条　公路渡口工作人员应随时向车辆驾驶员和乘客等进行渡口安全宣传，并维护乘客、牲畜、车辆和运载物资的安全，万一发生事故采取紧急措施抢救。必须首先救人，并立即报告上级处理，对奋勇抢救有功者，应予适当奖励。

第十六条　为确保渡运安全和维护渡口秩序，必须规定在渡口码头上、下游各适当的距离内，不得停泊其他船只或排筏；禁止利用渡口码头、引道装卸或堆放物资。

第十七条　公路渡口工作人员对渡运情况，应严守秘密做好保卫工作，重要渡口须商请当地公安部门或驻军单位派员协同保护。

第十八条　公路渡口管理单位应将水位、渡运车辆种类、数量、渡运次数、机动船耗用燃润料等有关记录，按日记载，定期上报主管部门考查。

第十九条　各级交通部门应对所属公路渡口工作人员加强思想政治教育，建立和健全有关船舶保养、安全操作、技术责任及奖励等各项制度，督促贯彻执行；并对渡运和管理情况，进行定期检查和考核。

第二十条　公路渡口管理单位应依靠群众，实行民主管理，在工人中推选人员，负责管理安全、生产、生活福利等方面的工作；组织渡口工作人员利用业余时间，进行副业生产，改善生活。

第二十一条　各省、市、自治区交通部门，应特制订有关公共遵守的公路渡口管理规则，报请省、市、自治区人民委员会批准，并公告于渡口码头及渡船的显著位置，务使群众周知。

第二十二条　各省、市、自治区交通部门可根据本办法，结合当地具体情况，制定本地区公路渡口管理实施细则，报省、市、自治区人民委员会和交通部备案。

28. 国家科委　劳动部
关于检定蒸汽锅炉压力表的联合通知

科量张字第103号

1962年3月26日

蒸汽锅炉的压力表，是保证锅炉安全运行的必不可少的安全附件，因此，保持压力表的动作，经常准确可靠是十分重要的。全国的工业锅炉数量，随着生产的发展增加很快，据不完全的统计零点七个表大气压以上的蒸汽锅炉（以下简称锅炉）全国已有六万多台。但是由于技术管理不善，很多企业对压力表缺乏定期检验检修制度，压力表不准失灵的现象普遍存在，影响锅炉安全运行。在一九六一年发生的锅炉爆炸事故一百三十多起（伤亡二百八十多人）中，有不少就是因压力表动作不准失灵所造成的。为了改变安全附件不能起安全作用的状况，必须加强经常的压力表检验工作，特此通知如下：

（1）凡是使用锅炉的单位，必须认真贯彻执行《蒸汽锅炉安全规程》中有关压力表的各项技术要求和国家科委计量局《工作用弹簧式压力表、真空表及压力真空表试行检定规程》的规定。

（2）各地计量部门应该迅速地将蒸汽锅炉压力表的检定工作开展起来，技术条件尚不具备的地区，应该组织各方面力量，进行妥善安排，做好这项工作。

（3）各地劳动、计量和企业主管部门，应该加强压力表检定的管理工作，对本地区锅炉上使用的压力表进行普遍验修，建立管理制度，规定检定周期（每个压力表每年至少检定一次），总结交流压力表的使用、安装、维护和保养等方面的经验。

（4）自己实行压力表定期检定的单位，仍按本部门规定执行，检验用的仪器必须定期送计量部门检验。

（5）各地计量部门有修理力量的，应该对有缺陷的压力表承担修理任务，没有修理力量的，应该会同劳动部门共同组织修理力量进行检修。

29. 劳动部 卫生部 全国总工会 关于发布试行《防止矽尘危害工作管理办法（草案）》的联合通知

（63）中劳护字第181号

1963年10月30日

劳动部、卫生部、全国总工会联合制订的《防止矽尘危害工作管理办法》已经国务院于一九六三年九月二十八日以国秘字第659号文批准，由我们以草案形式发布试行；现特发给你们，请即试行。并希将发现的问题和意见随时告诉我们。

附：

防止矽尘危害工作管理办法（草案）

第一条 为了加强对防止矽尘危害（以下简称防尘）工作的管理，保护职工的健康，制定本办法。

第二条 本办法适用于一切在生产中产生含游离二氧化矽百分之十以上的粉尘的国营、公私合营厂矿企业和事业单位（以下简称企业单位）。

第三条 企业单位必须采取有效的防尘措施，使矽尘作业场所每立方米空气中含游离二氧化矽百分之十以上的粉尘，经常保持在二毫克以下。

第四条 在采掘矿石、岩石及其他凿岩工程中，必须采取湿式凿岩、喷雾洒水和加强通风等防尘技术措施。因缺乏水源，采取湿式凿岩措施确有困难的，可以采取干式捕尘的措施。

第五条　企业单位使用石英粉原料，有条件的应该尽量采用天然石英砂。

企业单位在破碎、碾压、筛选、输送、搅拌含矽原料时，以及在喷砂、翻砂等工艺过程中，应该采取湿式作业的技术措施。因限于技术条件，不能采取湿式作业的，可以采取密闭吸尘的措施。有些作业场所还可以同时采取湿式作业措施和密闭吸尘措施。

第六条　在新建、扩建、改建有矽尘作业的企业时，设计部门必须按照国家计划委员会和卫生部联合发布的《工业企业设计卫生标准》中对防尘的要求进行设计，施工部门必须严格按照设计施工。企业主管部门或企业单位在审查设计和验收工程时，应该吸收本单位安全技术部门、卫生部门和工会的干部参加，发现有不符合防尘要求的，一律不准施工和投入生产。

第七条　施工、生产部门在采掘矿石、岩石或进行其他凿岩工程时，必须在施工组织设计和采掘技术计划（或作业规程）中提出防尘措施，并经同级安全技术部门审查同意后，方可施工和进行生产。

第八条　企业主管部门和企业单位应该根据防尘工作的需要，设立专管机构，或指定适当的机构、人员管理日常防尘工作。

第九条　企业主管部门和企业单位应该加强对防尘工作的领导。建立和健全防尘工作的责任制度，把防尘工作列入企业管理的议事日程。各级生产领导人员都要负责做好防尘工作，在安排生产的同时安排防尘工作。各有关的专业机构也要在各自的业务范围内做好防尘工作，保证防尘措施的实现。

第十条　一切防尘设备都应该有人负责维护。企业单位必须定期检修防尘设备，并将检修项目列入设备检修计划之内。

第十一条　一切防尘设备，不得任意拆除或挪作他用。对任意拆除和挪用防尘设备的，企业主管部门或企业单位应该根据情节轻重，给予批评教育或适当处分。

第十二条　企业单位每年必须制订防尘措施计划，所需设备、材料和经费应该纳入安全技术措施计划。企业主管部门应该督促所属企业单位实现其防尘措施计划。

第十三条　企业单位应该将有关防尘的技术措施和操作方法分别纳入工艺规程和操作规程，并且认真贯彻执行。

第十四条　企业单位应该建立定期测尘制度，指定一定的人员负责测尘工作。对于每个矽尘作业场所的矽尘浓度，每月应该至少测定一次，含矽量高的至少测定两次。如果自行测尘确有困难，企业主管部门和当地卫生部门应该予以协助。企业单位应该将测尘结果及时向职工公布，并于每季度末报告主管部门以及当地卫生、劳动部门和工会。

第十五条　企业单位应该加强对职工的教育，使其了解矽尘对人体的危害，并学会和掌握有关防尘的操作规程；对于初次从事矽尘作业的职工，必须经过防尘教育以后，才能允许其操作。

第十六条　企业单位应该根据从事矽尘作业职工的需要，发给防护用品和保健食品。食堂、宿舍应该同车间或工作地点有适当的距离。

第十七条　企业单位对准备从事矽尘作业的职工必须进行健康检查，未经检查和经过检查发现有结核病等禁忌症的，都不得从事矽尘作业。对从事矽尘作业的职工还必须进行定期的健康检查，发现患有矽肺病或结核病等禁忌症的，应该及时调离。

第十八条　企业单位应该每半年将从事矽尘作业的人数、矽肺病人数和患矽肺病死亡人数向企业主管部门和当地劳动、卫生部门报告一次，同时抄报当地工会组织。

第十九条　对矽肺病人，应该根据他们的健康状况和劳动能力分配力所能及的工作，或者组织疗养、休养，不要让他们从事繁重的体力劳动，也不要作退职处理。对于经过劳动鉴定委员会鉴定，证明确实已经不能参加生产（工作），自愿要求回家休养的，可以允许。

第二十条　企业单位应该根据需要举办疗养所，供矽肺病人脱产疗养或业余疗养。各地卫生部门和工会管理的疗养院，应该有计划地吸收一部分矽肺病人轮流脱产疗养。疗养院、所应该将单纯患矽肺病的同患结核病的人严格隔离。

第二十一条　劳动部门和卫生部门应该对当地企业单位的防尘工作进行监督

检查，对不采取防尘措施的企业单位，应该要求其限期改进；如借故不改而矽尘危害又很严重的，应该停止其生产。劳动部门和卫生部门应该参加有矽尘作业的新建、扩建、改建企业单位的工程验收工作，对于不符合防尘要求的工程，应该制止其投入生产。卫生部门还应该对企业单位的测尘工作和矽肺病医疗工作进行督促检查及技术指导。

第二十二条　工会组织应该协助企业行政对职工进行防尘的宣传教育，组织职工不断改进和维护防尘设施，并发动职工群众对防尘工作进行监督。

第二十三条　商业部门应该按规定及时供应从事矽尘作业职工的防护用品、保健食品。

第二十四条　县、市人民委员会应该加强对有矽尘作业的集体所有制企业的领导，督促其参照本办法采取防尘措施，使矽尘浓度降低到本办法第三条规定的限度；对过于分散的有矽尘危害的同类企业，应该适当集中，并督促其切实进行防尘管理；对矽尘危害严重而又无法采取防尘措施的企业，应该停止其生产。被停止生产的企业，在停产以前应该事先通知用户，建立新的协作关系，避免影响用户生产。

第二十五条　生产中产生含游离二氧化矽不到百分之十的粉尘或其他有害粉尘的企业和事业单位，应该参照本办法的精神，采取防尘措施，使空气中的含尘量达到《工业企业设计卫生标准》的要求。

第二十六条　本办法经国务院批准后由劳动部、卫生部、中华全国总工会联合发布施行。过去有关规定中与本办法有抵触的，应该按照本办法执行。

30. 劳动部关于加强锅炉报废的管理工作的通知

(64)中劳锅字第15号

劳动和社会保障部(原劳动部)

1964年4月13日

各地在锅炉登记工作中，按照锅炉安全规程和登记办法等法规的要求，对于锅炉设备的安全技术状况逐台进行了审查鉴定工作，对于其中一部分有严重缺陷而又无修理价值的锅炉批准予以报废，对于防止锅炉设备爆炸事故，保证生产的正常进行，起到了重要作用，因而是完全必要的。但是，在具体处理锅炉报废工作中，也还存在一些问题。有的地方对报废锅炉采取了不够慎重的做法，既没有做出明确的技术结论，也没有履行一定的审批手续，轻率地加以报废。有的企业为要提前更新设备，将没有严重缺陷的锅炉，也申请报废。为了正确处理锅炉报废的问题，既保证锅炉设备符合安全要求，又防止浪费国家资财，以避免再发生将不应该报废的锅炉报废，而应该报废的却不予报废的现象，现将锅炉报废的有关问题提出如下意见，请研究执行：

一、各地在锅炉登记过程中，对于锅炉报废的问题，必须慎重处理，不能轻率从事。对有缺陷的锅炉，既要符合安全要求，又节约的精神处理，即经过修理能够继续使用的，要尽量修理使用，能降压使用的降压使用；对于确实无修理价值或经过修理后仍不能保证安全运行的锅炉，应由当地劳动部门会同企业主管部门和企业单位进行全面的技术鉴定，做出明确的不能使用的技术结论，报请省、自治区、直辖市劳动厅、局审查批准后，才能报废，并由省、自治区、直辖市劳动厅、局转报劳动部备案。

各省、自治区、直辖市劳动厅、局可以根据上述精神、结合本地区具体情况，制订出锅炉报废的条件和审批手续的规定，在本地区试行，同时报劳动部备案。

二、为了统一锅炉报废的计算口径，现规定：

凡是不能承受原来工作压力，把工作压力降低到等于或小于零点七表大气压的锅炉，或者根本不能承受工作压力的锅炉，都作为报废论，如果把锅炉原来的工作压力降低到大于零点七表大气压使用的锅炉，则不应算报废。请你们按照这个口径，把一九六二年一月以来到今年三月底，报废的锅炉情况（包括台数、炉型、蒸发量、用途以及报废原因等，下同），简单扼要地整理一份资料，于今年六月中旬报送我部锅炉安全监察局。

今后各省、自治区、直辖市锅炉报废的情况，应当定期报我部锅炉安全监察局，正在进行锅炉登记工作的地区每季度报一次（从今年第二季度开始）；登记工作已经结束的地区每年报一次。

31. 关于火管锅炉修理中的几个安全技术问题的通知

(65)中劳锅字第87号

劳动部

1965年8月28日

今年三月，我们曾起草了《低压蒸汽锅炉修理安全技术暂行规定（草稿)》以中劳锅字第26号文发到各地征示意见。从各地送来的意见和我们蹲点调查了解的情况看，目前制订一个比较全面的关于锅炉修理的安全技术法规的条件还不成熟。为了适应当前工作的急迫需要。我们提出以下几个有关锅炉修理安全技术问题的意见，供你们工作中参考，原发暂行规定草稿，可以继续征求意见，但不能作为安会监察工作的依据。

良好的修理质量是确保锅炉安全运行延长使用寿命的一个重要条件。对锅炉修理的安全要求，原则上应该按照锅炉安全规程的规定执行，在一些具体问题上，在保证安全运行的条件下，可以适当放宽要求，以利于锅炉修理工作顺利进行。

一、关于修理的材料问题

修理锅炉使用的材料，原则上应与锅炉原部件的材料相同；如果锅炉的技术状况差、修理的部位又不大，可以用其他适当的材料代替。采用焊接方法修理时，应考虑材料的可焊性。

二、关于焊缝检验问题

修理锅炉的焊接工作除了由考试合格的焊工担任外，所有焊缝必须做外部检查。有条件透视检查的，应尽可能进行透视检查，透视检查的长度可以限制，但必须包括焊接的“T”接头。如用超声波探伤检查的，可只透视有疑问的部位。经过透视检查的，焊缝效率可按强度计算的规定选用。如果因条件限制不能作透视检查，可以不作透视检查，但焊缝效率，应按下列规定选用：

单面焊的不得大于0.6；双面焊的不得大于0.7。

在修理中焊接的焊缝，一般可以不作机械性能试验。

三、锅炉经过修理部位的结构，必须符合锅炉安全规程的要求。

32. 关于加强防止矽尘和有毒物质危害工作的通知

计劳字（73）477号

国家计划委员会

1973年10月30日

一九七三年八月召开的全国环境保护会议，讨论了企业的劳动保护问题，制定了《防止企业中矽尘和有毒物质危害的规划》。现将这一规划发给你们，望研究执行。

有计划地改善企业劳动条件，防止矽尘和有毒物质对职工的危害，保护职工在生产过程中的安全健康，是一项政治任务。希望各地区、各部门指定负责同志分管这项工作，并根据各自的情况，订出具体规划，采取有力措施，力争在三五年内解决企业中的矽尘和有毒物质的危害问题。

附：

防止企业中矽尘和有毒物质危害的规划

伟大领袖毛主席教导我们："在实施增产节约的同时，必须注意职工的安全、健康和必不可少的福利事业。"我国是无产阶级专政的社会主义国家，保护职工的安全健康是党和国家的一项重要政策。必须认真落实毛主席批发的《中共中央关于加强安全生产的通知》，认真执行周总理关于解决我国矽尘危害的指示，以路线为纲，充分依靠群众，大力消除在生产过程中矽尘和有毒物质的危害，这既是保护职工的安全和健康，又是搞好环境保护的一项根本措施。为此，特制定如下规定。

一、规划要求

各地区、部门、单位，应力争在三五年内解决矽尘和有毒物质对职工的危害，根据不同情况，分别要求如下：

（一）关于防止矽尘和其他粉尘危害。（1）凡有矽尘危害的企业，都应积极采取措施，尽快把矽尘浓度降下来。严禁干式凿岩和敞开式干法生产。（2）矿山开采、开山采石、隧道施工、地质坑探、机械铸造以及石英、玻璃、陶瓷、耐火材料的原料破碎、过筛、搅拌和土坯成型等生产和施工的作业场所的矽尘浓度，应力争在三五年内分期分批的达到或接近国家标准。其中危害较严重的，应力争在两年内达到或接近国家标准。（3）有石棉尘危害的作业场所，应力争在三五年内达到或接近国家标准。（4）水泥尘和其他粉尘作业场所，也应积极采取措施，尽快达到国家标准。

（二）关于防止职业中毒。（1）在有色金属、化工原料、医药、染料、火化工、塑料、化肥、农药、化学纤维的生产、加工单位，应积极采取措施，防止作业场所有毒物质对职工的危害。（2）积极采取措施，加强管理，杜绝一切急性中毒事故。（3）对于有铅、汞、苯、苯的硝基和氨基化合物、铬、铍、砷化氢、二硫化碳、四乙基铅、有机氯、氟化氢、硫化氢、二氧化硫等各种有毒物质危害的作业场所，应力争在三五年内分期分批的达到或接近国家标准。

（三）对已经达到国家标准的矽尘、石棉尘和有毒物质的作业场所，应继续巩固；曾经达到现又回升的，应立即采取措施，迅速达到国家标准。

二、防止危害的措施

为了完成上述规划，各地区、部门、单位，要以积极态度，根据作业条件采取不同的措施。

（一）凡有矽尘、石棉尘和有毒物质危害的单位，都要认真改革工艺设备，开展技术革新，采用新技术，加强设备维护管理，防尘防毒设备被挪用的，应立即归还，严格按章作业，防止跑、冒、滴、漏。从根本上改善劳动条件，消除企业中有害物质对职工的危害和环境的污染。

（二）防尘。矿山开采、隧道、地质坑探、开山采石等凿岩工程，应普遍实行湿式凿岩，加强通风和冲洗岩帮、喷雾、洒水等综合防尘措施。水源确实无法解决的，要采用干式扑尘。工厂的矽尘作业场所，要采取湿法生产，或通风密闭除尘等措施。铸造清砂作业，要采取“六五清砂”、水力清砂、密闭震动落砂和湿式开箱等措施，喷砂作业要采取喷丸或有效地密闭除尘措施。

（三）防毒。企业要积极创造条件采用新工艺，以无毒、低毒的物料，代替有毒和高毒的物料，采取没有毒害或者毒害较小的工艺流程。要将散发有毒物质的工艺过程与其他无毒的工艺过程隔开。企业对于散发有毒气体的工艺过程，应使用密闭的生产设备，并使其保持负压状态，或者采取通风排毒、隔离操作的自动化控制等措施。企业采用通风排毒抽尘装置时，应同时考虑净化处理、回收或综合利用，使其排出的有毒物质要符合环境保护的要求。

（四）企业对生产的有毒有害物质原料、产品，要做到严密包装，包括用具、器材、容器要坚固，应符合运输安全的要求，防止在运输中破损、外逸或扩散。

（五）对某些有害物质的危害，目前在技术上尚无防止措施的，应加强科学研究和开展技术革新工作。对于各部门解决不了的重大技术问题，应列入国家科研规划，指定一定的科研单位研究并限期解决。

三、编制、落实改善劳动条件的计划

（一）各地区、部门、单位，每年在编制安排生产计划时，要同时编制劳动保护措施计划，对完成上述规划所需要的经费、设备、器材，要同生产计划一起安排解决，并列入技术措施计划和财务、物资计划，予以切实保证。

（二）物资部门每年在编制物资计划时，应把劳动保护需要的设备、器材，在国家的产品需要计划中单列项目，予以安排，专项专用。（三）企业每年应在“固定资产更新和技术改造资金”中安排百分之十至百分之二十（矿山、化工、金属冶炼企业应大于百分之二十）用于劳动保护措施，不得挪用。（四）为了解决防尘、防毒所需要的设备、器材，各地区可以根据需要，安排定点生产。

四、加强领导和管理

各地区、部门、单位，要在各级党委的统一领导下，坚持政治挂帅，认真贯彻以预防为主的方针，自力更生，因地制宜，加强组织管理，有计划地积极改善劳动条件。

（一）加强领导。各级领导要把保护劳动者的安全健康提到执行毛主席无产阶级革命路线的高度来认识，要把关心劳动者和关心生产统一起来。在各省、市、自治区、各部委的领导同志中必须要有人分管这项工作，并列入议事日程，作为一项重要工作来抓。要反对那种对人民生命财产采取漠不关心、不负责任的官僚主义态度。

（二）发动群众，依靠群众。要对职工群众深入进行教育，既要说明有毒有害物质的危害性，又要讲清危害是可以防止的，教育群众遵守安全操作规程，爱护设备，加强个人防护。要发动群众，群策群力，开展技术革新，改善劳动条件。

（三）在新建、改建、扩建企业时，企业和设计、施工部门必须按照《工业企业设计卫生标准》的要求进行设计、施工，要包括有防尘防毒措施项目，不得予以削减。各级建委和企业主管部门在审查设计和验收工程时，要有环境保护、卫生、劳动部门和工会组织等参加，发现有不符合要求的，应令其改进，在未改进前不准施工和投入生产。企业制造新机器设备、采用新工艺时，也要符合保护职工安全健康的要求。

（四）企业应当加强防尘监测和毒物化验工作，及时了解矽尘浓度和有毒物质的变化情况，鉴定防尘防毒措施的效果。卫生部门应对测尘和毒物化验工作进行抽查和指导，协助厂、矿企业培训测尘和化验人员。对全国从事矽尘作业和从事铅、苯、汞等有毒有害作业的工人，应按有关规定，定期进行健康检查。企业要建立健全定期测定制度。应根据需要在一些地区和大型厂、矿企业设立职业病防治机构，对矽肺病患者和职业中毒人员，要积极给予治疗，妥善安置。

（五）各地区、部门、单位，要建立、健全安全、工业卫生机构，要有专人负责组织、督促检查规划的实现。防尘、防毒任务大的企业，应有专职维修队伍。

（六）凡是从事矽尘和有毒作业的集体所有制企业、“五小”工业，应参照本规划积极采取措施，防止有害物质对职工的危害。对手纺石棉线和其他有毒有害生产，不允许没有预防措施就外包给农村、街道或“五七”工厂进行生产，应由有关企业及其主管部门负责集中采用机械化密闭生产或湿法生产；也不允许中、小学生和未成年工直接参加有毒有害生产的劳动。

（七）凡有毒有害物质的浓度长期达不到国家标准，严重危害职工健康，严重污染环境的企业，各地劳动、卫生和环境保护部门有权提出警告，以至报告主管部门令其暂时停止生产或转产。

（八）各地区、部门、单位要根据本规划的要求，制定具体实施规划，安排落实，并注意培养典型，组织经验交流，及时推广。

33. 冶金工业部转发国家计委《关于加强防止矽尘和有毒物质危害工作的通知》

1974 年 1 月 10 日

各省、市、自治区革委会冶金（重工业）局并有关企业、事业单位：

现将国家计划委员会《关于加强防止矽尘和有毒物质危害工作的通知》转发给你们，望遵照执行。并要求各省、市、自治区冶金工业主管部门根据国家计委和冶金部矿山安全防尘现场参观和经验交流会的要求，制订规划，抓好典型，抓好三分之一，分期分批的达到国家要求。规划请于一九七四年二月以前报冶金部。历年来各期矽肺病人数和因矽肺病死亡人数，凡没上报的也请同时上报。

附：国家计划委员会《关于加强防止矽尘和有毒物质危害工作的通知》

冶金工业部

一九七四年一月十日

国家计划委员会关于加强防止矽尘和有毒物质危害工作的通知

各省、市、自治区革命委员会，国务院各部、委、办、局：

一九七三年八月召开的全国环境保护会议，讨论了企业的劳动保护问题，制定了《防止企业中矽尘和有毒物质危害的规划》。现将这一规划发给你们，望研究执行。

有计划地改善企业劳动条件，防止矽尘和有毒物质对职工的危害，保护职工在生产过程中的安全健康，是一项政治任务。希望各地区、各部门指定负责同志分管这项工作，并根据各自的情况，订出具体规划，采取有力措施，力争在三五年内解决企业中的矽尘和有毒物质的危害问题。

国家计划委员会
一九七三年十月三十日

34. 越是大干快上越要搞好安全生产

1978年3月14日

为了高速度发展国民经济，各条战线都在大干快上，生产捷报频传。当前，在经济战线上，一个很重要的问题，就是加强劳动保护，搞好安全生产。职工的干劲越大，越要注意职工安全，这是我们社会主义制度优越性的一个表现。要解决好安全和生产的关系，生产必须注意安全，安全才能促进生产。不能搞形而上学，把生产和安全割裂开来、对立起来，而要把狠抓生产和关心安全一致起来。许多先进单位，生产上的快，安全也搞得好，充分说明生产和安全是不可分的。

华主席指出，必须“认真搞好安全生产和劳动保护”。“加强劳动保护工作，促进生产”。在华主席、党中央的关怀下，一年来，安全生产和劳动保护工作，逐步得到了恢复和加强。但是，“四人帮”把人们的思想搞乱了，把组织机构搞垮了，把行之有效的规章制度搞掉了。直到现在“四人帮”的流毒和影响还没有完全肃清，长期造成的事故隐患还没有完全清除，各地安全生产的基础工作也还没有完全恢复，因此，在生产大干快上的情况下，安全问题就又暴露了出来。事实说明：我们要高速度发展生产，就必须认真做好安全生产和劳动保护，为广大职工创造良好的作业环境和劳动条件，使他们免除后顾之忧，更好地甩开膀子大干。否则，一旦发生事故，人员伤亡，设备损坏，国家财产受到不应有的损失，生产都不能正常进行，哪里还有什么高速度！

有人说：“生产是硬指标，安全是软任务。”他们抓生产瞪圆了眼，管安全是睁一只眼闭一只眼。要对这些同志大喝一声，应该充分认识人民的国家是保护人民的。我们决不能像资本家那样只顾生产，更不能像“四人帮”那样不顾人民死活。重视不重视劳动保护工作，关心不关心安全生产，是执行不执行毛主席的革命路线，是办什么性质的企业、走什么道路的重大问题。因此，生产计划必须完成，工人在生产中的安全健康也必须确有保障，这绝不是软任务，而是硬任务，是我们社会主义国家的一项重要的政治任务。如果不重视安全生产，使工人的安全健康受到不应有的损失，这对工业主管部门和企业领导人来说，就是失职，就是一种犯罪行为！

也有的同志认为："现在首先要把生产搞上去，生产都忙不过来，哪有时间搞安全？"这种思想也是十分错误的。搞生产如果没有安全保障，生产就不能正常进行；工人的安全健康如果没有保障，靠谁来搞生产？况且，越是生产紧张的时候，越容易因疏忽而发生事故，所以，在实施增产节约的同时，必须注意职工的安全和健康。领导干部要深入生产第一线，和工人一起搞生产，一起抓安全。对一切可能发生事故的隐患，要事先做好检查，采取预防措施。对于已经发生的事故，要研究分析发生事故的原因，认真总结经验教训。

还有的同志说："生产如打仗，哪能没有牺牲？"这种说法是错误的，实际上是为冒险蛮干找借口。同自然界作斗争，既要想敢干，又要尊重客观规律。客观规律对任何人都是无情的，如果谁无视或违背客观规律，就必然要碰得头破血流，就要造成不必要的牺牲。搞社会主义建设，是要艰苦，勇敢，必要时甚至不惜牺牲自己的健康和生命，我们很多劳动英雄和模范人物正是这样做的。但是，我们必须强调革命精神同科学态度相结合，革命群众越是艰苦、勇敢地大干快上，领导干部越应该强调安全生产，加强劳动保护，注意劳逸结合。如果在生产建设中不是以科学态度来指挥生产，而是提倡冒险蛮干，那就是对党对人民对自己不负责任的表现。

少数企业领导人，对"四人帮"挥舞的"管、卡、压"大帽子，还心有余悸，他们对违章作业或纪律松弛的现象，仍然不敢管、不敢抓。这种态度也是十分错误的。少数青年工人，受"四人帮"煽动的无政府主义毒害，把规章制度看成"条条框框"，无视操作规程，违章作业，这也是发生事故的一个原因。现代化大工业是千百人联合动作的有机体，没有坚强的领导和严密的管理，怎么能保证生产的正常进行呢？

毛主席早就指出，在实施增产节约的同时，必须注意职工的安全、健康和必不可少的福利事业，如果只注意前一方面，忘记或稍微忽视后一方面，那是错误的。但是，祸国殃民的“四人帮”反对毛主席的指示，破坏劳动保护工作。贩卖“路线事大，安全事小”的谬论，谁要抓安全生产，就说是“冲击政治运动”；谁要搞劳动保护工作，就说是“不抓阶级斗争”。因此，必须继续深揭狠批“四人帮”，彻底肃清其流毒和影响。拨乱反正，提高对劳动保护工作的认识。

各级党委、工业主管部门和企业领导干部，必须加强对劳动保护工作的领导，把安全生产摆在党委的重要日程上，纳入工业学大庆、普及大庆式企业的规划。凡是安全生产搞不好，事故经常发生，尘毒危害严重的企业，不能评为大庆式企业。劳动保护、安全生产关系广大职工的切身利益，每个职工应该把它看作是自己的事情，同心协力做好这项工作。要努力学习安全生产知识，提高技术业务水平，严格遵守操作规程和劳动纪律，积极开展技术革新和技术革命，不断改善劳动条件和作业环境。

我们要高速度发展生产，迅速把国民经济搞上去，就必须贯彻落实华主席的指示，加强劳动保护工作，搞好安全生产。

（原载 1978 年 3 月 14 日《人民日报》）

35. 煤炭工业部关于预防岩石与二氧化碳突出事故的通知

(78)煤安字第665号

1978年6月20日

为了吸取窑街矿务局三矿岩石与二氧化碳突出事故的教训，现将《岩石与二氧化碳突出概况和防治措施》发给你们。各局、矿对有二氧化碳突出（涌出）危险的矿井立即进行一次测定和来源分析，并对有关干部、工程技术人员、工人进行有关岩石与二氧化碳突出的安全技术知识和预防措施的教育，结合具体情况，制订针对性的防治措施，严格执行。

附：

岩石与二氧化碳突出概况和防治措施

岩石与二氧化碳突出是国内煤矿近年来发生的一种动力现象，它能在极短时间内，从采掘工作面喷出大量岩石和二氧化碳。以甘肃省窑街矿务局岩石与二氧化碳突出事故为例，突出的岩石达一千多立方米，突出的二氧化碳逆风流蔓延千米以上。由于二氧化碳是窒息性气体，在波及范围内能造成多人伤亡。因此，是煤炭生产中的一种严重灾害。对如何防治岩石与二氧化碳突出，是一个需要高度重视和研究解决的新问题。为了吸取教训，防止这种灾害，现将岩石与二氧化碳突出概况和暂行防治措施通知如下：

一、国内外岩石与二氧化碳突出概况

据了解，法国、波兰、保加利亚都发生过岩石和二氧化碳突出现象。而且多在开采到垂深达七百米左右开始发生。二氧化碳的来源有的是火山气体的侵入；有的是在成煤期间就已赋存于松软砂岩、煤层、地质构造带内。当掘进巷道前方的岩体在强大的地应力和二氧化碳的压力下，突然破碎并突出。因此在预防措施中，多采取卸压、缓和地应力与排放二氧化碳的办法，其具体做法与预防煤尘与瓦斯突出的措施相仿。

我国煤矿从一九七五年开始到现在，发生了三次岩石和二氧化碳突出。其情况是：

（一）一九七五年六月十三日吉林营城煤矿五井十号下山砂岩大巷岩石与二氧化碳突出

1. 地质概况

营城煤矿是中生代侏罗纪煤层，其上部为白垩纪赤色层和第四纪冲积层。有六个可采煤层，厚度为零点六至二点八米，倾角十五度至十八度，煤种为长焰煤。顶底板为砂岩、页岩及砂质页岩。地质构造受新生代和中生代两期运动的影响，断层发育，在煤系沉积以后，曾有火山喷发。

2. 发生突出的经过

突出地点是五井十号下山的岩石大巷。该大巷掘进断面七点二平方米，巷道全长四百二十米。距地表垂深四百三十九米，位于二三煤层间的砂岩中，预计再掘进二十米，即可见三层煤。在六月十三日晚班放掏槽炮后，相隔四十分钟，放拉底炮，随即听到“轰、轰、轰”三声巨响，发生了岩石与二氧化碳突出。突出的岩石（砂岩）充满四十五米巷道，有明显的分选现象。突出孔洞位于掘进工作面的左上方，是一个直径四点五至五米，高约十六米，距三上煤层还有六米，垂直于巷道的如小立井状的孔洞，突出和冒落的岩石共一千余吨，突出的二氧化碳逆风流向进风方向蔓延四百多米以上，四小时内共喷出二氧化碳一万四千余立方米。

3. 突出前的预兆

突出前几天巷道中有明显的地压活动，巷道顶板岩石呈片状脱落，岩石变软，拉底时如同挖砂堆一样省力。突出前二天，一次爆破后，工作面前方出现一个宽一点四米、高二米、深三米的上斜空洞，装出岩石约二十吨。突出当天早班巷道发生底鼓约零点四米。

突出前几天巷道风流中二氧化碳浓度增大，底板积水中冒气泡，巷道裂缝中经常发生二氧化碳涌出的吱吱声，爆破后，在巷道底板零点五米以下的风流中，有雾状气体分布。

4. 突出原因的分析

通过研究，确定突出的二氧化碳是火山气体。五井十号下山突出区域位于 F_2 大断层与边界大断层之间，F_2 大断层是一个火山活动的通道，煤层为断层切断包围，且断层带为致密的断层泥封闭，导水性弱，因而在这一区域的高压二氧化碳能够得到保存。

通过测定得知煤层和砂岩以及火山流纹石蚀变生成的胶岭石都有储存二氧化碳的能力。在二十个大气压时，其二氧化碳含量分别是：煤层为二十平方米/立方米，胶岭石为十六平方米/立方米，砂岩为四平方米/立方米。这次突出的二氧化碳主要储存在砂岩中。

另外，此突出区域是一个位于两个大断层之间的地垒块段，它像一个楔子一样，受到断层两侧地层的强大压力，因而使地应力集中。从这次突出前的岩石片落和突出孔洞的形状，都表明了地应力在突出过程中，起到了重要的作用。

（二）一九七七年二月三日二十二时三十分窑街三矿一六五〇北大巷见 F605 断层岩石与二氧化碳突出

1. 地质概况

煤系地层属中侏罗系。自上而下赋存有煤一、二、三层煤，煤一层和煤二层局部可采，厚度分别为一至二米左右，煤三层厚度为二十二至二十四米，最厚达九十米以上。煤一层距煤二层十四至十八米，煤二层距煤三层二至三米。煤种为长焰煤。煤二层的顶部赋存油母页岩多层。地质构造较为复杂，断层多。

在地质上的特点是，矿区的东部中部沿露头线的大部分，由于煤层和油母页岩的自燃，不仅煤一层被烧变，煤二层的顶部和煤层上部的砂岩、铝土页岩及油母页岩等全被烧变，甚至第四系黄土层亦部分烧变。这些岩层由于长时期在高温和一定压力条件下，成为一种烧变岩，并多裂障和气孔，成为良好的含水层和含瓦斯层。烧变岩面积约为一点六平方公里，最大厚度达二百六十米。向烧变岩打钻放水时，曾发生二氧化碳长时间的大量涌出。

2. 发生突出的经过

该井三采区一六五〇北岩石运输大巷，掘进断面十四点四平方米，突出工作面距地表深三百三十三米，该巷道掘进入 F605 断层破碎带后，巷道支护形式由原锚杆喷浆改为砌碹，已砌二十六米，再往前掘进一米时，一月二十八日冒顶，随之出碴，但边出边冒，三日零时五十分工作面突然一声巨响，岩尘飞扬，工人即迅速撤离险区，突出二氧化碳从工作面向外蔓延一千二百余米，其中逆风流三百余米，共波及四条巷道，总长度达一千九百余米。经当时测定在二十分钟内二氧化碳喷出量为四千九百余立方米。事故后共出碴五百四十车，从二月三日至五月二十五日排放二氧化碳十二万八千多立方米。

3. 突出前预兆

该矿为一级瓦斯矿井，由于二氧化碳相对涌出量大于沼气相对量的两倍，又属于二级二氧化碳矿井。在一六五〇北大巷掘进，一九七六年九月通过 F14 断层带时，距这次事故地点一百四十米处水沟底板冒出气泡，取样分析二氧化碳含量为百分之九十七点二三，但没发现其他异常现象。

4. 突出原因的分析

由于本区断层多，煤层厚，倾角大，烧变严重，成煤期生成的大量二氧化碳，以高压状态赋存于地质构造带和岩石空隙内。

（三）一九七八年五月二十四日零点三十分，在一六五〇北大巷在接近 F19 号断层时，爆破引起岩石与二氧化碳突出

1. 事故发生前的情况和事故发生的经过

在一九七七年二月三日发生二氧化碳突出事故后，矿务局制订了八十五条针

对性的措施。今年四月初，为了搞清 F605 断层情况，防止再发生二氧化碳突出，打了六个不同角度的探测钻孔和一个五十点八五米的前探钻孔，并分析认为前掘三十米的范围内不会有大量二氧化碳涌出。但在钻探中和掘过之后，并未遇到断层，在没有弄清 F605 断层去向的情况下又继续掘进。五月十六日上午，该大巷瓦斯检查员发现掘进工作面的底板冒气泡，炮眼中二氧化碳含量达百分之九，并有嘶嘶的响声，五月十七日停止了掘岩，砌碹成巷，准备打钻。到二十二日成巷后，二十三日又继续爆破掘进，本日晚十点班打了三十个眼，深一点二至一点三米。在二十三日中班和晚十点班，个别工人发现有断层象征，打眼出黑水，岩石变软等。二十四日零时三十分听到异常声音，后随即发生了岩石与二氧化碳突出。当天突出二氧化碳约为二十四万立方米，突出岩石（间杂少量煤）约一千零五十立方米，二氧化碳逆风流行一千七百米，蔓延波及巷道达一万三千四百五十米。

2. 突出原因分析

从技术上分析是地质构造没探清，原一九五七年地质报告对该区断层没有控清，对 F19 号断层只在地面进行槽探，深部没有钻孔控制。而在一九七七年二月三日“事故调查处理报告”中明确指出本区断层多，F19 断层附近是瓦斯大量积聚的一个特殊构造带。但没有打地质钻，弄清断层的确切位置和高压二氧化碳的赋存情况，也没有执行施工前打钻探测的预防措施，对掘进前方的状况就更加不明，而继续掘进，以致爆破诱导了断层区的积聚的高压二氧化碳和岩石的突出。

二、预防岩石与二氧化碳突出措施

我国煤矿已基本掌握了煤和瓦斯突出的一般规律，在防治措施方面也积累了丰富的经验。但对岩石与二氧化碳突出还缺乏认识和防治经验，因而已发生过的三次事故都造成了很大损失。为了防止今后再发生类似事故，现根据营城煤矿五井、窑街矿务局三矿发生岩石与二氧化碳突出的情况和特点，参照煤与瓦斯突出的防治经验，提出暂行防治措施如下：

（一）加强地质工作和二氧化碳的探测

（1）在煤田勘探和生产地质工作中，必须在探测地质构造的同时，探测沼气、二氧化碳等气体。在建设矿井和开拓新水平时，都要测定煤层和岩层以及断层裂隙带中的二氧化碳（或沼气）的压力，并分析气体成分，以便确定有无突出危险。

（2）在矿井瓦斯鉴定和平时井下瓦斯检查时，必须同时进行二氧化碳鉴定和检查。对有二氧化碳涌出的矿井，地质部门要探测研究和分析二氧化碳的成因及来源的分布规律，技术部门要经常掌握变化情况。

（3）对有二氧化碳（沼气）喷出或岩石（煤）与二氧化碳（沼气）突出危险的矿井，必须坚持“有疑必探，先探后掘”的原则，探清断层褶曲的确切位置，探清二氧化碳压力和高压瓦斯区域，坚决禁止在地质不清，瓦斯压力不明的情况下掘进。

（4）凡矿井发生过一次二氧化碳喷出或突出的矿井，均作为二氧化碳喷出或突出的矿井，并制订防治措施报省（区）煤炭局批准。

（二）严密对岩石与二氧化碳突出预兆的检测和观察

（1）岩石和二氧化碳突出预兆是：二氧化碳涌出时有嘶嘶声，底板积水冒泡，钻眼与炮眼喷雾；爆破后在巷道底板有一层雾状气体分布；二氧化碳浓度骤然增加；工作面空气温度降低，有凉、冷之感，嗅到碳酸气味；工作面工作人员发闷、头晕；巷道内有明显压力活动，如有片帮、底鼓或发生顶板岩石呈片状脱落以及煤岩倾出等现象。如在施工中发现上述情况之一，必须进行认真分析，采取紧急防治措施。

（2）凡有岩石和二氧化碳突出危险的采掘工作面，必须设置专人经常检查二氧化碳，掌握突出预兆，发现有危险时，立即组织人员按避灾路线撤出，并报告矿（井）调度室。

（3）对有突出危险的矿井和区域的每个职工都要进行安全思想和预防突出技术教育，人人懂得防治突出的基本知识，避灾路线；人人知道突出预兆，随时检查预兆；人人严格按照防治措施作业。

（三）打前探钻孔或排放钻孔

（1）凡在有喷出或突出危险的岩石层（或煤层）时，必须在掘进前打前探钻孔。钻孔孔径不小于七十五毫米，钻孔超前距不小于五米，孔数不少于三个，钻孔方向要根据所探地质构造和二氧化碳高压区的分析情况确定。如发现危险性增大时，应增打排放钻孔，用以卸压和排放二氧化碳。否则不准掘进。

（2）在接近高压二氧化碳区或断层、褶曲带前三十米时，必须打钻探测和排放二氧化碳。在揭穿高压区、断层、褶曲带或煤层时，要制订专门的防止喷出或突出的措施，可参照一九七六年《防治瓦斯突出的措施》，防止岩石与二氧化碳突出伤人，没有采取可靠措施，或经分析不安全时，不准进行揭穿掘进工作。

（3）在岩石（煤）、二氧化碳（沼气）喷出和突出危险的区域内打钻时，必须制订打钻安全措施。如发现地质钻孔、前探钻孔或排放瓦斯钻孔内有二氧化碳突然大量涌出，造成工作面二氧化碳超限时，要立即撤出人员，停止掘进，进行处理。

（四）实行二氧化碳抽放和减少地应力措施

（1）对于二氧化碳高压区，包括地质破碎带，可进行井下真空泵超前抽放，把抽出的二氧化碳用管子直接排到总回风道内。

（2）在有二氧化碳喷出或突出危险的岩层（或煤层）内掘进巷道时，要严禁两个掘进工作面同时相向对掘或与开采工作面重叠相向前进。最好掘岩工作面在采煤工作面之后一段距离掘进，以减少地应力和地应力集中。

（五）合理布置巷道和加强巷道支护

（1）巷道应尽量避免布置在含有高压二氧化碳的岩层和地质构造复杂的破坏地带以及地应力集中带。巷道与高压瓦斯区边缘和突出危险煤层的法线距离不小于二十米。

（2）在地质破坏带和松软岩层中掘进时，要特别加强巷道支护，采取短掘短砌，密集支护、前探支架等，严防冒顶引起突出。

（六）建立独立分区通风系统，严格风流控制

（1）建立分区独立通风系统，将在喷出和突出区内的掘进工作面回风直接引入总回风或分区回风内，严禁串联通风。

(2) 必须在掘进回风与其他采掘区和巷道有关联的地点设一对反向风门，以防二氧化碳喷出（或突出）蔓延。

(3) 加大有喷出或突出危险采掘工作面风量。同时风门和风机必须有专人看管，风机要有单独的供电系统。工作面停风时人员必须立即退至新鲜风流内。

(七) 防止爆破掘进诱导突出造成危害

(1) 为防止正常爆破掘进诱导突出，可事先采取震动性爆破的办法，有准备的诱导突出。关于震动爆破的有关规定和措施，可参照预防煤与瓦斯突出的规定和措施执行。

(2) 必须采用远距离爆破，根据突出危险性的大小，规定撤退的距离和范围，爆破时所有人员（包括回风巷道内人员）必须撤到指定安全地点。在预期有严重突出危险时，必须把可能波及范围的人员全部撤到井上。

(八) 编制灾害预防和处理计划，落实自救措施

(1) 凡有喷出和突出危险的矿井都要编制灾害预防和处理计划，并要组织干部、工程技术人员、工人学习和实际演习，二氧化碳突出时不要卧倒爬行。

(2) 在喷出和突出危险区域的所有工作人员，必须携带隔离式自救器，并学会使用方法和注意事项。

(九) 加强有二氧化碳突出危险矿井的组织管理

(1) 开拓有岩石和二氧化碳突出危险的新水平、新采区时，必须编制专门设计，制订专门措施，报省（区）煤炭局批准。

(2) 局、矿领导和有关业务部门要检查防治措施的落实情况，不执行措施不准掘进。

(3) 加强安全思想和技术教育，凡调到有喷出或突出危险区工作的干部和工人要重新教育并进行考试达到合格。

(4) 已发生岩石与二氧化碳突出事故的营城和窑街煤矿要成立研究小组，负责研究掌握二氧化碳的来源和分布规律，不断修改补充防治措施。

各单位可参照本措施制订具体防治措施，并注意总结经验，煤炭工业部准备在对岩石与二氧化碳突出进行科研的基础上，组织经验交流，补充修改防治措施。